第十三届全国大学生
电子设计竞赛获奖作品选编
（2017）

全国大学生电子设计竞赛组委会　编

北京理工大学出版社
BEIJING INSTITUTE OF TECHNOLOGY PRESS

图书在版编目（CIP）数据

第十三届全国大学生电子设计竞赛获奖作品选编.2017./全国大学生电子设计竞赛组委会编.—北京：北京理工大学出版社，2019.2

ISBN 978-7-5682-6457-0

Ⅰ.①第…　Ⅱ.①全…　Ⅲ.①高等学校–电子技术–科技成果–中国　Ⅳ.①TN02

中国版本图书馆 CIP 数据核字（2018）第 250568 号

出版发行／北京理工大学出版社有限责任公司	
社　　　址／北京市海淀区中关村南大街 5 号	
邮　　　编／100081	
电　　　话／（010）68914775（总编室）	
82562903（教材售后服务热线）	
68948351（其他图书服务热线）	
网　　　址／http://www.bitpress.com.cn	
经　　　销／全国各地新华书店	
印　　　刷／三河市华骏印务包装有限公司	
开　　　本／880 毫米×1230 毫米　1/16	
印　　　张／18.5	责任编辑／陈莉华
字　　　数／565 千字	文案编辑／陈莉华
版　　　次／2019 年 2 月第 1 版　2019 年 2 月第 1 次印刷	责任校对／黄拾三
定　　　价／65.00 元	责任印制／李志强

前　言

　　全国大学生电子设计竞赛是面向大学生的群众性科技活动，目的在于推动高等学校信息电子类学科的教学内容和课程体系改革，引导高等学校在教学中培养大学生的创新意识、协作精神和理论联系实际的学风，加强学生工程实践能力的训练，强调对学生综合素质的培养，鼓励广大学生踊跃参加课外科技活动，促进高等学校形成良好的学习风气，为优秀人才脱颖而出创造条件。

　　全国大学生电子设计竞赛自1994年至今已成功举办了十三届，2017年全国大学生电子设计竞赛由来自全国30个省、市、自治区的1 069所高等学校组成29个独立赛区，有13 436个代表队，共计40 308名学生参赛。与2015年竞赛相比，参赛学校数量略有下降，但参赛学生却增长了10.8%。

　　2017年全国大学生电子设计竞赛共评出了全国一等奖268个队，全国二等奖577个队。"瑞萨杯"本科生组由南京邮电大学C题代表队捧得，高职高专组被浙江工贸职业技术学院L题参赛队捧得。

　　参加2017年竞赛的1 069所高校中，有330所高校获得全国奖项，即有近1/3的高校在本次竞赛中获得全国奖项，获奖范围也是非常广泛的。

　　全国大学生电子设计竞赛的成功举办，得益于各级教育主管部门的正确领导，得益于各赛区组委会、专家组和参赛学校领导的大力支持、精心组织和积极参与。在历届竞赛组织过程中，许多同志做出了重要贡献，很多参赛学校的教师提供了非常有价值的竞赛征题。在各参赛学校的赛前培训辅导期间，许多教师付出了艰辛的创造性劳动。全国竞赛组委会特别感谢瑞萨电子（中国）有限公司等企业对这项赛事的赞助支持。

　　全国竞赛组委会自1997年起，先后分届出版了前十二届竞赛的《全国大学生电子设计竞赛获奖作品选编》，不仅有益于今后参赛学生开拓设计思路、提供撰写设计报告的参考，而且已成为很多高等学校信息电子类专业本科综合实验教学、课程设计乃至毕业设计的重要参考文献。

　　鉴于本书篇幅的限制，经全国竞赛专家组遴选，书中仅编入了2017年全国大学生电子设计竞赛中获得全国一等奖的部分作品，共计55篇，内容涉及全部12个竞赛题目，其中A题至K题为本科组题目，L题至P题为高职高专组题目。书中部分作品附有"专家点评"。

　　由于来稿反映的是学生在有限时间内完成的设计工作，这些作品无论在方案科学性、行文规范性等方面都略有不足。因而，读者在阅读时肯定会发现书中所收文稿存在某些欠缺，编者希望读者在汲取书中设计报告优点的同时，也能独立思考，对其不足之处引以为戒。

　　本书组稿得到了获奖学生、辅导教师、有关学校领导、各赛区组委会及专家组的鼎力支持。本书由参加2017年全国大学生电子设计竞赛命题与评审的部分专家完成审稿工作，他们是张晓林、徐国治、罗伟雄、赵振纲、赵茂泰、王立欣、胡仁杰、李景华、刘开华、潘再平、杨华中、王志军、陈南、朱茂镒。全国竞赛组委会及其秘书处的赵显利、胡克旺、韩力、谷千军、李印霞等同志也参加了审编组织工作。承蒙北京理工大学出版社的合作，在此一并表示感谢。

全国大学生电子设计竞赛组织委员会

2018. 4. 20

关于组建全国大学生电子设计竞赛
（2009—2012）组委会的通知

教高司函〔2008〕240号

各省、自治区、直辖市教育厅（教委），新疆生产建设兵团教育局，有关部门（单位）教育司（局），有关高等学校：

全国大学生电子设计竞赛是教育部高教司、工业和信息化部人教司共同主办的全国性大学生科技竞赛活动，举办全国大学生电子设计竞赛，对高等学校教育教学改革的深入开展，加强学生创新能力和实践动手能力的培养等方面起到了积极的推动作用，取得了良好的社会效益。

为了进一步做好全国大学生电子设计竞赛组织工作，经研究，组建全国大学生电子设计竞赛（2009—2012）组委会。现将新一届组委会名单公布如下：

主　任：王　越　　北京理工大学名誉校长
　　　　　　　　　中国科学院、中国工程院　院士
副主任：张尧学　　教育部高教司司长、中国工程院院士
　　　　尹卫军　　工业和信息化部人教司副司长
　　　　葛程远　　中国电子教育学会理事长
　　　　赵显利　　北京理工大学副校长　教授
　　　　张晓林　　北京航空航天大学　教授
委　员：温向明　　北京邮电大学副校长　教授
　　　　傅丰林　　西安电子科技大学　教授
　　　　徐国治　　上海交通大学　教授
　　　　吴爱华　　教育部高教司理工处　副处长
　　　　杨志宏　　工业和信息化部人教司教育处处长
　　　　闫达远　　北京理工大学教务处副处长　教授
　　　　胡克旺　　北京信息工程学院校长助理
　　　　于　倩　　北京理工大学　教授
　　　　韩　力　　北京理工大学　教授
组委会秘书处：北京理工大学
　秘　书　长：赵显利（兼）
常务副秘书长：闫达远（兼）
　副秘书长：胡克旺（兼）　韩　力（兼）
　秘　书：谷千军　李印霞

教育部高等教育司
二〇〇八年十一月十七日

全国大学生电子设计竞赛组委会
（2009—2012）聘任赵波等同志的通知

（电组字〔2009〕03 号）

各赛区组织委员会、各有关高等学校：

全国大学生电子设计竞赛（2009—2012）组委会（简称全国竞赛组委会）受教育部高等教育司、工业和信息化部人事教育司委托，组织 2009 年全国大学生电子设计竞赛（含本科、高职高专）。

为了更好地贯彻执行国家以及教育部、工业和信息化部的相关指导方针，加强竞赛组委会的决策能力，保证竞赛顺利开展，经全国竞赛组委会研究决定，聘任以下七名同志参与全国竞赛组委会的组织工作。

聘任以下六位同志为全国竞赛组委会顾问（名单次序不分先后）：

赵　波（工业和信息化部电子信息司副司长）

陈　英（工业和信息化部软件服务业司副司长）

李志宏（教育部高等教育教学评估中心副主任）

张　勇（工业和信息化部老干部局副局长）

王启明（教育部高教司农林医药教育处处长）

张英海（北京邮电大学副校长）

聘任仲顺安同志（北京理工大学教务处处长）为全国竞赛组委会副秘书长。

全国大学生电子设计竞赛组委会

二〇〇九年三月二十日

主题词：大学生　电子设计　竞赛　顾问　▲　通知

报：教育部高等教育司、工业和信息化部人事教育司

发：各赛区组委会

全国大学生电子设计竞赛组织委员会秘书处印制　2009 年 3 月 20 日

关于成立全国大学生电子设计竞赛
（2009—2012）专家组的通知

（电组字〔2009〕02 号）

各赛区组织委员会、各有关高等学校：

全国大学生电子设计竞赛（2009—2012）（简称竞赛）组委会受教育部高等教育司、工业和信息化部人事教育司委托，组织 2009 年全国大学生电子设计竞赛，并负责竞赛专家组的换届工作。

依据文件（电组字〔2005〕05 号）精神，2009 年竞赛专家组的组成结构仍然保持三个层次，即竞赛责任专家、专家组、专家库。责任专家和专家组成员的任期为四年，即 2009—2012 年，任期内可根据工作需要，对责任专家进行动态调整。

竞赛组委会结合上届专家组的工作情况，认真研究了专家库中的相关专家的专业情况，并听取了相关赛区的推荐，经请示教育部高等教育司、工业和信息化部人事教育司同意，现对新一届专家组成员名单公布如下：

1. 全国大学生电子设计竞赛专家组责任专家 15 名（排名不分先后）

序号	赛区	姓名	性别	职称	单　　位
1	北京	张晓林	男	教授/博导	北京航空航天大学
2	陕西	傅丰林	男	教授/博导	西安电子科技大学
3	上海	徐国治	男	教授/博导	上海交通大学
4	北京	唐竞新	男	教授	清华大学
5	北京	朱柏承	男	教授/博导	北京大学
6	北京	罗伟雄	男	教授/博导	北京理工大学
7	北京	赵振纲	男	教授	北京邮电大学
8	黑龙江	王立欣	男	教授/博导	哈尔滨工业大学
9	湖北	赵茂泰	男	教授	武汉大学
10	江苏	胡仁杰	男	教授/博导	东南大学
11	辽宁	李景华	男	教授	东北大学
12	上海	岳继光	男	教授/博导	同济大学
13	四川	李玉柏	男	教授/博导	电子科技大学
14	天津	刘开华	男	教授/博导	天津大学
15	浙江	潘再平	男	教授	浙江大学

2. 全国大学生电子设计竞赛专家组成员 37 名（排名不分先后）

序号	赛区	姓名	性别	职称	单　　位
1	北京	张晓林	男	教授/博导	北京航空航天大学
2	陕西	傅丰林	男	教授/博导	西安电子科技大学
3	上海	徐国治	男	教授/博导	上海交通大学

序号	赛区	姓名	性别	职称	单位
4	北京	唐竞新	男	教授	清华大学
5	北京	朱柏承	男	教授/博导	北京大学
6	北京	罗伟雄	男	教授/博导	北京理工大学
7	北京	赵振纲	男	教授	北京邮电大学
8	北京	侯建军	男	教授/博导	北京交通大学
9	北京	朱茂镒	男	教授	北京信息科技大学
10	北京	罗森林	男	教授/博导	北京理工大学
11	北京	王志军	男	副教授	北京大学
12	北京	于涛	男	工程师	NEC 电子北京总部
13	黑龙江	王立欣	男	教授/博导	哈尔滨工业大学
14	湖北	赵茂泰	男	教授	武汉大学
15	湖北	黄瑞光	男	教授	华中科技大学
16	江苏	胡仁杰	男	教授/博导	东南大学
17	江苏	王成华	男	教授/博导	南京航空航天大学
18	辽宁	李景华	男	教授	东北大学
19	上海	岳继光	男	教授/博导	同济大学
20	上海	胡波	男	教授/博导	复旦大学
21	上海	章倩苓	女	教授/博导	复旦大学
22	上海	福岛裕	男	高级工程师	NEC 电子上海分公司
23	四川	李玉柏	男	教授/博导	电子科技大学
24	天津	刘开华	男	教授/博导	天津大学
25	浙江	潘再平	男	教授	浙江大学
26	浙江	官伯然	男	教授/博导	杭州电子科技大学
27	重庆	曾孝平	男	教授/博导	重庆大学
28	广东	褚庆昕	男	教授/博导	华南理工大学
29	广西	李思敏	男	教授	桂林电子工业学院
30	河北	贾志成	男	教授	河北工业大学
31	湖南	陈明义	男	教授/博导	中南大学
32	吉林	王树勋	男	教授/博导	吉林大学
33	山东	姜威	男	教授/博导	山东大学
34	山西	韩炎	男	教授/博导	中北大学
35	陕西	陈南	男	教授	西安电子科技大学
36	陕西	段哲民	男	教授/博导	西北工业大学
37	陕西	邓建国	男	教授/博导	西安交通大学

3. 全国大学生电子设计竞赛专家库成员 63 名（排名不分先后）

序号	赛区	姓名	性别	职称	单　位
1	北京	张晓林	男	教授/博导	北京航空航天大学
2	陕西	傅丰林	男	教授/博导	西安电子科技大学
3	上海	徐国治	男	教授/博导	上海交通大学
4	北京	唐竞新	男	教授	清华大学
5	北京	朱柏承	男	教授/博导	北京大学
6	北京	罗伟雄	男	教授/博导	北京理工大学
7	北京	赵振纲	男	教授	北京邮电大学
8	北京	侯建军	男	教授/博导	北京交通大学
9	北京	朱茂镒	男	教授	北京信息科技大学
10	北京	罗森林	男	教授/博导	北京理工大学
11	北京	王志军	男	副教授	北京大学
12	北京	卢小平	男	教授	北京信息职业技术学院
13	北京	于涛	男	工程师	NEC 电子北京总部
14	黑龙江	王立欣	男	教授/博导	哈尔滨工业大学
15	黑龙江	掌蕴东	男	教授/博导	哈尔滨工业大学
16	湖北	赵茂泰	男	教授	武汉大学
17	湖北	黄瑞光	男	教授	华中科技大学
18	湖北	张国平	男	教授	华中师范大学
19	江苏	胡仁杰	男	教授/博导	东南大学
20	江苏	王成华	男	教授/博导	南京航空航天大学
21	辽宁	李景华	男	教授	东北大学
22	辽宁	仲崇权	男	教授	大连理工大学
23	上海	岳继光	男	教授/博导	同济大学
24	上海	胡波	男	教授/博导	复旦大学
25	上海	章倩苓	女	教授/博导	复旦大学
26	上海	刘锦高	男	教授/博导	华东师范大学
27	上海	杨冠群	男	教授	上海第二工业大学
28	上海	福岛裕	男	高级工程师	NEC 电子上海分公司
29	四川	李玉柏	男	教授/博导	电子科技大学
30	四川	张炬	男	教授/博导	电子科技大学
31	四川	宋兴华	男	高级工程师	成都电子机械高等专科学校
32	天津	刘开华	男	教授/博导	天津大学
33	天津	孙桂玲	女	副教授	南开大学
34	浙江	潘再平	男	教授	浙江大学
35	浙江	官伯然	男	教授/博导	杭州电子科技大学
36	重庆	曾孝平	男	教授/博导	重庆大学

序号	赛区	姓名	性别	职称	单 位
37	重庆	廖勇	男	教授	重庆大学
38	安徽	张剑云	男	教授	解放军电子工程学院
39	广东	褚庆昕	男	教授/博导	华南理工大学
40	广东	马晓明	男	教授	深圳职业技术学院
41	广西	李思敏	男	教授	桂林电子工业学院
42	广西	赵进创	男	教授	广西大学
43	河北	贾志成	男	教授	河北工业大学
44	河北	沙占友	男	教授	河北科技大学
45	河南	王东云	男	教授	中原工学院
46	湖南	陈明义	男	教授/博导	中南大学
47	湖南	卢启中	男	教授/博导	国防科技大学
48	湖南	滕召胜	男	教授/博导	湖南大学
49	吉林	王树勋	男	教授/博导	吉林大学
50	吉林	刘刚	男	教授	长春工业大学
51	吉林	吕铁男	男	教授	吉林工业职业技术学院
52	山东	姜威	男	教授/博导	山东大学
53	山东	谭博学	男	教授	山东理工大学
54	山西	韩炎	男	教授/博导	中北大学
55	山西	王召巴	男	教授	中北大学
56	陕西	陈南	男	教授	西安电子科技大学
57	陕西	段哲民	男	教授/博导	西北工业大学
58	陕西	邓建国	男	教授/博导	西安交通大学
59	陕西	刘雨棣	男	教授	西安航空技术高等专科学校
60	福建	刘大茂	男	教授	福州大学
61	福建	程恩	男	教授	厦门大学
62	甘肃	杨志民	男	教授	西北师范大学
63	甘肃	吕振肃	男	教授	兰州大学

注：张晓林为专家组组长，傅丰林、徐国治为专家组副组长。

特此通知。

全国大学生电子设计竞赛组织委员会

二〇〇九年三月二十日

主题词：大学生　电子设计　竞赛　专家　▲　通知

报：教育部高等教育司、工业和信息化部人事教育司

发：各赛区组委会

2017 年全国大学生电子设计竞赛
命题与评审专家名单

全 国 专 家 组 组 长：	张晓林	（北京航空航天大学）
全 国 专 家 组 副 组 长：	傅丰林	（西安电子科技大学）
全 国 专 家 组 副 组 长：	徐国治	（上海交通大学）
全 国 专 家 组 责 任 专 家：	罗伟雄	（北京理工大学）
	赵茂泰	（武汉大学）
	岳继光	（同济大学）
	赵振纲	（北京邮电大学）
	朱柏承	（北京大学）
	唐竟新	（清华大学）
	王立欣	（哈尔滨工业大学）
	胡仁杰	（东南大学）
	李景华	（东北大学）
	李玉柏	（电子科技大学）
	刘开华	（天津大学）
	潘再平	（浙江大学）
全 国 专 家 组 专 家：	朱茂镒	（北京信息工程学院）
	陈　南	（西安电子科技大学）
	曾孝平	（重庆大学）
	黄瑞光	（华中科技大学）
	贾志成	（河北工业大学）
	段哲民	（西北工业大学）
	邓建国	（西安交通大学）
	于　涛	（NEC 电子北京总部）
全 国 专 家 库 专 家：	卢启中	（国防科技大学）
	孙桂玲	（南开大学）
	杨冠群	（上海第二工业大学）
	刘雨棣	（西安航空技术高等专科学校）
	吕铁男	（吉林工业职业技术学院）
	宋兴华	（成都电子机械高等专科学校）
	福岛裕	（NEC 电子上海分公司）
特 邀 命 题 专 家：	宋　斌	（NEC 电子上海分公司）

2017 年全国大学生电子设计竞赛
瑞萨杯获得者

序号	赛区	组别	题号	学校	姓名	姓名	姓名
1	江苏	本科组	C	南京邮电大学	王博	钱家琛	邱城伟
2	浙江	高职高专组	L	浙江工贸职业技术学院	陈银通	陈苏阳	金丽华

2017 年全国大学生电子设计竞赛获奖名单

A 题获奖名单

序号	赛区	组别	题号	参赛队学校	学生姓名	学生姓名	学生姓名	奖项
1	北京	本科组	A	中国矿业大学（北京）	陆藤	肖峰	王智清	一等奖
2	福建	本科组	A	福州大学	周宗孝	周远波	王文娟	一等奖
3	福建	本科组	A	厦门大学	齐琦	李鸣	毕硕雪	一等奖
4	甘肃	本科组	A	兰州交通大学	董天保	高寒	董纷纷	一等奖
5	广东	本科组	A	东莞理工学院	黄伟坤	庚锦培	曾沅彬	一等奖
6	广西	本科组	A	广西师范大学	谢福仕	谢树禄	张盛明	一等奖
7	广西	本科组	A	广西师范大学漓江学院	冯杰	班华志	许弘昌	一等奖
8	河北	本科组	A	河北科技大学	李晓东	付饶	宋得良	一等奖
9	河北	本科组	A	河北科技大学	范松	石晓航	赵颖	一等奖
10	河南	本科组	A	中原工学院	陈荣华	夏帅帅	位正录	一等奖
11	湖北	本科组	A	华中科技大学	林俊宏	鄢义洋	罗徐佳	一等奖
12	湖北	本科组	A	华中科技大学	蓝王丰	王臻炜	林志洛	一等奖
13	湖北	本科组	A	武汉大学	刘冰昊	胡仕波	李高旭	一等奖
14	湖北	本科组	A	武汉科技大学	蔡林宏	徐豪	李达	一等奖
15	湖南	本科组	A	湖南工程学院	宋永攀	张鑫明	贾琼宇	一等奖
16	湖南	本科组	A	湖南师范大学	曾鑫伟	陈霜	胡继雄	一等奖
17	湖南	本科组	A	南华大学	胡世鹏	夏志鑫	成雷	一等奖
18	湖南	本科组	A	南华大学	刘摄众	徐思蒙	徐明宇	一等奖
19	湖南	本科组	A	长沙理工大学	邹智强	蔡志强	郭扬铮	一等奖
20	湖南	本科组	A	长沙学院	章成	陈磊	杨毅	一等奖
21	江苏	本科组	A	南京邮电大学	郭健	刘正宇	吴倩	一等奖
22	江西	本科组	A	江西科技师范大学	徐磊	骆传廉	黄卓文	一等奖
23	江西	本科组	A	江西科技师范大学	肖强	江鹏	张琦	一等奖
24	山东	本科组	A	哈尔滨理工大学荣成学院	许宗阳	郎一凡	张宸	一等奖
25	山东	本科组	A	青岛理工大学	王伟	郭厚峰	高建峰	一等奖
26	山东	本科组	A	中国石油大学（华东）	袁诚	宣丛丛	余跃	一等奖
27	山东	本科组	A	中国石油大学（华东）	吴尚谦	杨奉志	王英杰	一等奖
28	陕西	本科组	A	陕西科技大学	张瑞瑞	徐卓昇	张浩	一等奖
29	陕西	本科组	A	西安电子科技大学	刘欣	江伟斌	吴必成	一等奖
30	四川	本科组	A	电子科技大学	杨光亮	刘建仓	余乐	一等奖
31	四川	本科组	A	电子科技大学	王蟊	汤旭东	苑骁明	一等奖
32	四川	本科组	A	西南交通大学	魏献壁	邓成达	钟鸣	一等奖
33	四川	本科组	A	西南交通大学	李政	林尉杰	吴芮	一等奖
34	浙江	本科组	A	绍兴文理学院	包世杰	张卫	张国庆	一等奖
35	浙江	本科组	A	温州大学	潘学荣	郑浩威	蔡建武	一等奖
36	安徽	本科组	A	安徽大学	柳岸明	陈琦	许长乐	二等奖
37	安徽	本科组	A	安徽大学	郭瑞昌	高陈媛	赵子正	二等奖

续表

序号	赛区	组别	题号	参赛队学校	学生姓名	学生姓名	学生姓名	奖项
38	安徽	本科组	A	合肥学院	唐景龙	袁嘉伟	方敏	二等奖
39	安徽	本科组	A	合肥学院	甘凌昊	赵有娣	李小庆	二等奖
40	安徽	本科组	A	合肥学院	陈柯宇	张清阳	姜士璇	二等奖
41	北京	本科组	A	北方工业大学	李雅斌	吴思航	熊勇	二等奖
42	北京	本科组	A	北方工业大学	武建国	王兴	辛冉	二等奖
43	北京	本科组	A	北京航空航天大学	刘晨颖	章舜尧	夏吉喆	二等奖
44	重庆	本科组	A	重庆大学	范林川	吴梦涛	王光炜	二等奖
45	重庆	本科组	A	重庆科技学院	张红涛	程治良	李佳鸿	二等奖
46	福建	本科组	A	福建工程学院	鄢继浩	孙云委	林杭彬	二等奖
47	福建	本科组	A	福建师范大学	何涛	王金旭	崔宏业	二等奖
48	福建	本科组	A	福州大学	杨英杰	陈诗凯	李泽文	二等奖
49	福建	本科组	A	莆田学院	江诗杰	江一艇	陈剑欣	二等奖
50	福建	本科组	A	莆田学院	吴志强	吴晓阳	许文	二等奖
51	福建	本科组	A	三明学院	张岳荣	陈华成	邱美查	二等奖
52	福建	本科组	A	三明学院	包锦蕉	吴世杰	陈劼	二等奖
53	福建	本科组	A	三明学院	侯海林	李杰艺	林纬坤	二等奖
54	福建	本科组	A	武夷学院	刘文彬	柴刚刚	林小斌	二等奖
55	广东	本科组	A	华南理工大学	杨代辉	叶文滔	林晓惠	二等奖
56	广西	本科组	A	广西师范大学	蓝日成	黎小宇	黄显雅	二等奖
57	广西	本科组	A	桂林电子科技大学	许自勇	覃传荣	陈铭智	二等奖
58	广西	本科组	A	桂林电子科技大学	石宁波	黄天宝	覃兴胜	二等奖
59	海南	本科组	A	海口经济学院	韩明冲	许清番	卢尧	二等奖
60	海南	本科组	A	海南大学	陈俊语	席晓亮	邹孝坤	二等奖
61	河北	本科组	A	东北大学秦皇岛分校	程鑫世	冯浩田	曹劲羽	二等奖
62	河南	本科组	A	黄淮学院	马傲华	王崇迪	桑子江	二等奖
63	河南	本科组	A	南阳理工学院	徐天松	宋明洋	马哲华	二等奖
64	河南	本科组	A	郑州大学	童日明	朱晓晴	许银翠	二等奖
65	河南	本科组	A	郑州轻工业学院	曹恒硕	张冬阳	屠俊岭	二等奖
66	河南	本科组	A	中原工学院	张志慧	李昊阳	倪燕青	二等奖
67	河南	本科组	A	中原工学院	李金锋	张圣龙	李志恒	二等奖
68	黑龙江	本科组	A	哈尔滨工业大学	徐婷婷	杜宇馨	杨士杰	二等奖
69	黑龙江	本科组	A	黑龙江科技大学	张东朝	杨佳佳	宋磊超	二等奖
70	黑龙江	本科组	A	黑龙江科技大学	郭鹏斐	肖浩	康靖	二等奖
71	湖北	本科组	A	湖北文理学院	黄庆旺	周玉芳	王新明	二等奖
72	湖北	本科组	A	华中科技大学	丁强	刘潇奎	杨瑷玮	二等奖
73	湖北	本科组	A	华中科技大学	韩东桐	吴磊	王炳然	二等奖
74	湖北	本科组	A	武汉理工大学	江泽	王桂达	刘颜静	二等奖
75	湖北	本科组	A	武汉理工大学	王朝	钟李亮	李嘉旺	二等奖
76	湖南	本科组	A	湖南大学	黄庆辉	蒲云杰	姜正庭	二等奖
77	吉林	本科组	A	东北电力大学	于嘉明	罗鑫	张宏祯	二等奖
78	吉林	本科组	A	吉林化工学院	孙铭	柳淳于	杨林	二等奖
79	江苏	本科组	A	东南大学	李一鸣	徐阳	吴政	二等奖

序号	赛区	组别	题号	参赛队学校	学生姓名	学生姓名	学生姓名	奖项
80	江苏	本科组	A	河海大学	孙康	高金鑫	邓燕国	二等奖
81	江苏	本科组	A	江苏师范大学	高客	马国嵩	王元	二等奖
82	江苏	本科组	A	南京航空航天大学	孔达	朱昕昳	冯志杰	二等奖
83	江苏	本科组	A	南京农业大学	林贤康	赵致远	赵思佳	二等奖
84	江苏	本科组	A	南京师范大学（紫金）	李雨轩	徐敏	薛艳静	二等奖
85	江苏	本科组	A	南京师范大学（紫金）	张雅婷	钟汝莹	刘事成	二等奖
86	江苏	本科组	A	南京师范大学（紫金）	顾亚楠	赵普	王安鹏	二等奖
87	江苏	本科组	A	南京邮电大学	张宇德	张华鑫	邹依	二等奖
88	江苏	本科组	A	南京邮电大学	董自成	洪凯圣	陈膺昊	二等奖
89	江苏	本科组	A	南京邮电大学	李佩佩	吴文斌	朱银	二等奖
90	江苏	本科组	A	无锡太湖学院	王锦畅	王芳慧	谭灿灿	二等奖
91	江西	本科组	A	江西科技师范大学	郑晓康	王敏洁	李行	二等奖
92	江西	本科组	A	南昌大学	吴登辉	刘席发	丁毅飞	二等奖
93	辽宁	本科组	A	大连海事大学	王继科	王旭东	赵阳	二等奖
94	辽宁	本科组	A	大连海事大学	张润禾	赵贺	林诗雨	二等奖
95	辽宁	本科组	A	大连理工大学	张钟元	徐文强	尹英达	二等奖
96	辽宁	本科组	A	大连理工大学	王译锋	龙志松	宋闻萱	二等奖
97	山东	本科组	A	青岛大学	林海洋	王晓敏	董越美	二等奖
98	山东	本科组	A	青岛理工大学	张楚	王德新	尹燕哲	二等奖
99	山东	本科组	A	青岛理工大学	孙浩哲	姬毓明	李辰旭	二等奖
100	山东	本科组	A	山东大学	孙胤乾	杨睿	傅洪裕	二等奖
101	山东	本科组	A	烟台大学	张烨鹏	孙军帅	国洪飞	二等奖
102	山东	本科组	A	烟台大学	林姣姣	潘康路	孙汉辉	二等奖
103	山西	本科组	A	中北大学	孙焱	刘翔	张厚浩	二等奖
104	陕西	本科组	A	火箭军工程大学	徐浩然	刘雄斌	张仁均	二等奖
105	陕西	本科组	A	陕西科技大学	罗熠文	徐涛	王子婷	二等奖
106	陕西	本科组	A	西安电子科技大学	马晓军	王刘鄞	石铭宇	二等奖
107	陕西	本科组	A	西安交通大学	仝昊	黄杨涛	刘成英	二等奖
108	陕西	本科组	A	西安科技大学	武仲剑	杨茜	赵明吉	二等奖
109	陕西	本科组	A	西安科技大学	杨昌	计咏梅	刘乃赫	二等奖
110	上海	本科组	A	华东师范大学	许巾一	吴希仪	祝瑞红	二等奖
111	上海	本科组	A	上海电力学院	任克宇	张子旭	顾云龙	二等奖
112	上海	本科组	A	上海交通大学	唐诵	周逸炜	赵雅雪	二等奖
113	上海	本科组	A	上海交通大学	卢力	佘梦欣	辛熙锴	二等奖
114	上海	本科组	A	上海交通大学	谢弘洋	周修宁	王丹阳	二等奖
115	上海	本科组	A	上海理工大学	唐天赐	刘宇宸	王玥	二等奖
116	上海	本科组	A	上海理工大学	石勤振	梁宏伟	郭宇强	二等奖
117	四川	本科组	A	电子科技大学	林子宵	杜新川	张文宇	二等奖
118	四川	本科组	A	电子科技大学	林荣晔	万兆丰	李延泽	二等奖
119	四川	本科组	A	电子科技大学成都学院	赵石锐	李家辉	贺世宁	二等奖
120	四川	本科组	A	西南交通大学	陈津辉	许鹏	胡德旺	二等奖
121	四川	本科组	A	西南交通大学	陈海宇	严志星	马明东	二等奖

序号	赛区	组别	题号	参赛队学校	学生姓名	学生姓名	学生姓名	奖项
122	天津	本科组	A	南开大学	辛港涛	邱杉	李耕	二等奖
123	天津	本科组	A	南开大学	王若斌	鲁金铭	贾笛	二等奖
124	天津	本科组	A	天津工业大学	谷承儒	史红菲	吴润龙	二等奖
125	天津	本科组	A	天津职业技术师范大学	王树亮	王权	卢洁浩	二等奖
126	天津	本科组	A	天津职业技术师范大学	李娜	彭志崇	李国辉	二等奖
127	天津	本科组	A	中国民航大学	张靖宇	王启鑫	莫浩杰	二等奖
128	浙江	本科组	A	宁波工程学院	丁杭成	潘天炜	郑黎阳	二等奖
129	浙江	本科组	A	绍兴文理学院	赵一夫	岳昕晨	钱小康	二等奖
130	浙江	本科组	A	浙江工业大学	张聪海	王传凯	王智霞	二等奖
131	浙江	本科组	A	浙江工业大学	毛待春	王邦晓	金哲豪	二等奖
132	浙江	本科组	A	浙江工业大学	王嘉瑶	马泰屹	余高成	二等奖
133	浙江	本科组	A	中国计量大学	徐玉鹏	邵旭东	雷君浩	二等奖

B 题获奖名单

序号	赛区	组别	题号	参赛队学校	学生姓名	学生姓名	学生姓名	奖项
134	安徽	本科组	B	安徽工程大学	张国义	曹鹏飞	袁悦	一等奖
135	安徽	本科组	B	安徽工程大学	张国立	何超	金念	一等奖
136	安徽	本科组	B	安徽工业大学	洪明峰	王子明	周润发	一等奖
137	安徽	本科组	B	中国科学技术大学	王航	谭超鸿	高朋	一等奖
138	福建	本科组	B	福州大学	林才华	林栩	杨砚	一等奖
139	福建	本科组	B	华侨大学	唐恺华	卓章源	何建辉	一等奖
140	广东	本科组	B	东莞理工学院	简瑞谦	周乐栓	梁英杰	一等奖
141	广东	本科组	B	广东工业大学	张国生	龚泽辉	冯省城	一等奖
142	广西	本科组	B	桂林电子科技大学	黄博俊	廖国鹏	王宏辉	一等奖
143	广西	本科组	B	桂林电子科技大学	叶旭威	蒙东飚	张韩飞	一等奖
144	河北	本科组	B	东北大学秦皇岛分校	孙航	杨兵	顾津铭	一等奖
145	河南	本科组	B	河南科技大学	张家宾	端木明星	张自影	一等奖
146	河南	本科组	B	河南科技大学	周旺生	蒋亨畅	牛群超	一等奖
147	湖北	本科组	B	华中科技大学	卿志武	石颖	白秉灵	一等奖
148	湖北	本科组	B	华中科技大学	刘康	郦颖烜	孟璐斌	一等奖
149	湖北	本科组	B	中国地质大学（武汉）	徐浪	刘旭锋	王慧娇	一等奖
150	湖北	本科组	B	中南民族大学	王智慧	汪婷	韩帅	一等奖
151	湖南	本科组	B	湖南大学	朱坤志	田丰	丁梓明	一等奖
152	湖南	本科组	B	湖南大学	朱健	许杰	李子纯	一等奖
152	湖南	本科组	B	湖南工程学院	张静儒	曾成	谢斌	一等奖
153	湖南	本科组	B	湖南人文科技学院	魏申雄	欧名雄	彭目秀	一等奖
154	湖南	本科组	B	湘南学院	张志强	胡宇翔	武才智	一等奖
155	吉林	本科组	B	吉林大学	张宇轩	马天录	邵晶雅	一等奖
156	江苏	本科组	B	东南大学	李文慧	郑峰	朱毅成	一等奖
157	江苏	本科组	B	东南大学	刘静	王琪善	张晓博	一等奖
158	江苏	本科组	B	河海大学	陈攀	闫梦凯	郭松	一等奖

续表

序号	赛区	组别	题号	参赛队学校	学生姓名	学生姓名	学生姓名	奖项
159	江苏	本科组	B	河海大学	吴倩倩	洪洋	欧建永	一等奖
160	江苏	本科组	B	江苏大学	徐舒其	姜承昊	王子淳	一等奖
161	江苏	本科组	B	南京航空航天大学	王锦涛	姚成喆	钱程亮	一等奖
162	江苏	本科组	B	南京航空航天大学	李哲舟	皇甫一鸣	高凌云	一等奖
163	江苏	本科组	B	南京信息工程大学	张世奇	郭明会	韩安东	一等奖
164	江苏	本科组	B	南京信息工程大学	陈光灿	沈雷	蔡力坚	一等奖
165	江苏	本科组	B	中国矿业大学	刘晨旭	刘咏鑫	李保林	一等奖
166	江西	本科组	B	江西科技学院	李肖阳	彭义斌	朱佳君	一等奖
167	江西	本科组	B	南昌大学	余佳俊	林旺	向刘洋	一等奖
168	辽宁	本科组	B	大连大学	韦佳宝	徐键恒	胡世贵	一等奖
169	辽宁	本科组	B	大连海事大学	闫续冬	伍文福	张鑫	一等奖
170	辽宁	本科组	B	大连海事大学	刘帆帆	李国祯	王嘉伟	一等奖
171	辽宁	本科组	B	大连理工大学	孔令巍	王晓亮	谭霄	一等奖
172	辽宁	本科组	B	大连理工大学	赵晓东	万成程	吴家汐	一等奖
173	辽宁	本科组	B	东北大学	宋晨	闫心刚	徐鹏	一等奖
174	辽宁	本科组	B	辽宁工程技术大学	甄文昊	杜冲	徐卿	一等奖
175	辽宁	本科组	B	辽宁工程技术大学	刘洪家	蔡明辰	万晨	一等奖
176	辽宁	本科组	B	辽宁科技大学	侯改强	赵栋	谭周年	一等奖
177	山东	本科组	B	青岛科技大学	谢荣基	王晓萌	张信启	一等奖
178	山东	本科组	B	山东大学	张树旺	张航	王萧娜	一等奖
179	山东	本科组	B	山东大学	陈奕旭	韩宇鹏	郑柏通	一等奖
180	山东	本科组	B	山东科技大学	李凯	郑鑫	黄晨晓	一等奖
181	四川	本科组	B	电子科技大学	章程	雷子昂	韦仕才	一等奖
182	四川	本科组	B	电子科技大学	张方林	黄志伟	刘翔宇	一等奖
183	四川	本科组	B	四川大学	单开禹	侯峰	郑世杰	一等奖
184	四川	本科组	B	四川理工大学	王梓旭	苏天赐	胡春	一等奖
185	四川	本科组	B	西南交通大学	刘玉祥	李珂	湛博	一等奖
186	四川	本科组	B	西南交通大学	樊耕麟	朱晓媛	万海鹏	一等奖
187	天津	本科组	B	天津大学	林子	李昊	马卓然	一等奖
188	天津	本科组	B	中国民航大学	邓家辉	王震华	周弘扬	一等奖
189	天津	本科组	B	中国民航大学	刘俊奇	严靖昊	胡斌	一等奖
190	云南	本科组	B	云南大学	王瑞泽	程颖	何明轩	一等奖
191	浙江	本科组	B	宁波工程学院	杨程	沈豪杰	吴昌尚	一等奖
192	浙江	本科组	B	浙江师范大学	倪浩	徐和平	李彦龙	一等奖
193	安徽	本科组	B	安徽工程大学	袁小尘	李阳	潘永婵	二等奖
194	安徽	本科组	B	安徽工业大学	张松	吴承	赵腾飞	二等奖
195	安徽	本科组	B	合肥工业大学	王瑞钢	刘嘉枫	程岩松	二等奖
196	安徽	本科组	B	合肥工业大学	李锦鑫	鲁璐瑶	凌昊明	二等奖
197	安徽	本科组	B	宿州学院	周阳	张海兵	杨孟	二等奖
198	安徽	本科组	B	中国科学技术大学	孙友邦	尹祥宇	曹嘉熙	二等奖
199	北京	本科组	B	北方工业大学	廖诣深	周兵凯	张连鑫	二等奖
200	北京	本科组	B	北京航空航天大学	李思奇	李艺涵	魏小森	二等奖

序号	赛区	组别	题号	参赛队学校	学生姓名	学生姓名	学生姓名	奖项
201	北京	本科组	B	北京航空航天大学	黄文皓	曲旭中	李承坤	二等奖
202	北京	本科组	B	北京理工大学	毛卫鑫	赵林	王炎	二等奖
203	北京	本科组	B	北京邮电大学	白帅	符浩	肖扬	二等奖
204	北京	本科组	B	华北电力大学	吴坤聪	戴宇松	刘天琪	二等奖
205	北京	本科组	B	华北电力大学	管文博	王硕	戴健	二等奖
206	重庆	本科组	B	重庆交通大学	马坤	杜梓烽	郝帅	二等奖
207	重庆	本科组	B	重庆交通大学	刘力荣	李菡	江愈	二等奖
208	重庆	本科组	B	重庆科技学院	翁阳	龙钊	况彦均	二等奖
209	重庆	本科组	B	重庆邮电大学	李志鹏	刘丰	陈云九	二等奖
210	重庆	本科组	B	重庆邮电大学	李嘉伟	唐泓	黄文杰	二等奖
211	福建	本科组	B	福建农林大学	林思翔	谢艺鑫	康伟强	二等奖
212	福建	本科组	B	福州大学	朱圣杰	洪培隆	徐剑斌	二等奖
213	福建	本科组	B	福州大学	陈伟东	黄志伟	罗文宏	二等奖
214	福建	本科组	B	福州大学	陈少斌	林国辉	洪周良	二等奖
215	福建	本科组	B	华侨大学	檀啸	郭家富	仝佳鑫	二等奖
216	福建	本科组	B	集美大学诚毅学院	许林伟	郭晓平	郭锦赟	二等奖
217	福建	本科组	B	集美大学诚毅学院	黄煜铭	邱紫微	吴欢	二等奖
218	甘肃	本科组	B	兰州交通大学	安学良	梁洪月	韩飞	二等奖
219	甘肃	本科组	B	兰州理工大学	刘丰华	彭杨	席仪鑫	二等奖
220	甘肃	本科组	B	兰州理工大学	贾玮	张志强	王启行	二等奖
221	广东	本科组	B	广东工业大学	梁煜靖	温才镇	杨天波	二等奖
222	广东	本科组	B	广东技术师范学院	梁林明	王智键	陈育辉	二等奖
223	广东	本科组	B	华南师范大学	赖泳烽	吴泽波	凌颉	二等奖
224	广东	本科组	B	南方科技大学	范健忠	詹御	黄万款	二等奖
225	广东	本科组	B	韶关学院	杨坤龙	陈思杰	谢焕杰	二等奖
226	广西	本科组	B	广西大学	卢健祥	陈虹钢	蓝高杰	二等奖
227	广西	本科组	B	广西大学	龙力榕	周榆杰	李得铭	二等奖
228	广西	本科组	B	广西大学	黄永杰	何光亮	邱祥	二等奖
229	广西	本科组	B	广西机电职业技术学院	李东安	吕建泽	刘嘉伟	二等奖
230	广西	本科组	B	广西师范大学	覃月秋	彭劲邦	李超	二等奖
231	广西	本科组	B	广西师范大学	农华斌	刘力志	陈海林	二等奖
232	广西	本科组	B	广西师范大学	李阳	莫志宏	陈继锦	二等奖
233	广西	本科组	B	桂林电子科技大学	关启泰	王宏彪	卢煜程	二等奖
234	广西	本科组	B	桂林电子科技大学	陈民广	李华键	韦国枫	二等奖
235	广西	本科组	B	桂林电子科技大学信息科技学院	李进坚	王艺	张财	二等奖
236	广西	本科组	B	桂林理工大学	陆吉河	王磊	刘博	二等奖
237	广西	本科组	B	桂林理工大学	黄丽琪	赵章宋	李金勇	二等奖
238	海南	本科组	B	海南大学	丁健楠	刘一帆	贾蓓蕾	二等奖
239	河北	本科组	B	东北大学秦皇岛分校	苏晨晖	林本丰	左冲	二等奖
240	河北	本科组	B	河北大学工商学院	谢善荣	阎开顺	赵帅	二等奖
241	河北	本科组	B	河北工程大学	孔东一	宋化超	王君杰	二等奖
242	河北	本科组	B	河北工业大学	钟飞	刘世源	毛绘博	二等奖

续表

序号	赛区	组别	题号	参赛队学校	学生姓名	学生姓名	学生姓名	奖项
243	河北	本科组	B	华北理工大学	周朝	李嘉祺	郭忠杰	二等奖
244	河北	本科组	B	华北理工大学	赵杨梅	武艳磊	杨振华	二等奖
245	河北	本科组	B	内蒙古科技大学	扈宏磊	韩冬	乔磊	二等奖
246	河北	本科组	B	燕山大学	石雄涛	朱子文	程晓强	二等奖
247	河南	本科组	B	河南科技大学	张明辉	王建峰	王冰冰	二等奖
248	河南	本科组	B	河南科技大学	许梦文	邢倩	许谢飞	二等奖
249	河南	本科组	B	洛阳理工学院	周猛	王川杰	武兵兵	二等奖
250	河南	本科组	B	郑州大学	张宸赫	郭鑫	郑晗	二等奖
251	河南	本科组	B	郑州大学西亚斯国际学院	张震豪	李海林	赵晨辉	二等奖
252	河南	本科组	B	郑州轻工业学院	肖二龙	孙传桂	杨顺翔	二等奖
253	河南	本科组	B	郑州轻工业学院	胡在志	熊嘉鑫	彭雄	二等奖
254	黑龙江	本科组	B	哈尔滨工程大学	朱益民	袁崧博	吴诗梦	二等奖
255	黑龙江	本科组	B	哈尔滨工业大学	何宇喆	王哲伟	顾东豪	二等奖
256	湖北	本科组	B	湖北汽车工业学院	李宇峰	徐映斌	任逍	二等奖
257258	湖北	本科组	B	华中科技大学	杨丘凡	杨佶昌	冯忠楠	二等奖
259	湖北	本科组	B	武汉理工大学	倪质先	曹旭航	傅科学	二等奖
260	湖南	本科组	B	湖南大学	张振宇	王伟	陈紫维	二等奖
261	吉林	本科组	B	北华大学	梁世东	马晓超	朱磊	二等奖
262	吉林	本科组	B	北华大学	李宗晖	刘博华	母成	二等奖
263	吉林	本科组	B	北华大学	宫兰景	艾高宇	陈栋	二等奖
264	吉林	本科组	B	东北电力大学	王硕	张树德	薛闯	二等奖
265	吉林	本科组	B	吉林大学	陈冠宇	袁锦烽	孙澎勇	二等奖
266	吉林	本科组	B	长春大学	周冬辉	阳健	张存存	二等奖
267	吉林	本科组	B	长春理工大学	权辰宙	彭敏	赵宗明	二等奖
268	吉林	本科组	B	长春理工大学	鞠明池	李超凡	马卓	二等奖
269	江苏	本科组	B	常州大学	朱海鹏	刘鹏飞	万辉跃	二等奖
270	江苏	本科组	B	东南大学	黄亚飞	苟思遥	王超然	二等奖
271	江苏	本科组	B	东南大学	邢永陈	张梦璐	徐浩	二等奖
272	江苏	本科组	B	河海大学	岳峻鹏	谢扬	李紫誉	二等奖
273	江苏	本科组	B	江苏大学	纪友州	姚沛东	许一航	二等奖
274	江苏	本科组	B	江苏科技大学苏州理工学院	罗昊	唐明会	曹开拓	二等奖
275	江苏	本科组	B	扬州大学	周凡	徐焱	钱少伟	二等奖
276	江苏	本科组	B	中国矿业大学	郭政	徐铭康	崔源	二等奖
277	辽宁	本科组	B	大连海事大学	许鑫悦	万琦	郑默语	二等奖
278	辽宁	本科组	B	大连理工大学	赵玢崮	陆兆彰	陈春光	二等奖
279	辽宁	本科组	B	大连理工大学	赵佳峰	刘文宇	钱明阳	二等奖
280	宁夏	本科组	B	北方民族大学	曹宇	蓝东浩	陈乐乐	二等奖
281	山东	本科组	B	滨州学院	王益鹏	杨鑫	张世朋	二等奖
282	山东	本科组	B	哈尔滨工业大学（威海）	任昊然	杨浩年	佟桐	二等奖
283	山东	本科组	B	哈尔滨工业大学（威海）	刘健建	公续荣	周子顺	二等奖
284	山东	本科组	B	哈尔滨工业大学（威海）	董书航	刘振国	王超	二等奖
285	山东	本科组	B	青岛科技大学	崔明迪	韩小博	李泽康	二等奖

序号	赛区	组别	题号	参赛队学校	学生姓名	学生姓名	学生姓名	奖项
286	山东	本科组	B	青岛理工大学	张学亮	陈文博	郝思宇	二等奖
287	山东	本科组	B	曲阜师范大学	顾潘龙	王加帅	张凯	二等奖
288	山东	本科组	B	山东大学	边毅	崔文旭	戚远靖	二等奖
289	山东	本科组	B	山东大学威海分校	张永帅	聂榕	王金鑫	二等奖
290	山东	本科组	B	山东科技大学	于帮国	史朋威	邓金山	二等奖
291	山东	本科组	B	烟台大学	王煦	常明扬	宋雨潞	二等奖
292	陕西	本科组	B	空军工程大学	李帅	成志鹏	包壮壮	二等奖
293	陕西	本科组	B	西安电子科技大学	王武壮	吕国刚	肖金海	二等奖
294	陕西	本科组	B	西安理工大学	王毅飞	黄天欢	田典	二等奖
295	陕西	本科组	B	西安理工大学	胡子晗	李刚	孙凯	二等奖
296	陕西	本科组	B	西安理工大学	卜宁	韩朝阳	陈泽驰	二等奖
297	陕西	本科组	B	西北大学	谢琦	刘瑞	谢祎霖	二等奖
298	陕西	本科组	B	西北大学	邓智峰	杨育婷	王万恒	二等奖
299	上海	本科组	B	上海工程技术大学	段宏昌	方国好	韦瑞含	二等奖
300	上海	本科组	B	上海理工大学	毛峥	王晗钰	李子航	二等奖
301	上海	本科组	B	同济大学	邓修齐	郝志鑫	石文博	二等奖
302	四川	本科组	B	成都信息工程大学	徐文野	谢承呈	何琪	二等奖
303	四川	本科组	B	成都信息工程大学	周俊宇	应建平	胡桃	二等奖
304	四川	本科组	B	电子科技大学	范昊洋	周云浩	冯超	二等奖
305	四川	本科组	B	四川理工大学	唐阳	荣海波	刘婷婷	二等奖
306	四川	本科组	B	四川理工大学	石涛	汪兵	戚宏骞	二等奖
307	四川	本科组	B	四川理工大学	林辉	李文杰	刘鹏	二等奖
308	四川	本科组	B	西南交通大学	胡宪	俞天敏	王增增	二等奖
309	四川	本科组	B	西南科技大学	刘树立	刘桃	涂龙	二等奖
310	天津	本科组	B	天津大学	柳鑫元	方超	周聪	二等奖
311	天津	本科组	B	天津大学	林燕婷	药潇文	垢程翔	二等奖
312	天津	本科组	B	天津职业技术师范大学	郑锦龙	林国铭	沙琳含	二等奖
313	天津	本科组	B	天津职业技术师范大学	董大鑫	王绪龙	张春旭	二等奖
314	天津	本科组	B	中国民航大学	王超	王兆源	初麟希	二等奖
315	天津	本科组	B	中国民航大学	陈济轩	马溢泽	于宙	二等奖
316	云南	本科组	B	云南大学	张敦锋	郑德帅	陈锦华	二等奖
317	浙江	本科组	B	杭州电子科技大学	张洪	杜宇浩	王立展	二等奖
318	浙江	本科组	B	杭州电子科技大学	颜斌	叶豪杰	甘群	二等奖
319	浙江	本科组	B	杭州电子科技大学	项鑫奔	陈佳伟	许鉴	二等奖
320	浙江	本科组	B	杭州电子科技大学	白瑞昌	楼涛	胡陈慧	二等奖
321	浙江	本科组	B	杭州电子科技大学信息工程学院	许铁	陈建飞	王恒宇	二等奖
322	浙江	本科组	B	浙江工业大学	吴航宇	林淳	陈璐瑶	二等奖
323	浙江	本科组	B	浙江理工大学	葛天飞	鲍耀明	陶鋆耀	二等奖
324	浙江	本科组	B	浙江师范大学行知学院	韩君敏	屠恩华	王优建	二等奖
325	浙江	本科组	B	中国计量大学	徐恩毅	巫子聪	周林杰	二等奖
326	浙江	本科组	B	中国计量大学现代科技学院	徐屹	叶烁烁	冯陈菲	二等奖

C 题获奖名单

序号	赛区	组别	题号	参赛队学校	学生姓名	学生姓名	学生姓名	奖项
327	北京	本科组	C	北京化工大学	吴萍萍	张立轩	许哲成	一等奖
328	福建	本科组	C	福州大学	连厚泉	苏永彬	吴旸	一等奖
329	福建	本科组	C	厦门大学	张炜程	金楷越	欧阳小敏	一等奖
330	福建	本科组	C	厦门大学嘉庚学院	陈剑平	谢威斌	陈德龙	一等奖
331	广西	本科组	C	桂林电子科技大学	何煜	黄晓萱	阮浩宇	一等奖
332	河北	本科组	C	燕山大学	张悦	蒋明智	杜镇泉	一等奖
333	湖北	本科组	C	武汉大学	彭锐	杜俊伟	华枝发	一等奖
334	湖北	本科组	C	中国地质大学（武汉）	黄元境	张银陆	黑振全	一等奖
335	江苏	本科组	C	东南大学	寇梓黎	邹少锋	郑添	一等奖
336	江苏	本科组	C	南京工程学院	谢一宾	张杰	刘鹏程	一等奖
337	江苏	本科组	C	南京邮电大学	王博	钱家琛	邱城伟	一等奖
338	辽宁	本科组	C	辽宁工业大学	宋强	张国永	张世达	一等奖
339	陕西	本科组	C	西安电子科技大学	许晓燕	林洲洋	王佳蔚	一等奖
340	上海	本科组	C	上海交通大学	王昕宇	韩静文	曾佳妮	一等奖
341	浙江	本科组	C	杭州电子科技大学	胡友鹏	黄培武	王永铭	一等奖
342	安徽	本科组	C	安徽工程大学	崔放	张海成	苏雨芹	二等奖
343	安徽	本科组	C	宿州学院	顾毅	郭宇	冯海鹏	二等奖
344	北京	本科组	C	北京航空航天大学	曹世岳	哈泽辰	龙云浩	二等奖
345	北京	本科组	C	中国农业大学	高建银	眭畅豪		二等奖
346	福建	本科组	C	福州大学	陈祺	黄道一	吴翊颖	二等奖
347	福建	本科组	C	厦门大学	孙文涛	林思泽	章绍晨	二等奖
348	福建	本科组	C	厦门大学嘉庚学院	陈晓龙	王硕	刘梦婷	二等奖
349	河北	本科组	C	东北大学秦皇岛分校	杭锦泉	张立	游佳	二等奖
350	河北	本科组	C	燕山大学	苗文强	程鹏	赵梦雄	二等奖
351	河南	本科组	C	河南城建学院	蔡恩泽	师留涛	彭莉娜	二等奖
352	湖北	本科组	C	华中农业大学	周棚	叶海军	阮涛	二等奖
353	湖南	本科组	C	吉首大学	曹继华	梁伟	刘杰	二等奖
354	湖南	本科组	C	中南大学	杨国威	李路军	胡皓斌	二等奖
355	吉林	本科组	C	吉林大学	梁伟强	刘凯	孙振超	二等奖
356	吉林	本科组	C	吉林大学	刘宏楠	刘涛	胡梦媛	二等奖
357	江苏	本科组	C	南京邮电大学	孟凡利	潘华宇	杨秉茜	二等奖
358	江苏	本科组	C	南京邮电大学	梁定康	严家骏	钱瑞	二等奖
359	江苏	本科组	C	中国矿业大学	周鑫	邹豪	潘艺芃	二等奖
360	辽宁	本科组	C	大连工业大学	刘春迅	刘慧林	洪天佑	二等奖
361	山东	本科组	C	山东大学	张柳明	韩雨坤	穆靖	二等奖
362	山东	本科组	C	山东大学	夏英翔	许庆桑	胡茜茜	二等奖
363	山东	本科组	C	山东交通学院	孙隽璐	周东来	高秋姝	二等奖
364	上海	本科组	C	上海大学	陈智勇	任宗泽	符皓程	二等奖
365	上海	本科组	C	上海交通大学	徐绍杰	陆耀生	徐航	二等奖
366	四川	本科组	C	电子科技大学	孙晨	王容	李齐	二等奖
367	四川	本科组	C	电子科技大学	张宇	段淇艺	张寒	二等奖
368	四川	本科组	C	西南交通大学	徐华峰	张煜	陈威	二等奖

序号	赛区	组别	题号	参赛队学校	学生姓名	学生姓名	学生姓名	奖项
369	四川	本科组	C	西南科技大学	唐先锋	罗喆	席伟星	二等奖
370	浙江	本科组	C	杭州电子科技大学	郭童栋	刘江	姚雪盈	二等奖
371	浙江	本科组	C	杭州师范大学钱江学院	易际钢	王丽坤	方乐朋	二等奖

D 题获奖名单

序号	赛区	组别	题号	参赛队学校	学生姓名	学生姓名	学生姓名	奖项
372	新疆	本科组	D	新疆大学	杨梦思	王铭翊	杜明	二等奖

E 题获奖名单

序号	赛区	组别	题号	参赛队学校	学生姓名	学生姓名	学生姓名	奖项
373	北京	本科组	E	北京航空航天大学	赵文昊	张子璇	江昭明	一等奖
374	湖北	本科组	E	武汉大学	李曦嵘	徐颖	蔺智鹏	一等奖
375	湖北	本科组	E	武汉大学	陈晨旭	杨钊	杨小石	一等奖
376	陕西	本科组	E	西安电子科技大学	卢圣健	刘鹤	周鲜	一等奖
377	陕西	本科组	E	西安电子科技大学	肖凯迪	黄君利	杨光浦	一等奖
378	陕西	本科组	E	西安交通大学	薛涵	杨文俊	郭子雄	一等奖
379	上海	本科组	E	上海交通大学	徐晨鑫	章学恒	孙寒玮	一等奖
380	上海	本科组	E	上海交通大学	李抒昊	童迅	余明慧	一等奖
381	四川	本科组	E	四川大学	陈欣达	张劲宇	李文东	一等奖
382	四川	本科组	E	四川大学	黄永锦	汪志琴	王布依祎	一等奖
383	天津	本科组	E	南开大学	郑祥雨	陈江韬	范龙波	一等奖
384	安徽	本科组	E	淮北师范大学	李伟剑	党书琴	范小芳	二等奖
385	安徽	本科组	E	中国科学技术大学	林奕爽	杨闰宇	王立梅	二等奖
386	北京	本科组	E	北京工业大学	梁骁	葛桐	岳力	二等奖
387	北京	本科组	E	北京邮电大学	陈德阳	马文琪	陈铁方	二等奖
388	北京	本科组	E	北京邮电大学	孙志超	陈文通	姜哲隆	二等奖
389	重庆	本科组	E	重庆大学	蒋宏国	靳崇渝	何秉哲	二等奖
390	重庆	本科组	E	重庆大学城市科技学院	曾桑圩	邓小东	唐率钦	二等奖
391	重庆	本科组	E	重庆大学城市科技学院	唐诗	张锐	沈建生	二等奖
392	福建	本科组	E	福州大学	陈泊鑫	吴延椿	林建智	二等奖
393	福建	本科组	E	福州大学	黄镇杭	孙炜军	詹孝通	二等奖
394	福建	本科组	E	福州大学	赖梓烨	洪宝玲	张佳祥	二等奖
395	甘肃	本科组	E	兰州大学	苟煜春	张文强	詹佳伟	二等奖
396	甘肃	本科组	E	兰州交通大学	武渊博	问海涛	靳康乐	二等奖
397	广西	本科组	E	桂林电子科技大学	石林源	牙柄山	汪晓骏	二等奖
398	河北	本科组	E	河北科技大学	王雪迪	程雅萱	畅瑞江	二等奖
399	河北	本科组	E	河北科技大学理工学院	温晓策	王亚昆	任笑凯	二等奖
400	河南	本科组	E	解放军信息工程大学	胡昱东	韩卓茜	杨秋寒	二等奖
401	黑龙江	本科组	E	哈尔滨工程大学	曹垒	倪贤明	邵猛	二等奖
402	湖北	本科组	E	华中科技大学	郭羿江	刘星杰	江畅	二等奖
403	湖北	本科组	E	武汉大学	曾祥睿	宋竑森	叶秉奕	二等奖

序号	赛区	组别	题号	参赛队学校	学生姓名	学生姓名	学生姓名	奖项
404	湖北	本科组	E	武汉大学	朱雨涛	丘杰元	徐卢阳	二等奖
405	湖南	本科组	E	国防科学技术大学	郭璁杰	曹星炜	吕晟莱	二等奖
406	吉林	本科组	E	长春大学	何柏霖	王倩	马牧远	二等奖
407	江苏	本科组	E	南京大学	乔晓伟	潘霄禹	田朝莹	二等奖
408	江苏	本科组	E	南京邮电大学	张天祥	王子豪	张润泽	二等奖
409	江苏	本科组	E	南京邮电大学	郑楠	汪胜	赵鑫晨	二等奖
410	江西	本科组	E	赣南师范大学	谢根根	刘云	李雄坤	二等奖
411	江西	本科组	E	赣南师范大学	王风美	黄玉珍	邹年芹	二等奖
412	辽宁	本科组	E	大连理工大学	潘卓锐	谭智广	胡连宇	二等奖
413	辽宁	本科组	E	大连理工大学	李简文	马琼	程振航	二等奖
414	辽宁	本科组	E	东北大学	叶元坤	杨宇光	林钊圳	二等奖
415	辽宁	本科组	E	东北大学	邓旭	王帅	韩永光	二等奖
416	山东	本科组	E	青岛科技大学	陈鹏	刘占峰	李春辉	二等奖
417	山东	本科组	E	山东大学	吕传磊	武加文	曹贞芳	二等奖
418	山东	本科组	E	烟台大学	李佳益	范龙飞	贾立飞	二等奖
419	陕西	本科组	E	西安电子科技大学	许强	刘少伟	申德才	二等奖
420	陕西	本科组	E	西安电子科技大学	韩永晖	蔡伟波	刘源	二等奖
421	四川	本科组	E	成都信息工程大学	于文涛	陈栎旭	杨雨佳	二等奖
422	四川	本科组	E	成都信息工程大学	杨倩	彭茂琴	曾鸿达	二等奖
423	浙江	本科组	E	杭州电子科技大学	周涛	张龙龙	冯子健	二等奖
424	浙江	本科组	E	宁波大学	夏雨	张佳青	田沐鑫	二等奖
425	浙江	本科组	E	浙江海洋大学	郭成钧	张斌锋	莫正锐	二等奖

F 题获奖名单

序号	赛区	组别	题号	参赛队学校	学生姓名	学生姓名	学生姓名	奖项
426	北京	本科组	F	北京邮电大学	朱生林	乔鑫	蒋锦坤	一等奖
427	北京	本科组	F	北京邮电大学	刘杰	朱康奇	陈万恒	一等奖
428	福建	本科组	F	闽江学院	陈涵	朱良昌	黄永福	一等奖
429	广西	本科组	F	桂林电子科技大学	张德煌	盖新凯	庄良艳	一等奖
430	广西	本科组	F	桂林电子科技大学	刘天宇	柯华锋	卢迅	一等奖
431	江苏	本科组	F	东南大学	俞峰	吴楠	郭鹏鹏	一等奖
432	江苏	本科组	F	东南大学	陈翔宇	吉小莹	印政	一等奖
433	江苏	本科组	F	南京邮电大学	朱立宇	冯备备	刘雨柔	一等奖
434	江西	本科组	F	南昌工程学院	黄霖	于宽义	陆燕娟	一等奖
435	陕西	本科组	F	西安电子科技大学	徐壮	支宇航	周彦	一等奖
436	陕西	本科组	F	西安电子科技大学	徐柱国	王子龙	刘沛	一等奖
437	上海	本科组	F	上海交通大学	张继天	王一童	王宝来	一等奖
438	四川	本科组	F	成都信息工程大学	邱鼎昌	张飞	费国强	一等奖
439	四川	本科组	F	成都信息工程大学	唐国荣	许斌	刘思蕙	一等奖
440	四川	本科组	F	电子科技大学	王天翊	潘永生	刘思宇	一等奖
441	四川	本科组	F	电子科技大学	练韦廷	邓宏宇	宋绪成	一等奖

序号	赛区	组别	题号	参赛队学校	学生姓名	学生姓名	学生姓名	奖项
442	北京	本科组	F	北京航空航天大学	郝天一	任志远		二等奖
443	北京	本科组	F	北京邮电大学	谭韬	达周	李昱冰	二等奖
444	北京	本科组	F	北京邮电大学	赵文禹	程殿成	胥智林	二等奖
445	重庆	本科组	F	重庆大学	翟莎莎	秦乾垚	张静	二等奖
446	重庆	本科组	F	重庆邮电大学	邓鑫	赵楚楚	潘多	二等奖
447	福建	本科组	F	福州大学	赖方清	汤智榕	邹律	二等奖
448	福建	本科组	F	华侨大学	杨景松	袁科	刘昊天	二等奖
449	福建	本科组	F	华侨大学	潘婕	易银城	李鸿辉	二等奖
450	福建	本科组	F	厦门大学嘉庚学院	蔡沅坤	郑中豪	褚亚伟	二等奖
451	甘肃	本科组	F	兰州交通大学	江天	翟前锦	姚荇	二等奖
452	广东	本科组	F	华南理工大学	黄灿群	向凯燃	郑雅迪	二等奖
453	广东	本科组	F	华南师范大学	方译权	雷海波	姚思甘	二等奖
454	广东	本科组	F	华南师范大学	赵圳	肖嘉荣	杨帆	二等奖
455	广东	本科组	F	华南师范大学	李智豪	蒲小年	劳健涛	二等奖
456	广西	本科组	F	广西民族大学	秦宇恒	黄嘉虹	柳志钦	二等奖
457	广西	本科组	F	桂林电子科技大学	黄震	黄雪英	谢福辉	二等奖
458	广西	本科组	F	玉林师范学院	杨华光	徐燕萍	施秀清	二等奖
459	河北	本科组	F	河北工业大学	倪立强	欧宏溪	陈湘杰	二等奖
460	河南	本科组	F	中原工学院	孙好卿	石杰平	杜晨	二等奖
461	河南	本科组	F	中原工学院	姜威	张肇望	刘畅	二等奖
462	河南	本科组	F	中原工学院	靳保吕	张帅帅	杨铭宇	二等奖
463	黑龙江	本科组	F	东北林业大学	冯伟杨	吴愚	李艳阳	二等奖
464	黑龙江	本科组	F	哈尔滨工程大学	李荣政	李佳旺	王毅敏	二等奖
465	黑龙江	本科组	F	哈尔滨工程大学	马超	位春燕	李浩	二等奖
466	黑龙江	本科组	F	哈尔滨工业大学	陈刚	朱欣航	桑航	二等奖
467	黑龙江	本科组	F	哈尔滨工业大学	林迪斯	周兴宇	王鹏峥	二等奖
468	湖北	本科组	F	华中科技大学	王攀	胡灿培	张龙伟	二等奖
469	湖北	本科组	F	华中科技大学	陈耀彬	吴玉婷	全朝辉	二等奖
470	湖北	本科组	F	武汉大学	黄家明	龙铸	陈曦	二等奖
471	湖北	本科组	F	武汉大学	梁烽	包林封	李国强	二等奖
472	湖南	本科组	F	长沙航空职业技术学院	魏文帅	梁坤	周振世	二等奖
473	湖南	本科组	F	长沙理工大学	易飞帆	卢琳汶	王思成	二等奖
474	江苏	本科组	F	常州大学	朱飞翔	王浩	陈宏宇	二等奖
475	江苏	本科组	F	东南大学	李沙志远	马小松	易凤	二等奖
476	江苏	本科组	F	东南大学	李怡宁	杨孟儒	张博文	二等奖
477	江苏	本科组	F	陆军工程大学	马啸天	雷维	陈雪	二等奖
478	江苏	本科组	F	南京信息工程大学	王硕	黄武奇	张经纬	二等奖
479	江西	本科组	F	江西科技师范大学	杨华风	徐运德	严金华	二等奖
480	江西	本科组	F	南昌工程学院	许龙飞	王聪	王强强	二等奖
481	辽宁	本科组	F	大连海事大学	王璐	黄荣宇	田雨	二等奖
482	山东	本科组	F	山东大学	张靖宏	唐嘉诚	朱秋实	二等奖
483	山东	本科组	F	中国石油大学（华东）	李林波	韩亚宁	董范青	二等奖

序号	赛区	组别	题号	参赛队学校	学生姓名	学生姓名	学生姓名	奖项
484	山西	本科组	F	中北大学	张宇航	邢继玮	俸超平	二等奖
485	陕西	本科组	F	西安电子科技大学	付溪	李健嘉	李开颜	二等奖
486	陕西	本科组	F	西安电子科技大学	王子彧	霍鑫怡	姚佳辉	二等奖
487	上海	本科组	F	上海大学	彭飞	杨楠	熊丹祺	二等奖
488	上海	本科组	F	上海交通大学	陈科泫	魏羿翀	张文韬	二等奖
489	四川	本科组	F	成都信息工程大学	庞苏州	李钰	周小玲	二等奖
490	四川	本科组	F	成都信息工程大学	庄磊	董加锐	黄富钰	二等奖
491	四川	本科组	F	电子科技大学	张怡如	王婧仪	吕一虹	二等奖
492	四川	本科组	F	电子科技大学	韩磊	王霖	杨青	二等奖
493	浙江	本科组	F	杭州电子科技大学	金山	沈皓哲	赵亦洲	二等奖
494	浙江	本科组	F	浙江大学	张义然	孙怡琳	李凯洲	二等奖
495	浙江	本科组	F	浙江理工大学	廖燕辉	景博	姜宇	二等奖
496	浙江	本科组	F	浙江理工大学	章腾辉	姚成军	吴佳佳	二等奖

H 题获奖名单

序号	赛区	组别	题号	参赛队学校	学生姓名	学生姓名	学生姓名	奖项
497	北京	本科组	H	北京航空航天大学	贺阳洋	赵晨	罗义南	一等奖
498	北京	本科组	H	北京航空航天大学	崔大钧	樵明朗	王昊臣	一等奖
499	北京	本科组	H	北京师范大学	彭文凯	张见齐	王梓晗	一等奖
500	北京	本科组	H	中国地质大学（北京）	段妮妮	蒋杨丽	阳琴	一等奖
501	北京	本科组	H	中央民族大学	黄俊	罗艳	周鑫	一等奖
502	北京	本科组	H	中央民族大学	卢立静	陈艺琳		一等奖
503	重庆	本科组	H	重庆理工大学	邱渝	刘鑫	游浪	一等奖
504	重庆	本科组	H	重庆邮电大学	朱斐	何琳辉	朱俊宇	一等奖
505	广西	本科组	H	桂林电子科技大学	孔垂鑫	梁榜	林世康	一等奖
506	湖北	本科组	H	武汉大学	张驰	鄢鹏高	张乐翔	一等奖
507	湖北	本科组	H	武汉大学	郑旎杉	韩卓定	丰泳翔	一等奖
508	湖南	本科组	H	湖南理工学院	吴远泸	朱熙宇	温兴	一等奖
509	湖南	本科组	H	湖南理工学院	贺红运	刘子林	范仰栋	一等奖
510	湖南	本科组	H	怀化学院	张正午	韩旗	曾小小	一等奖
511	湖南	本科组	H	长沙理工大学	李丽婷	吕林云	骆文磊	一等奖
512	吉林	本科组	H	吉林大学	王郁霖	王鹏飞	于思佳	一等奖
513	江苏	本科组	H	东南大学	刘诚恺	李依凡	李明昊	一等奖
514	江苏	本科组	H	东南大学	苗爱媛	朱名扬	李灵瑄	一等奖
515	江西	本科组	H	江西科技师范大学	彭金福	叶隆鹏	沈丰逸	一等奖
516	山东	本科组	H	中国石油大学（华东）	杨光	杨全耀	王远泽	一等奖
517	陕西	本科组	H	西安电子科技大学	王春亮	王凯隆	谢也佳	一等奖
518	陕西	本科组	H	西安电子科技大学	李伟旻	王慕尧	冀俊超	一等奖
519	陕西	本科组	H	西安交通大学	卢晓辉	吴新亮	周世运	一等奖
520	上海	本科组	H	华东师范大学	周家辉	诸俊辉	吴惑	一等奖
521	上海	本科组	H	上海交通大学	刘阅洲	胡一恭	李博	一等奖

序号	赛区	组别	题号	参赛队学校	学生姓名	学生姓名	学生姓名	奖项
522	安徽	本科组	H	安徽大学	姚德顺	俞恒裕	张韩悦	二等奖
523	安徽	本科组	H	安徽理工大学	辛树轩	左仁飞	孙焕琪	二等奖
524	安徽	本科组	H	淮南师范学院	夏健钧	刘乐	张豪	二等奖
525	北京	本科组	H	北京航空航天大学	廖盛时	肖威	马宇航	二等奖
526	北京	本科组	H	北京邮电大学	龙尚林	邓冠玉	曹哲琰	二等奖
527	重庆	本科组	H	重庆大学	张瑜	邬小刚	王海军	二等奖
528	重庆	本科组	H	重庆理工大学	唐继成	黄浩文	周正山	二等奖
529	重庆	本科组	H	重庆邮电大学	李成林	杨家鑫	钟雨君	二等奖
530	福建	本科组	H	福建工程学院	刘智伟	黄毓文	刘恒杰	二等奖
531	福建	本科组	H	福建工程学院	孙明星	黄炜晨	陈业旺	二等奖
532	福建	本科组	H	福州大学	吴惊晨	吴勇标	张国兴	二等奖
533	福建	本科组	H	福州大学	林方俊	徐路华	陈玉兰	二等奖
534	福建	本科组	H	泉州师范学院	张伟	洪晨欣	林文君	二等奖
535	福建	本科组	H	三明学院	周雨成	李伟鑫	郑剑锋	二等奖
536	甘肃	本科组	H	西北师范大学	毛吉存	杨玉萧	白海海	二等奖
537	甘肃	本科组	H	西北师范大学	杨志成	唐丽红	卢军志	二等奖
538	广东	本科组	H	东莞理工学院	曾伟贤	方董濠	史顺元	二等奖
539	广东	本科组	H	华南师范大学	黄昌诚	王永勇	谢志文	二等奖
540	广东	本科组	H	暨南大学	胡妙	卢坤炜	林静	二等奖
541	广西	本科组	H	桂林电子科技大学	卢祖茂	张家麟	陈远栋	二等奖
542	广西	本科组	H	贺州学院	黄宝锋	吴林杰	郭崇业	二等奖
543	河南	本科组	H	南阳理工学院	张自恒	庄玉玲		二等奖
544	河南	本科组	H	郑州大学	赵伟博	唐湘润	戴镇原	二等奖
545	河南	本科组	H	郑州大学	王韬	姜宝柱	高雅浩	二等奖
546	河南	本科组	H	中原工学院	周柯	高嘉豪	李兵权	二等奖
547	湖北	本科组	H	湖北理工学院	蒋何鹏	曲征怡	王坤阳	二等奖
548	湖北	本科组	H	武汉科技大学	梁智玮	占成宏	曹子龙	二等奖
549	湖北	本科组	H	武汉理工大学	夏雨	齐雨航	姜旭	二等奖
550	湖北	本科组	H	中南民族大学	李牡琦	张聪辉	郭志超	二等奖
551	湖南	本科组	H	湖南商学院	彭姣	朱光顺	龙运波	二等奖
552	湖南	本科组	H	长沙理工大学	陶利康	张义桢	温俊锐	二等奖
553	吉林	本科组	H	吉林大学	索鹏	焦斌	许权	二等奖
554	吉林	本科组	H	长春理工大学	胡渝曜	张勐	孙林	二等奖
555	江苏	本科组	H	东南大学	李林泽	阎志恒	宣城镇	二等奖
556	江苏	本科组	H	东南大学	陈萌	赵佳	万富达	二等奖
557	江苏	本科组	H	南京大学	何妍琳	李彬菁	何鎏璐	二等奖
558	江苏	本科组	H	南京大学	董禹	高博文	杜思润	二等奖
559	江苏	本科组	H	南京信息工程大学	施元	钱佳怡	韩笑	二等奖
560	江苏	本科组	H	南京信息工程大学	夏子杰	刘畅	陈宇航	二等奖
561	江西	本科组	H	东华理工大学	熊宇	周立	钟天运	二等奖
562	江西	本科组	H	江西科技师范大学	葛涛	段红委	欧阳朝煌	二等奖
563	辽宁	本科组	H	东北大学	米炳瑛	张功杰	胡良顺	二等奖

序号	赛区	组别	题号	参赛队学校	学生姓名	学生姓名	学生姓名	奖项
564	山东	本科组	H	青岛理工大学	骆建邦	文韩	骆飞	二等奖
565	山东	本科组	H	山东大学	李长坤	王昱昊	王波	二等奖
566	山东	本科组	H	中国石油大学（华东）	李明权	贾明光	郝梦圆	二等奖
567	陕西	本科组	H	西安电子科技大学	赵磊	谢金峰	薛林培	二等奖
568	陕西	本科组	H	西安电子科技大学	董文杰	宋河	杨玉鑫	二等奖
569	陕西	本科组	H	西安邮电大学	孙普航	吕致辉	赵旭辉	二等奖
570	上海	本科组	H	上海大学	陈亦雷	姜秀峰	胡政	二等奖
571	四川	本科组	H	成都理工大学	王震	白彬	何黎	二等奖
572	四川	本科组	H	电子科技大学	吴鹏	张鑫	刘世宇	二等奖
573	四川	本科组	H	四川师范大学	胡迅	徐敏	杨超	二等奖
574	四川	本科组	H	四川师范大学	周文杰	范章均	李青青	二等奖
575	天津	本科组	H	天津大学仁爱学院	文扬	胡志鹏	史柠源	二等奖
576	天津	本科组	H	天津大学仁爱学院	杨帅	廖文梯	王虎强	二等奖
577	天津	本科组	H	天津师范大学电通学院	刘恒忻	张昌梦	马少林	二等奖
578	云南	本科组	H	云南大学	王玉金	王怡丁	张渠长	二等奖
579	云南	本科组	H	云南大学	杨发志	廖朋	王桂芝	二等奖
580	云南	本科组	H	云南师范大学	唐灵	梁警	刘敏睿	二等奖
581	云南	本科组	H	云南师范大学	钱生辉	龙正祥	赵家凤	二等奖
582	浙江	本科组	H	杭州电子科技大学	唐玉高	郝英杰	周井玉	二等奖
583	浙江	本科组	H	杭州电子科技大学	杨学楚	吴迪	何泽耀	二等奖
584	浙江	本科组	H	宁波大学	甄好	林浩浩	杜思慧	二等奖
585	浙江	本科组	H	浙江工业大学	董士帆	陈景和	兰博	二等奖

I 题获奖名单

序号	赛区	组别	题号	参赛队学校	学生姓名	学生姓名	学生姓名	奖项
586	安徽	本科组	I	安徽工业大学	张永生	王帅	蒙超勇	一等奖
587	安徽	本科组	I	安徽工业大学	陈向阳	马仲凯	储浩	一等奖
588	安徽	本科组	I	中国科学技术大学	张士龙	张君宇	刘泽	一等奖
589	北京	本科组	I	北京工商大学	燕鹤	申震云	刘宇晨	一等奖
590	重庆	本科组	I	重庆科技学院	候松	罗伍鑫	冉川渝	一等奖
591	福建	本科组	I	福建农林大学	邹剑霆	郑超航	崔秀芳	一等奖
592	福建	本科组	I	福建师范大学协和学院	肖亚鹏	周明焕	林敏儿	一等奖
593	福建	本科组	I	福州大学	蔡伟杰	翁圣勇	陈俊杰	一等奖
594	广东	本科组	I	佛山科学技术学院	黄仁龙	陈泓杰	温玉鸿	一等奖
595	广西	本科组	I	桂林电子科技大学	郝天宇	赖金	杨阿法	一等奖
596	广西	本科组	I	桂林电子科技大学	罗传有	梁庆豪	赵东斌	一等奖
597	河北	本科组	I	防灾科技学院	于跻海	潘圳凌	汪佳	一等奖
598	河北	本科组	I	燕山大学	余晨鸣	程海松	周永建	一等奖
599	河南	本科组	I	中原工学院	杨智伟	魏浩楠	李长健	一等奖
600	湖北	本科组	I	湖北民族学院	张小江	严帅	张健	一等奖
601	湖北	本科组	I	华中师范大学	唐旺旺	许子涵	杨炜良	一等奖

序号	赛区	组别	题号	参赛队学校	学生姓名	学生姓名	学生姓名	奖项
602	湖北	本科组	I	中国地质大学（武汉）	覃宏振	曾静	王春赟	一等奖
603	吉林	本科组	I	吉林大学	马腾飞	孙猛	杜科良	一等奖
604	吉林	本科组	I	吉林大学	于玲	陶金铭	霍东升	一等奖
605	江苏	本科组	I	东南大学	何伟梁	曹子建	陈明正	一等奖
606	辽宁	本科组	I	大连海事大学	耿标	刘俊宏	殷豪	一等奖
607	辽宁	本科组	I	大连理工大学	韩宗博	周凯来	李浩	一等奖
608	山东	本科组	I	曲阜师范大学	姜良泽	黄鹏	邵光田	一等奖
609	山东	本科组	I	山东大学	张嵩立	周康佳	孙瑜歌	一等奖
610	山东	本科组	I	山东大学	邱常林	石志浩	焦小敏	一等奖
611	山东	本科组	I	山东大学威海分校	贾旭涵	宋金圣	王哲	一等奖
612	陕西	本科组	I	西安交通大学	王晨希	邓晓天	姚艺翔	一等奖
613	上海	本科组	I	上海第二工业大学	徐建邦	杨替	彭小坤	一等奖
614	上海	本科组	I	上海工程技术大学	黄君瑶	钱伍	朱明州	一等奖
615	四川	本科组	I	成都信息工程大学	安宁	何袁虎	谢欢	一等奖
616	四川	本科组	I	电子科技大学	李成麟	张家璐	张瑞明	一等奖
617	四川	本科组	I	电子科技大学	丁昱昊	程洋	王家钊	一等奖
618	四川	本科组	I	电子科技大学成都学院	王钰钧	罗天林	伍川	一等奖
619	四川	本科组	I	西南科技大学	谭国炎	庞杰	袁芊芊	一等奖
620	天津	本科组	I	天津工业大学	江会煜	张震	陶润林	一等奖
621	浙江	本科组	I	杭州电子科技大学	王健	宋江胜	岳振东	一等奖
622	浙江	本科组	I	浙江大学	陈乾豪	邹卓阳	刘培东	一等奖
623	安徽	本科组	I	安徽工业大学	刘永健	张永庚	张康康	二等奖
624	安徽	本科组	I	安徽工业大学	胡郑希	张鹏	张国栋	二等奖
625	北京	本科组	I	北京交通大学	翟建旺	黄云雪	项宇红	二等奖
626	重庆	本科组	I	重庆科技学院	邹智星	向鑫鑫	奈春锦	二等奖
627	福建	本科组	I	福州大学	陈益诚	黄宏基	魏琳	二等奖
628	福建	本科组	I	集美大学	郭伟凡	陈志伟	唐随青	二等奖
629	甘肃	本科组	I	西北师范大学	王宏蕊	李向国	焦文发	二等奖
630	广东	本科组	I	韩山师范学院	肖伟平	张宏基	李锐斌	二等奖
631	广西	本科组	I	广西大学	陈振国	明亮	韦胜林	二等奖
632	广西	本科组	I	桂林电子科技大学	邓大山	徐茂江	莫汶松	二等奖
633	广西	本科组	I	南宁学院	范晖林	周愈钧	王金兰	二等奖
634	海南	本科组	I	海南师范大学	吴非	陈大超	潘小萍	二等奖
635	河北	本科组	I	北华航天工业学院	王宇航	赵德彪	林倩	二等奖
636	河北	本科组	I	东北大学秦皇岛分校	胡雨晨	张明	李莉柯	二等奖
637	河北	本科组	I	防灾科技学院	刘亚波	钟卓林	杨远涛	二等奖
638	河北	本科组	I	华北电力大学	杨旭	朱富明	高勇	二等奖
639	黑龙江	本科组	I	东北林业大学	仝磊	何论	李旭东	二等奖
640	黑龙江	本科组	I	东北林业大学	朱从亮	陈凡	侯壮	二等奖
641	湖北	本科组	I	中国地质大学（武汉）	孙一仆	梁植源	陈金平	二等奖
642	湖南	本科组	I	中南大学	贾宝强	秦立健	余耀宇	二等奖
643	湖南	本科组	I	中南林业科技大学	罗黎明	冯鹤鑫	谭政	二等奖

续表

序号	赛区	组别	题号	参赛队学校	学生姓名	学生姓名	学生姓名	奖项
644	江苏	本科组	I	东南大学	来萧桐	陈子敏	周睿	二等奖
645	江苏	本科组	I	东南大学	李泽坤	陈臻	吴驰	二等奖
646	江苏	本科组	I	江苏科技大学苏州理工学院	王心兴	汤坤	刘琼	二等奖
647	江苏	本科组	I	江苏师范大学	袁硕磊	吴毓麟	沈梦洁	二等奖
648	江苏	本科组	I	南京林业大学	程文涛	孟闻昊	陈海华	二等奖
649	江苏	本科组	I	苏州大学	郭超	郑乐松	黄赛赛	二等奖
650	辽宁	本科组	I	大连理工大学	曹其可	郑思齐	李坤	二等奖
651	宁夏	本科组	I	北方民族大学	冉卫凌	马海亮	王浩然	二等奖
652	山东	本科组	I	德州学院	刘世杰	吕柯同	尚国坤	二等奖
653	山东	本科组	I	山东大学	徐纯蒲	王丽颖	曹财广	二等奖
654	山东	本科组	I	山东大学威海分校	赵坤	吴昊泽	李思远	二等奖
655	山东	本科组	I	山东科技大学	陈臻	贾晨盛	贾续鹏	二等奖
656	山东	本科组	I	潍坊科技学院	李健衡	孟召潮	徐泯秋	二等奖
657	山东	本科组	I	烟台大学	刘春	黄洁雨	孙鹏飞	二等奖
658	山东	本科组	I	中国海洋大学	欧阳峰	李盼园	徐爽	二等奖
659	山东	本科组	I	中国石油大学胜利学院	李成圣	冯志斌	刘敦甲	二等奖
660	陕西	本科组	I	陕西科技大学	张佳彬	景大龙	王绪	二等奖
661	陕西	本科组	I	西安交通大学	李雨果	吴祉谦	钱国成	二等奖
662	四川	本科组	I	电子科技大学	谌昕宇	李世超	徐增荣	二等奖
663	四川	本科组	I	电子科技大学	王国通	惠莹莹	王展博	二等奖
664	浙江	本科组	I	衢州学院	竺伟勒	杨昌洁	童鎏港	二等奖
665	浙江	本科组	I	温州大学	钱错错	沈杰	李晨希	二等奖
666	浙江	本科组	I	浙江大学宁波理工学院	裘祺跃	张家铭	闫登豪	二等奖
667	浙江	本科组	I	中国计量大学现代科技学院	曹鹏飞	沈昕岚	吴平	二等奖

K 题获奖名单

序号	赛区	组别	题号	参赛队学校	学生姓名	学生姓名	学生姓名	奖项
668	安徽	本科组	K	池州学院	沈伟晨	钱国虎	张宏伟	一等奖
669	北京	本科组	K	北京邮电大学	张天栋	赵辰	周游	一等奖
670	北京	本科组	K	北京邮电大学	李双志	张韬哲	丁丹宇	一等奖
671	重庆	本科组	K	重庆科技学院	刘豪	刘根利	刘晓智	一等奖
672	广西	本科组	K	桂林电子科技大学	廖金保	罗捷	吴彬彬	一等奖
673	河北	本科组	K	河北科技大学	韩芄芄	刘毅	吴登辉	一等奖
674	湖北	本科组	K	湖北文理学院	蔡昕晨	李纪娴	冯万晗	一等奖
675	湖北	本科组	K	武汉大学	张家声	于婧涵	屈松云	一等奖
676	湖南	本科组	K	湖南理工学院	谢玉伸	袁强	彭程	一等奖
677	湖南	本科组	K	湖南理工学院	宋蕴锦	刘周阳	梁振木	一等奖
678	江苏	本科组	K	东南大学	李志昂	郭大众	廖晓菲	一等奖
679	江苏	本科组	K	苏州大学	臧佩琳	刘云晴	夏伯钧	一等奖
680	辽宁	本科组	K	渤海大学	侯元祥	刘鑫	张远	一等奖
681	山东	本科组	K	青岛科技大学	邵旭阳	邢万里	王宏宏	一等奖

序号	赛区	组别	题号	参赛队学校	学生姓名	学生姓名	学生姓名	奖项
682	山东	本科组	K	曲阜师范大学	王玉倩	蹇司磊	崔晓荣	一等奖
683	山东	本科组	K	山东科技大学	邓健	曹庆礼	林世余	一等奖
684	山东	本科组	K	山东科技大学	肖朋超	刘龙阁	高畅毓	一等奖
685	山东	本科组	K	山东师范大学	涂栋亮	张哲豪	尹文杰	一等奖
686	山东	本科组	K	烟台大学	张念	王小娟	刘小栋	一等奖
687	陕西	本科组	K	西安电子科技大学	曾羡霖	吴格荣	朱繁	一等奖
688	上海	本科组	K	华东师范大学	闫欣	杭春烁	栾天	一等奖
689	上海	本科组	K	上海交通大学	黄鑫	杨舒惠	闫溪芮	一等奖
690	四川	本科组	K	电子科技大学	宋月	毛馨	陈春雪	一等奖
691	四川	本科组	K	内江师范学院	白鹏	岳婷玉	郭恒	一等奖
692	天津	本科组	K	天津职业技术师范大学	郑志填	邱佳银	胡兆青	一等奖
693	云南	本科组	K	昆明理工大学	王康	曹金富	张莉园	一等奖
694	浙江	本科组	K	宁波大学	李文豪	陈威	潘雅璞	一等奖
695	浙江	本科组	K	浙江大学	王丙楠	李星辉	李谦	一等奖
696	浙江	本科组	K	浙江科技学院	陈丰盛	郑文豪	王钧益	一等奖
697	安徽	本科组	K	安徽医科大学	王祥	张海琳	邵婧媛	二等奖
698	安徽	本科组	K	安徽医科大学	胡丹丹	朱子孚	韦争光	二等奖
699	安徽	本科组	K	解放军电子工程学院	刘巍	肖超波	张伟	二等奖
700	北京	本科组	K	北京理工大学	施嵚	汪思强	陈天杰	二等奖
701	福建	本科组	K	华侨大学	凌新杰	朱俏隆	黎国伟	二等奖
702	贵州	本科组	K	贵州理工学院	谌雕	郭继开	杨橙	二等奖
703	海南	本科组	K	海南热带海洋学院	符史鸿	龙金妮	邝国旺	二等奖
704	河北	本科组	K	河北科技大学	高源伯	李石	李文帅	二等奖
705	黑龙江	本科组	K	哈尔滨工程大学	袁志强	王华辰	高凌宇	二等奖
706	吉林	本科组	K	东北电力大学	唐陈飞	李忠晟	李佳鹏	二等奖
707	江苏	本科组	K	东南大学	牟星	马翌程	张睿	二等奖
708	江苏	本科组	K	淮阴师范学院	韩瑞	吴长林	顾小雨	二等奖
709	江苏	本科组	K	江苏理工学院	张海涛	高雄飞	鲍宜代	二等奖
710	江苏	本科组	K	南京邮电大学	马意彭	林彬	邹林甫	二等奖
711	江苏	本科组	K	无锡职业技术学院	周乾	施鹏程	郑玉琢	二等奖
712	江苏	本科组	K	中国矿业大学	刘进海	孙思维	任兴	二等奖
713	辽宁	本科组	K	大连理工大学	祝嘉文	李博	杨凯	二等奖
714	辽宁	本科组	K	大连理工大学	王光辉	官汇华	尹燕凯	二等奖
715	辽宁	本科组	K	沈阳工学院	朱亮	刘子源	乔浩然	二等奖
716	山东	本科组	K	海军航空大学	全闻捷	李泽政	姜杰	二等奖
717	山东	本科组	K	青岛理工大学	田飞	田继浩	田雪莹	二等奖
718	山东	本科组	K	曲阜师范大学	纪富冉	徐梦娜	吕宪伟	二等奖
719	山东	本科组	K	山东交通学院	马超	王逸飞	伏榕	二等奖
720	山东	本科组	K	烟台大学	周旭峰	杨训硕	崔士杰	二等奖
721	陕西	本科组	K	西安电子科技大学	王彦林	薛博	马高举	二等奖
722	四川	本科组	K	成都师范学院	易忠	苟小茗	杨会芳	二等奖
723	四川	本科组	K	电子科技大学	吕鑫	刘晓明	李宇凡	二等奖

续表

序号	赛区	组别	题号	参赛队学校	学生姓名	学生姓名	学生姓名	奖项
724	四川	本科组	K	电子科技大学	夏子瀛	张鹏	杨裕强	二等奖
725	天津	本科组	K	河北工业大学	孙博彤	贾哲	刘雪宁	二等奖
726	天津	本科组	K	天津职业技术师范大学	董鑫	宋凯	倪浩涛	二等奖
727	浙江	本科组	K	浙江大学	夏天伦	钟颖	罗敏	二等奖

L 题获奖名单

序号	赛区	组别	题号	参赛队学校	学生姓名	学生姓名	学生姓名	奖项
728	广东	高职高专组	L	河源职业技术学院	梁泳能	杨晓平	易倩兰	一等奖
729	河南	高职高专组	L	郑州铁路职业技术学院	王进让	刘志航	刘浩	一等奖
730	湖南	高职高专组	L	湖南铁道职业技术学院	刘亮君	李敬良	江丰	一等奖
731	吉林	高职高专组	L	长春工业大学	金宇航	朱青	穆可心	一等奖
732	江苏	高职高专组	L	南京工业职业技术学院	袁有成	马胜坤	陆畅	一等奖
733	天津	高职高专组	L	中国民航大学	张少昆	王松	金哲权	一等奖
734	浙江	高职高专组	L	浙江工贸职业技术学院	陈银通	陈苏阳	金丽华	一等奖
735	安徽	高职高专组	L	合肥财经职业学院	袁华	许冬青	孙东	二等奖
736	重庆	高职高专组	L	重庆电子工程职业学院	张高云	廖恒	周建国	二等奖
737	重庆	高职高专组	L	重庆电子工程职业学院	王海涛	唐智威	郭雨衡	二等奖
738	福建	高职高专组	L	湄洲湾职业技术学院	龚岩锋	林金星	吴加鑫	二等奖
739	广东	高职高专组	L	广东机电职业技术学院	梁程	林勇杰	黄恩浩	二等奖
740	广东	高职高专组	L	广东轻工职业技术学院	李锦宏	蔡泽帆	全贞锡	二等奖
741	广东	高职高专组	L	顺德职业技术学院	张裕峰	莫嘉豪	王世华	二等奖
742	广西	高职高专组	L	广西水利电力职业技术学院	牟秋牟	唐文学	黄显智	二等奖
743	湖北	高职高专组	L	湖北理工学院	康夏涛	符友	戴超	二等奖
744	江苏	高职高专组	L	淮安信息职业技术学院	范英龙	陈立文	薛鹏	二等奖
745	山东	高职高专组	L	潍坊职业学院	郭晓天	刘威	杨振涛	二等奖
746	山西	高职高专组	L	山西工程职业技术学院	晏川	智令	王宏伟	二等奖
747	陕西	高职高专组	L	西安通信学院	何传侨	杜阳阳	孔照乾	二等奖
748	四川	高职高专组	L	成都航空职业技术学院	蒋发源	熊芯	张福	二等奖
749	四川	高职高专组	L	四川交通职业技术学院	肖阳	庄敏	洪太慰	二等奖

M 题获奖名单

序号	赛区	组别	题号	参赛队学校	学生姓名	学生姓名	学生姓名	奖项
750	安徽	高职高专组	M	安徽职业技术学院	丁金祥	梁龙杨	汪和兴	一等奖
751	安徽	高职高专组	M	合肥通用职业技术学院	董逸凡	沈泰	秦忠海	一等奖
752	北京	高职高专组	M	北京电子科技职业学院	赵珂	高修轩	李鹏飞	一等奖
753	广东	高职高专组	M	广州铁路职业技术学院	曾思远	黎军	张桂森	一等奖
754	广西	高职高专组	M	广西机电职业技术学院	张钊	农兴华	梁清松	一等奖
755	河南	高职高专组	M	南阳理工学院	张家乐	杨富翔	燕峰	一等奖
756	河南	高职高专组	M	郑州铁路职业技术学院	路书光	杨伟豪	陈乐乐	一等奖
757	江苏	高职高专组	M	南京工业职业技术学院	韩宇	陶泽仁	张文星	一等奖
758	江苏	高职高专组	M	南京铁道职业技术学院	蒋政宏	高婷婷	张祚嘉	一等奖

续表

序号	赛区	组别	题号	参赛队学校	学生姓名	学生姓名	学生姓名	奖项
759	江苏	高职高专组	M	南京信息职业技术学院	常胜	田旺	秦雷	一等奖
760	江西	高职高专组	M	上饶职业技术学院	胡文雷	占梁梁	邹艳红	一等奖
761	浙江	高职高专组	M	浙江机电职业技术学院	张威涛	徐俊亮	包思远	一等奖
762	重庆	高职高专组	M	重庆航天职业技术学院	张茂楠	陈圆	陈泊玉	二等奖
763	重庆	高职高专组	M	重庆航天职业技术学院	熊富彬	张俊	兰迪	二等奖
764	福建	高职高专组	M	闽西职业技术学院	丁子浩	朱小东	林文远	二等奖
765	甘肃	高职高专组	M	兰州职业技术学院	石健	张银刚	刘玉霞	二等奖
766	广东	高职高专组	M	东莞职业技术学院	章志桢	何政凯	李翰文	二等奖
767	广东	高职高专组	M	广东农工商职业技术学院	林湧衔	施观境	章梁鑫	二等奖
768	贵州	高职高专组	M	贵州工业职业技术学院	曾维凯	龙正杰	余颂宇	二等奖
769	河北	高职高专组	M	承德石油高等专科学校	冀恩开	路华	张延伟	二等奖
770	河南	高职高专组	M	郑州铁路职业技术学院	丁安邦	尤松超	俞中一	二等奖
771	湖北	高职高专组	M	武汉交通职业学院	孟金阳	张雄	肖瑶	二等奖
772	湖南	高职高专组	M	湖南铁路科技职业技术学院	谷周洋	郭新	吴昊	二等奖
773	吉林	高职高专组	M	长春汽车工业高等专科学校	王钧	王炳祥	张庆煜	二等奖
774	山东	高职高专组	M	山东商业职业技术学院	郑德志	史成凯	李文丽	二等奖
775	山西	高职高专组	M	山西机电职业技术学院	王宇晨	李雷冰	张博	二等奖
776	山西	高职高专组	M	山西职业技术学院	王琦	闫欣	杨雲海	二等奖
777	陕西	高职高专组	M	西安航空职业技术学院	白佳乐	韦向东	李敏鑫	二等奖
778	四川	高职高专组	M	绵阳职业技术学院	白立	吴刚	叶永豪	二等奖
779	四川	高职高专组	M	宜宾职业技术学院	赵凯	牟大炳	李育华	二等奖
780	浙江	高职高专组	M	杭州科技职业技术学院	项长幸	闫松博	张佳妮	二等奖
781	浙江	高职高专组	M	浙江工商职业技术学院	李龙杰	石汉生	冷俊杰	二等奖
782	浙江	高职高专组	M	浙江工业职业技术学院	裘天庆	魏张鉴	陈佳宇	二等奖

O 题获奖名单

序号	赛区	组别	题号	参赛队学校	学生姓名	学生姓名	学生姓名	奖项
783	安徽	高职高专组	O	安徽机电职业技术学院	唐圣	魏志祥	程毅	一等奖
784	广西	高职高专组	O	广西职业技术学院	覃作龙	文宏佳	韦增杰	一等奖
785	河南	高职高专组	O	郑州铁路职业技术学院	宁天赐	张晓兵	刘冰洁	一等奖
786	湖北	高职高专组	O	武汉交通职业学院	陈强	杨政	刘林	一等奖
787	四川	高职高专组	O	四川邮电职业技术学院	李亮	蹇晓焱	杨为寒	一等奖
788	四川	高职高专组	O	四川邮电职业技术学院	王雪琴	胡鸿飞	邹飞	一等奖
789	北京	高职高专组	O	北京电子科技职业学院	王文松	刘美华	杜岩	二等奖
790	福建	高职高专组	O	闽西职业技术学院	钟留权	颜锐渊	翁小斌	二等奖
791	广东	高职高专组	O	深圳职业技术学院	陈森彬	丘仕林	李元棋	二等奖
792	广东	高职高专组	O	深圳职业技术学院	陈泽龙	陈晓茵	邓绍乾	二等奖
793	广西	高职高专组	O	南宁职业技术学院	韦盛有	黄亮晶	胡正国	二等奖
794	贵州	高职高专组	O	贵州电子信息职业技术学院	袁东义	李杰	石昌强	二等奖
795	河南	高职高专组	O	郑州铁路职业技术学院	赵建永	代明辉	张宸浩	二等奖
796	江苏	高职高专组	O	南京信息职业技术学院	戴懿	陈杰	葛文静	二等奖

续表

序号	赛区	组别	题号	参赛队学校	学生姓名	学生姓名	学生姓名	奖项
797	山西	高职高专组	O	太原学院	郭晓勇	张宏伟	黄博伟	二等奖
798	陕西	高职高专组	O	西安理工大学高等技术学院	曹彬	李崇斌	关兰英	二等奖
799	四川	高职高专组	O	四川邮电职业技术学院	张友航	王星怡	韩岱洪	二等奖
800	浙江	高职高专组	O	杭州科技职业技术学院	吴贵足	蔡芳展	卢怡妙	二等奖
801	浙江	高职高专组	O	浙江机电职业技术学院	姚毅	王晓东	方铭	二等奖

P 题获奖名单

序号	赛区	组别	题号	参赛队学校	学生姓名	学生姓名	学生姓名	奖项
802	安徽	高职高专组	P	安徽职业技术学院	陈宗强	曹龙鹏	康权	一等奖
803	重庆	高职高专组	P	重庆电子工程职业学院	李潇界	黄梓豪	汪宇	一等奖
804	重庆	高职高专组	P	重庆工商职业学院	张澳	李典泞	胡杰	一等奖
805	广东	高职高专组	P	河源职业技术学院	邱世杰	庄泽贤	许静	一等奖
806	广西	高职高专组	P	广西交通职业技术学院	韦明睿	王尉谕	何伟	一等奖
807	河北	高职高专组	P	石家庄职业技术学院	李昊成	陈瑞	张含成	一等奖
808	河南	高职高专组	P	河南工学院	王恒	刘航宇	寇宇	一等奖
809	湖南	高职高专组	P	湖南铁道职业技术学院	刘权	陈明飚	王敏	一等奖
810	湖南	高职高专组	P	长沙民政职业技术学院	周永旺	李雨	彭梦珍	一等奖
811	江苏	高职高专组	P	南通职业大学	阚宇	张海峰	钱清清	一等奖
812	江西	高职高专组	P	江西旅游商贸职业学院	余建兵	司训金	易明明	一等奖
813	江西	高职高专组	P	九江职业技术学院	王进善	潘聪	曾新楷	一等奖
814	江西	高职高专组	P	南昌理工学院	欧阳诚	涂俊豪	鞠仪超	一等奖
815	山西	高职高专组	P	大同煤炭职业技术学院	王建伟	曾莉	闫阳	一等奖
816	浙江	高职高专组	P	浙江工贸职业学院	倪发	许益兴	陈洋增	一等奖
817	安徽	高职高专组	P	芜湖职业技术学院	万黎明	童超	刘志强	二等奖
818	安徽	高职高专组	P	芜湖职业技术学院	黄伟平	刘康宁	吕佳俊	二等奖
819	北京	高职高专组	P	北京电子科技职业学院	刘凯	黄咸栋	李夫迪	二等奖
820	重庆	高职高专组	P	重庆航天职业技术学院	蒋维	张承博	黄金山	二等奖
821	福建	高职高专组	P	福建信息职业技术学院	吴强斌	魏泗平	范佳俊	二等奖
822	广东	高职高专组	P	广东创新科技职业学院	吴璧锋	谢琨光	杨锦泳	二等奖
823	广东	高职高专组	P	广州民航职业技术学院	温家杰	劳业文	黄宏源	二等奖
824	广东	高职高专组	P	河源职业技术学院	邓荣华	杨靖辉	张洁帆	二等奖
825	广西	高职高专组	P	广西交通职业技术学院	黄艺良	李金胜	梁声传	二等奖
826	广西	高职高专组	P	柳州铁道职业技术学院	刘嘉琦	黄鑫	李露婷	二等奖
827	贵州	高职高专组	P	贵州电子信息职业技术学院	杨达强	李君荣	雷荣吉	二等奖
928	贵州	高职高专组	P	贵州航天职业技术学院	张玉康	雷晓峰	田洋洋	二等奖
829	海南	高职高专组	P	海南科技职业学院	李嘉哲	黎经飞	张汤平	二等奖
830	河北	高职高专组	P	石家庄职业技术学院	郑兆伦	张森	李肖	二等奖
831	吉林	高职高专组	P	长春汽车工业高等专科学校	尹忠超	关鑫	高铁林	二等奖
832	吉林	高职高专组	P	长春师范大学	苑刚	徐磊	郜慧波	二等奖
833	江苏	高职高专组	P	常州信息职业技术学院	周帝	于聪	童皖皖	二等奖
834	江苏	高职高专组	P	淮安信息职业技术学院	史锦锦	刘苏王	徐文雷	二等奖

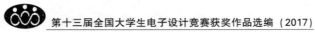

续表

序号	赛区	组别	题号	参赛队学校	学生姓名	学生姓名	学生姓名	奖项
835	江苏	高职高专组	P	南京工业职业技术学院	李海超	赵建成	汤佳辉	二等奖
836	山东	高职高专组	P	青岛理工大学	蒋继庆	王苗苗	李英杰	二等奖
837	山东	高职高专组	P	山东职业学院	李乐盈	曹心宁	赵明远	二等奖
838	山西	高职高专组	P	山西职业技术学院	周易	冯圣杰	杨帆	二等奖
839	上海	高职高专组	P	上海科学技术职业学院	杨磊	宋健	刘佳	二等奖
840	四川	高职高专组	P	成都纺织高等专科学校	李强坤	李冬	王立亚	二等奖
841	四川	高职高专组	P	四川建筑职业技术学院	张鸿波	吕俊儒	陈鹏文	二等奖
842	四川	高职高专组	P	四川交通职业技术学院	阳建强	邓邦伟	熊东明	二等奖
843	四川	高职高专组	P	四川邮电职业技术学院	李虎林	颜茹奇	李昂	二等奖
844	天津	高职高专组	P	天津职业技术师范大学	杨涛	李牧	李宝花	二等奖
845	浙江	高职高专组	P	浙江工贸职业技术学院	王利红	曹伟宏	周晓杰	二等奖

2017 年全国大学生电子设计竞赛
优秀征题奖获奖名单

序号	赛区	单位	姓名
1	浙江	浙江大学宁波理工学院	王朗
2	江苏	南京工程学院	郁汉琪
3	上海	上海交通大学	应忍冬
4	江苏	苏州市职业大学	汪义旺
5	上海	上海工程技术大学	曹乐

2017 年全国大学生电子设计竞赛
优秀赛区组织奖

2017 年优秀赛区组织奖获得者：

陕西

湖北

山东

北京

安徽

上海

四川

河南

目　录

本　科　组

A 题　微电网模拟系统

B 题　滚球控制系统

C 题　四旋翼自主飞行器探测跟踪系统

E 题　自适应滤波器

F 题　调幅信号处理实验电路

H 题　远程幅频特性测试装置

I 题　可见光室内定位装置

K 题　单相用电器分析监测装置

高　职　组

L 题　自动泊车系统

M 题　管道内钢珠运动测量装置

O 题　直流电动机测速装置

P 题　简易水情检测系统

本科组

A题　微电网模拟系统

一、任务

设计并制作由两个三相逆变器等组成的微电网模拟系统，其系统框图如图1所示，负载为三相对称星形连接电阻负载。

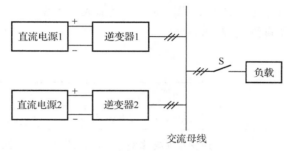

图1　微电网模拟系统结构示意图

二、要求

1. 基本要求

（1）闭合S，仅用逆变器1向负载提供三相对称交流电。负载线电流有效值 I_o 为 2 A 时，线电压有效值 U_o 为 24 V±0.2 V，频率 f_o 为 50 Hz±0.2 Hz。

（2）在基本要求（1）的工作条件下，交流母线电压总谐波畸变率（THD）不大于 3%。

（3）在基本要求（1）的工作条件下，逆变器1的效率 η 不低于 87%。

（4）逆变器1给负载供电，负载线电流有效值 I_o 在 0~2 A 间变化时，负载调整率 $S_{I1} \leq 0.3\%$。

2. 发挥部分

（1）逆变器1和逆变器2能共同向负载输出功率，使负载线电流有效值 I_o 达到 3 A，频率 f_o 为 50 Hz±0.2 Hz。

（2）负载线电流有效值 I_o 在 1~3 A 间变化时，逆变器1和逆变器2输出功率保持为 1:1 分配，两个逆变器输出线电流的差值绝对值不大于 0.1 A。负载调整率 $S_{I2} \leq 0.3\%$。

（3）负载线电流有效值 I_o 在 1~3 A 间变化时，逆变器1和逆变器2输出功率可按设定在指定范围［比值 K 为（1:2）~（2:1）］内自动分配，两个逆变器输出线电流折算值的差值绝对值不大于 0.1 A。

（4）其他。

三、说明

（1）本题涉及的微电网系统未考虑并网功能，负荷为电阻性负载，微电网中风力发电、太阳能发电、储能等由直流电源等效。

（2）题目中提及的电流、电压值均为三相线电流、线电压有效值。

（3）制作时须考虑测试方便，合理设置测试点，测试过程中不需重新接线。

（4）为方便测试，可使用功率分析仪等测试逆变器的效率和 THD 等。

（5）进行基本要求测试时，微电网模拟系统仅由直流电源 1 供电；进行发挥部分测试时，微电网模拟系统仅由直流电源 1 和直流电源 2 供电。

（6）本题定义：①负载调整率 $S_{I1} = \left| \dfrac{U_{o2} - U_{o1}}{U_{o1}} \right|$，其中 U_{o1} 为 $I_o = 0$ A 时的输出端线电压，U_{o2} 为 $I_o = 2$ A时的输出端线电压；②负载调整率 $S_{I2} = \left| \dfrac{U_{o2} - U_{o1}}{U_{o1}} \right|$，其中 U_{o1} 为 $I_o = 1$ A 时的输出端线电压，U_{o2} 为 $I_o = 3$ A 时的输出端线电压；③逆变器 1 的效率 η 为逆变器 1 的输出功率除以直流电源 1 的输出功率。

（7）发挥部分（3）中的线电流折算值定义：功率比值 $K > 1$ 时，其中电流值小者乘以 K，电流值大者不变；功率比值 $K < 1$ 时，其中电流值小者除以 K，电流值大者不变。

（8）本题的直流电源 1 和直流电源 2 自备。

四、评分标准

项目	主要内容		满分
设计报告	方案论证	比较与选择，方案描述	3
	理论分析与计算	逆变器提高效率的方法，两台逆变器同时运行模式控制策略	6
	电路与程序设计	逆变器主电路与器件选择，控制电路与控制程序	6
	测试方案与测试结果	测试方案及测试条件，测试结果及其完整性，测试结果分析	3
	设计报告结构及规范性	摘要，设计报告正文的结构，图标的规范性	2
	合　计		20
基本要求	完成第（1）项		12
	完成第（2）项		10
	完成第（3）项		15
	完成第（4）项		13
	合　计		50
发挥部分	完成第（1）项		10
	完成第（2）项		15
	完成第（3）项		15
	其他		10
	合　计		50
总　　分			120

作品1 河北科技大学

作　者：范　松　石晓航　赵　颖

摘　要

系统以 STM32 单片机作为核心控制芯片，利用其内部的 PCA 模块产生 SPWM 信号，再通过脉冲分配电路、逆变功率驱动电路和 LC 串联滤波电路获得三相逆变器 50 Hz 正弦波功率信号的输出。并入微电网时采取电压反馈环、电流反馈环、相位反馈环三闭环的控制方法，电压、电流双环控制，以电感电流瞬时反馈控制作为内环，以母线电压瞬时反馈控制作为外环，通过总线通信及母线上的相位采集进行相位同步跟踪，实现逆变器与微电网的相位同步，减小环流对微电网的影响。并联的逆变器在总线上实时监测系统状态，进行主从机互换，避免了主从控制的缺点，当母线失效时，可自动判断母线状态退出微电网，避免了集中控制方式的缺点。

关键词：STM32 单片机；SPWM；三相逆变器；电压反馈环；电流反馈环

一、方案论证

1. 三相逆变器方案选择

方案一：由 SPWM 专用芯片 SA828 系列配微处理器直接生成 SPWM 信号，再驱动逆变器的 6 个开关器件。因 SA828 是由规则采样法产生 SPWM（正弦波脉冲宽度调制）信号的，故不易实现闭环控制，软件控制不灵活。

方案二：采用单片机内部自带的 PWM（脉冲宽度调制）模块产生 SPWM 信号并驱动逆变器的 6 个开关器件。该方案外围电路简单，利用软件产生 SPWM 信号，硬件简单，成本低，软件控制灵活，调试工作量小，易实现。

为便于实现设计要求，本系统选择方案二。

2. 微电网组网模拟方案选择

方案一：采用集中控制方式，并联控制模块同时还检测负载电流，将其除以参与并联逆变器的台数，把所得结果作为每台逆变器的电流参考指令。同时，每台逆变器检测自身的输出电流，与平均电流相减求误差，用以补偿参考电压，消除环流。其优点是结构简单，均流效果好。缺点是一旦公共电路失效，整个并联系统就无法工作，因此可靠性不高。

方案二：采用主从控制方式，主模块控制整个并联系统的输出电压幅值和频率，从模块输出的电流跟随参考电流的变化来实现负载均分。主模块检测负载电流，并且将其分配给每个从模块作为参考电流。因为参考电流跟随负载电流，因此从模块的输出电流按输出电压频率跟随负载电流，响应速度很快。其优点是系统稳定性好，易于扩展。缺点是主模块一旦失效，从模块将无法工作。

综合这两种方案的优、缺点，本系统采用主从控制方式，完成微电网组网模拟系统的设计。

二、理论分析与计算

1. 提高效率的方法

（1）采用 SPWM 开关逆变方式。

（2）选用导通电阻低至 90 mΩ 的 IRF530 型功率 MOSFET，降低开关管的导通压降。MOSFET 的驱动电流很小，能降低驱动电路的损耗。

通过上述两种方法可使得系统效率达到 88% 以上。

2. 输出滤波参数的设计

逆变器的输出电压中不仅包含了基波分量，还包含了开关频率分量及其倍数谐波。为了得到标准正弦波电压，需要在逆变器的输出端加低通滤波器，滤掉高次谐波以得到纯正的正弦波电压。滤波器输出电压相对于滤波器输入电压的传递函数为

$$G(s) = \frac{U_o(s)}{U_i(s)} = \frac{\frac{1}{LC}}{s^2 + \frac{1}{RC}s + \frac{1}{LC}} = \frac{\omega_n^2}{s^2 + 2\xi\omega_n s + \omega_n^2}$$

式中，$\omega_n = \frac{1}{\sqrt{LC}}$ 为无阻尼自然振荡角频率；$\xi = \frac{1}{2R}\sqrt{\frac{L}{C}}$ 为阻尼比。

$$L(\omega) = 20\lg A(\omega) = -20\lg\sqrt{\left[1 - \left(\frac{\omega}{\omega_n}\right)^2\right]^2 + \left(2\xi\frac{\omega}{\omega_n}\right)^2}$$

由上式可以看出，影响滤波效果的参数主要是自然振荡角频率和阻尼比。

综合考虑，选择 $L = 1.5$ mH，则电容为 $C = \frac{1}{\omega_n^2 L} = 10$ μF。

三、电路与程序设计

系统由两路逆变器构成，每路逆变器以单片机为控制核心，SPWM 经脉冲分配电路、逆变驱动电路、LC 滤波电路连接至电网母线，通过开关 S 手动接入电网星形负载，总体框图如图 1 所示。

DC/AC 逆变驱动电路由两片半桥驱动芯片 IR2111 组成，如图 2 所示。

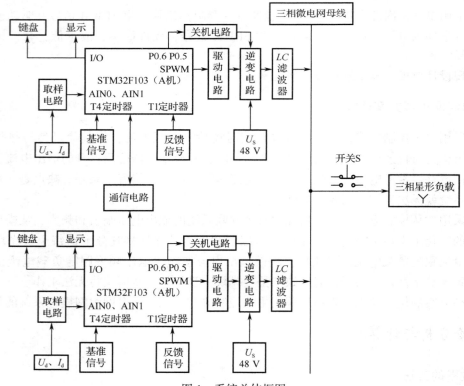

图 1　系统总体框图

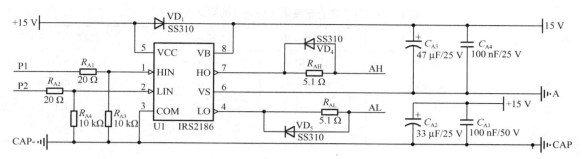

图2　DC/AC 逆变驱动电路

过零比较电路以 STM32 内部的两个比较器为核心，外接二极管、电容、电阻等构成，如图3所示。过零比较器对输入的 U_{REF} 和 U_F 信号整形，再使用 STM32 内部的 T4 和 T1 定时器分别对整形后的信号计数，获取 U_{REF} 的频率及与 U_{REF} 的相位偏差，进而通过调节 PWM 控制器实现频率和相位跟踪。

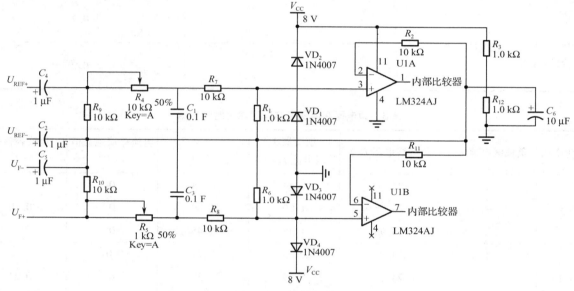

图3　过零比较电路

四、测试方案与测试结果

利用 SS3325 型跟踪直流稳压电源串联产生 +48 V 的 U_s，通过 VC890D 型 $3\frac{1}{2}$ 位数字万用表测量直流侧电压电流值，计算输入功率。由 BX7-24 滑线变阻器构成星形负载，由 LMG670 功率分析仪采用三线两表制接法完成测量。系统测试方案如图4所示，测试结果见表1～表3。

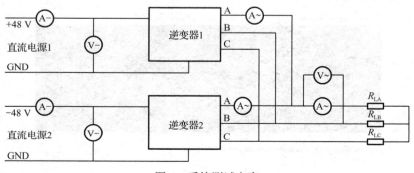

图4　系统测试方案

表 1 微电网系统在逆变器 1 供电下的测试数据

测量次数	输入功率/W	输出功率/W	效率 η/%	总谐波畸变率 THD/%
1	91.570	81.540	89.04	0.680
2	91.570	81.400	88.90	0.680
3	91.584	81.350	88.80	0.700
平均值	91.575	81.430	88.91	0.686

表 2 负载调整率 S_{I1}

测量次数	线电流 I_A/A	线电压 U_{AB}/V	负载调整率 S_{I1}/%
1	0	23.94	0.2
	2	23.89	
2	0	23.94	0.2
	2	23.89	
3	0	23.94	0.2
	2	23.89	

表 3 微电网在两逆变器同时输出时的数据

输出功率比	负载线电流 I/A	负载线电压 U/V	逆变器 1 线电流 I_A/A	逆变器 2 线电流 I_A/A	电流差值绝对值 /A	负载调整率 /%
1:1	1	24.00	0.54	0.54	0	0.10
	2	23.98	1.00	1.00	0	
	3	23.96	1.45	1.45	0	
1:2	1	24.02	0.35	0.71	0.01	0.24
	2	24.01	0.69	1.38	0	
	3	23.96	1.03	2.08	0.02	
2:1	1	23.95	0.74	0.35	0.04	0
	2	23.97	1.38	0.70	0.02	
	3	23.95	2.08	1.05	0.02	

由测试结果分析，当双路逆变器并入电网后，通过相位跟随以及通信的同步，可以实现降低电网环流的作用，各项测试指标也能满足题目的要求，如图 5 所示。

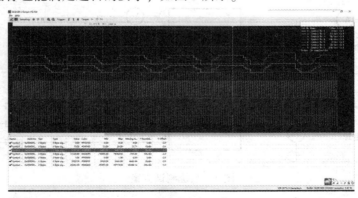

图 5 相位闭环跟踪

作品 2 华中科技大学

作者：林俊宏 鄢义洋 罗徐佳

摘　要

系统采用三相半桥拓扑，以 STM32 单片机为主从控制器，实现了三相逆变器并联均流模拟微电网系统。主控制器在 dq 坐标系下进行控制，实现三相稳压输出；从控制器采用主从均流控制，实现两台三相逆变器的电流分配。采用三相同步锁相环（SRF-PLL）实现了两台逆变器的同步。逆变器单独工作时，输出交流母线电压有效值为 24.01 V，频率为 50.00 Hz，总谐波畸变率为 0.63%，系统整体效率为 92.33%，负载调整率为 0.12%。逆变器并联工作时，系统实现了两台逆变器输出功率比可调的功能，电流折算值误差最大值为 0.069 A，并联工作负载调整率为 0.21%。此外，系统具有友好的人机交互界面及输入欠压、过压保护功能。

关键词：三相逆变器；主从均流；三相同步锁相环；dq 坐标变换

一、系统方案论证

1. 比较与选择

1）主拓扑方案选择

方案一：三相半桥拓扑。由 3 个半桥电路组成，半桥桥臂输出经 LC 滤波可实现三相逆变，输出交流电压幅值仅为母线电压的一半，对直流电压利用率不高，但控制策略与电路结构均较简单。

方案二：三相全桥拓扑。由 3 个全桥电路组成，在输入相同电压条件下，输出交流电压幅值较半桥电路高。但电路结构与控制策略均较复杂。

综上所述，为了尽可能减小系统的复杂度，选择方案一。

2）均流控制方案选择

方案一：主从控制。主逆变器实现稳压输出，从逆变器实现恒流输出，实现整体输出均流，无法实现独立控制且可靠性差，但控制策略简单，控制精度高，负载调整率好。

方案二：双环控制。系统通过调节外电压环获得各逆变器电流基准值，据此进行 PI 调节实现均流输出，系统可靠性高，但控制相对复杂。

综上所述，为了实现较好的负载调整率，选择方案一。

2. 系统方案描述

系统由主电路、驱动电路、测量电路、辅助电源电路、控制电路与显示电路组成。主电路采用三相半桥电路，实现三相 DC/AC 变换，测量电路实现了三相电压、电流的测量。辅助电源电路为驱动电路、测量电路、控制电路等供电。系统总体方案如图 1 所示。

二、理论分析与计算

1. 提高效率的方法

系统主要的损耗为开关管的开关损耗与导通损耗、电容等效串联电阻的损耗以及电感的铜损与铁损等。因此，选择开关频率时，当开关频率较小时，可减小开关损耗，但增加了滤波器体积，经折中考虑，选择开关频率为 50 kHz；选择开关管时，低导通电阻可减少导通损耗，栅极电容较小可减少驱动

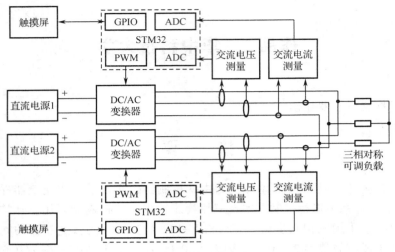

图1 系统总体方案

损耗，经折中考虑，选择导通电阻与栅极电容适中的开关管；选择等效串联电阻较小的 C_{BB} 电容并联在输入电容中，且多个并联，可降低输出电容的等效串联电阻；选择铁氧体材料磁芯，材料电阻率较高，可有效降低电感涡流损耗。

2. 同时运行模式的控制策略

1）dq 旋转坐标系下的稳压策略

当三相逆变器输出电压幅值为 U_m 的对称三相电压时，通过转换矩阵可将输出电压从三相 abc 静止坐标系变换到两极性同步旋转坐标系下的变量，此时可得

$$\begin{bmatrix} u_{od} \\ u_{oq} \end{bmatrix} = \boldsymbol{T}_{3s\to2s} \cdot \boldsymbol{T}_{2s\to2r} \cdot \begin{bmatrix} u_{oa} \\ u_{ob} \\ u_{oc} \end{bmatrix} = \boldsymbol{T}_{3s\to2r} \cdot \begin{bmatrix} u_{oa} \\ u_{ob} \\ u_{oc} \end{bmatrix} = \begin{bmatrix} U_m \\ 0 \end{bmatrix} \tag{1}$$

其中，三相静止坐标系到两相旋转坐标系的转换矩阵为

$$\boldsymbol{T}_{3s\to2r} = \frac{2}{3} \begin{bmatrix} \cos\omega t & \cos\left(\omega t - \dfrac{2\pi}{3}\right) & \cos\left(\omega t + \dfrac{2\pi}{3}\right) \\ -\sin\omega t & -\sin\left(\omega t - \dfrac{2\pi}{3}\right) & -\sin\left(\omega t + \dfrac{2\pi}{3}\right) \end{bmatrix} \tag{2}$$

在三相对称稳态时，dq 坐标系下的 d 轴分量数值与输出电压幅值相等，而 q 轴分量为 0。因此，主控制器在 dq 坐标系下进行电压单环控制实现输出稳压。

2）基于主从控制的均流策略

系统采用主从控制策略实现两逆变器并联均流。主逆变器工作于稳压模式，从逆变器工作于电流源模式，实现主从逆变器的输出均流功能。

从控制器通过 PI 调节调整两相旋转坐标系下的角频率 ω，使输出电压 q 轴分量为 0，实现 PLL 锁相环功能。PLL 锁相环实现两台逆变器输出电压同步，并依据主逆变器输出电流，给定从逆变器的电流指标，采用 PI 调节控制从逆变器的输出电流，实现电流分配。主、从控制器控制框图分别如图2和图3所示。

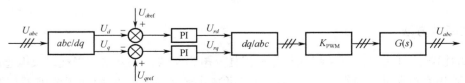

图2 主控制器控制框图

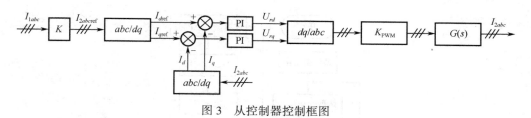

图 3　从控制器控制框图

三、电路与程序设计

1. 主电路与器件选择

1）开关管选型

系统额定输出线电压 $U_o = 24$ V，系统主电路采用三相半桥逆变电路，最大输出交流幅值为直流母线电压的一半，故直流母线电压至少为 39 V，留取一定的裕量，开关管的耐压须大于 50 V。单逆变器运行时，最大输出电流为 2 A。故开关管选择 Fairchild 公司生产的 NTD3055，最大漏源电压 $U_{DS} = 60$ V，最大漏极电流 $I_D = 9$ A，可满足电压、电流应力需求。

2）滤波器参数设计

（1）滤波电感设计。取电感电流纹波为平均电感电流的 0.2 倍，为保证电感电流不断流，由伏秒平衡，有

$$L \times \frac{di_L}{T} = \frac{1}{2} \times (U_S - U_o) \tag{3}$$

式中，U_S 是系统稳定时的最大输入电压，其值选择为 50 V；U_o 为额定输出线电压 24 V；T 为开关周期，取 10 μs。代入参数计算，得 $L = 650$ μH。由于系统主电路为三相半桥逆变结构，故每线电压滤波电感为两个半桥桥臂电感值之和，故实际选择 3 个电感值为 350 μH 的电感。

（2）滤波电容设计。设计 LC 滤波器截止频率为开关频率 f_s 的 0.1 倍，可获得较好的滤波效果，根据公式

$$0.1 \times f_s \geqslant \frac{1}{2\pi\sqrt{LC}} \tag{4}$$

代入参数计算，得 $C \geqslant 1.5$ μF，每相滤波电容实际选取电容值为 2.2 μF、等效串联电阻小且高频特性好的 C_{BB} 电容。

2. 控制电路与控制程序

控制电路分为主、从控制器两部分。主控制器工作于稳压控制模式，通过互感器测量输出线电压信号传输至控制器，经 dq 坐标变换与 PI 调节算法实现输出幅值稳定的对称三相电压。从控制器工作于稳流控制模式，在 SRF-PLL 锁相环获取交流母线电压相位后，通过 PI 调节算法调节输出电流同频同相并实现两逆变器的均流（输出电流信号由霍尔传感器测量）。主、从控制器的程序流程图分别如图 4 与图 5 所示。

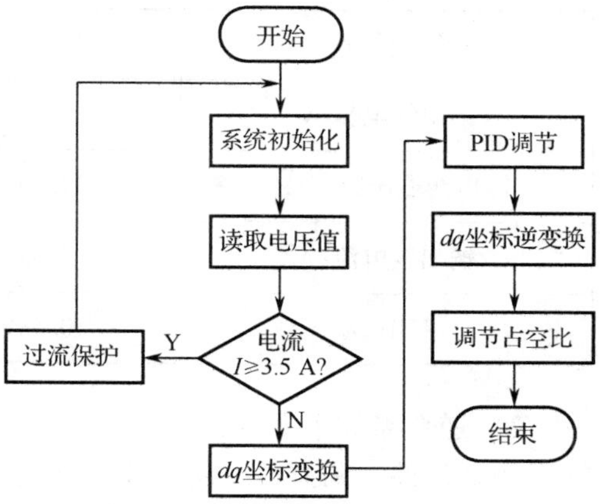

四、测试方案与测试结果

图 4　主控制器控制流程图

1. 测试方案及测试条件

1）测试方案

（1）启动逆变器 1，调节输入电压为 50 V，调节负载，使负载线电流 I_o 为 2 A，使用钳形功率计测

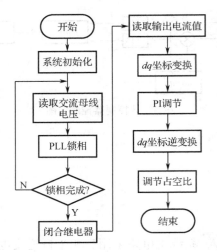

图5 从控制器控制流程图

量各线电压有效值、频率与交流母线电压谐波畸变率。用万用表测量输入电压、电流以及三相输出线电压与相电流，并计算系统效率。

（2）调节负载，使负载线电流在 0~2 A 范围内变化，计算负载调整率。

（3）启动逆变器 2，调节负载使负载线电流 I_o 为 3 A，测量逆变器 1 与逆变器 2 的线电流，并测量负载线电压频率。

（4）调节负载使负载线电流 I_o 在 1~3 A 范围内变化，测量逆变器 1 与逆变器 2 的线电流，计算绝对误差与负载调整率。

（5）设定两台逆变器的功率比，测量逆变器 1 与逆变器 2 的线电流，计算绝对误差。

2）测试仪器

数字存储示波器 Tektronix TDS1002、数字万用表 U3402A、钳形功率计 Hioki3169-21。

2. 测试结果及其完整性

1）输出线电压与 THD 测试

测试条件：启动逆变器 1，调节输入电压为 50 V，调节负载使负载线电流 I_o 为 2 A，使用钳形功率计测量输出线电压有效值、频率与谐波畸变率。测试数据见表 1。

表 1 逆变器 1 输出测试

测量位置	AB 线	BC 线	AC 线	平均值
输出线电压/V	24.02	24.00	24.01	24.01
输出线电压频率/Hz	49.99	50.00	50.01	50.00
输出线电流/A	2.03	2.05	2.04	2.04
THD/%	0.58	0.69	0.61	0.63

2）逆变器效率测试

测试条件：调节负载使负载线电流 I_o 为 2 A，使用万用表测量输入电压、电流并测量三相线电压、电流，计算逆变器 1 的效率。测试数据见表 2。

表 2　逆变器 1 效率测试

输入电压 U_i/V	50.32	输入电流 I_i/A	1.83	效率
输出 AB 线电压 U_{AB}/V	24.02	输出电流 I_A/A	2.03	
输出 BC 线电压 U_{BC}/V	24.00	输出电流 I_B/A	2.05	92.33%
输出 AC 线电压 U_{AC}/V	24.01	输出电流 I_C/A	2.04	

3）负载调整率测试

测试条件：调节负载电流在 0~2 A 内变化，测量输出电压计算负载调整率，见表 3。

表 3　逆变器 1 负载调整率测试

负载电流 I_o/A	0.00	2.03	负载调整率
输出电压 U_o/V	23.98	24.01	0.12%

4）并联输出测试

测试条件：启动逆变器 2，调整负载电流 I_o 为 3 A，使用万用表测量逆变器 1 与逆变器 2 的电流，并测量负载电流与输出电压的频率，见表 4。

表 4　并联输出测试

逆变器 1 的输出电流/A	逆变器 2 的输出电流/A	负载电流/A	输出电压频率/Hz
1.53	1.47	3.01	49.98

逆变器 1 和逆变器 2 能同时向负载输出功率，输出电压频率满足题设要求。

5）并联负载调整率测试

测试条件：调整负载电流在 1~3 A 内变化，使用万用表测量两台逆变器的输出电流与负载电流，并计算误差，测量输出电压，计算负载调整率，数据见表 5。

表 5　均流输出测试

逆变器 1 的输出电流/A	逆变器 2 的输出电流/A	负载电流/A	绝对误差/A	负载电压/V
0.49	0.54	1.03	0.05	24.02
1.46	1.52	2.98	0.06	24.07
负载调整率	0.21%	最大误差/A	0.06	

6）分流比设定测试

测试条件：设定逆变器 1 与逆变器 2 的分流比 K，调整负载电流在 1~3 A 范围内变化，使用万用表测量两台逆变器的输出电流与负载电流，并计算误差。测试数据见表 6。

表 6　分流比设定测试

设定 K 值	负载电流/A	逆变器 1 的输出电流/A		逆变器 2 的输出电流/A		误差
		实际值	折算值	实际值	折算值	
1∶2	1.072	0.360	0.720	0.712	0.712	0.008
3∶4	2.060	0.902	1.203	1.158	1.158	0.045
2∶1	2.970	2.003	1.940	0.967	0.967	0.069

经过测试，当负载电流在 1~3 A 范围内变化时，逆变器 1 与逆变器 2 的分流比可在（1∶2）~（2∶1）间可调，最大误差电流为 0.069 A，达到题设要求。

五、总结

系统采用三相半桥拓扑，主控制器采用 *dq* 坐标变换实现三相稳压输出，从控制器采用主从控制法将两台三相逆变器并联均流实现了微电网模拟。逆变器 1 工作时，输出交流母线电压有效值为24.01 V，频率为 50.00 Hz，总谐波畸变率仅为 0.63%，系统整体效率可达 92.33%，负载调整率为 0.12%。逆变器并联工作时，系统实现了两台逆变器输出功率比可调，最大绝对误差仅为 0.069 A，负载调整率仅为 0.21%。

专 家 点 评

设计方案合理，测试结果符合题目要求。

作品3　南华大学

作　者：胡世鹏　成　雷　夏志鑫

摘　要

本设计以 STM32F407 作为逆变器控制芯片，逆变器以三逻辑方式工作。采用电流内环-电压外环的双环路控制方式，实现了两路输出功率比在规定范围内可任意设定的微电网模拟系统。该系统主要由主电路、单片机模块、采样调理电路、驱动电路等组成，单机工作且输出线电压为 24 V/2 A 时，谐波畸变率不大于 0.8%，效率达到 95.6%，负载调整率不大于 0.12%。并联工作且输出功率按比例分配时，输出线电流的差值的绝对值不大于 33 mA，负载调整率不大于 0.10%，并具有过流保护、软启动保护及输入欠压保护的功能。

关键词：主从控制；双环路控制；三逻辑方式；微电网

一、方案论证

1. 总体方案

本设计主要由主电路（逆变电路）、单片机模块、采样调理电路、驱动电路等构成，如图 1 所示。

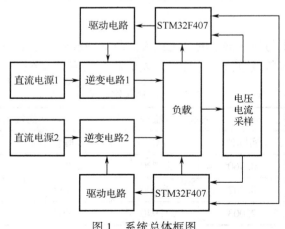

图 1　系统总体框图

2. 主电路拓扑的论证与选择

方案一：电压源型控制逆变器。直流侧并接大电容，可以提供对功率半导体器件的过压保护，使其免受输出侧瞬态过压冲击；采用 SPWM 方式时，控制灵活，响应速度快。

方案二：电流源型控制逆变器。直流侧串接有电感，可以很好地限制输出短路电流，控制简单，响应速度快，正弦性好，但电压谐波及直流侧的电抗器将造成开关器件过压。

综合以上两种方案，选择方案一。

3. 调制技术方案的论证与选择

方案一：空间矢量调制（SVM）。以三相对称正弦电压产生的圆形磁链为基准，通过逆变器开关状态的选择产生 PWM 波形，使得实际磁链逼近圆形磁链轨迹，而且可以较好地改善电源的利用率，但控制较为复杂。

方案二：正弦波脉宽调制（SPWM）。脉冲宽度时间占空比按正弦规律排列，这样的输出波形经过适当的滤波就可以得到正弦波。本方案控制简单，应用广泛，但需精确滤波以消除谐波的影响。

综合以上两种方案，选择方案二。

4. 并联控制技术方案的论证与选择

方案一：主从控制法。以一路逆变器为主模块，另一路逆变器为从模块。主逆变器作为电压源支撑交流母线电压和频率，从逆变器通过控制自身输出电流以实现规定范围内功率任意比分配。此方案控制精度高，控制相对简单，系统效果较好，但系统工作时存在主从模块之分。

方案二：功率分配中心控制法。通过功率分配控制中心检测总输出电流，并为从模块提供对应的电流参考信号的方法来实现各模块输出电流均分。该方案总体性能好，但增加了一个功率分配控制中心，加大了系统构建的复杂性。

综合以上两种方案，选择方案一。

二、理论分析与计算

1. 主电路逆变器的工作原理与参数计算

本设计所用主电路拓扑三相桥式逆变器原理如图 2 所示，并以三逻辑方式工作，在任何时刻有且只有分属两相的不同侧的两个开关导通，各开关器件按照 $VT_1 \rightarrow VT_6 \rightarrow VT_3 \rightarrow VT_2 \rightarrow VT_5 \rightarrow VT_4$ 既定顺序轮流工作，因此不存在同一相上两个器件进行换流的过程，因此无须设置死区时间。

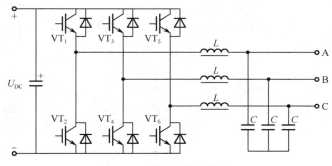

图 2　三相桥式逆变器原理

逆变器输出的三路双极性 SPWM 波，经过 LC 滤波后输出三路相位差为 120° 的正弦波。本设计要求输出线电压为 24 V，故至少输入电压 $U_{DC} = \dfrac{\sqrt{2}\,\pi U_l}{2} = 53.2$ V。由于本设计输出电压频率为 $f_0 = 50$ Hz，故令 LC 滤波器的截止频率为 $f = 1.5$ kHz。但滤波电感 L 取得过大将引起过大的基波输出电压降，取得太小则流过滤波器电感的最大谐波电流也就越大，故取滤波电感 $L = 1$ mH。由此可计算滤波电容 $C = \dfrac{1}{4\pi^2 f^2 L} = \dfrac{1}{4 \times \pi^2 \times 1\,500 \times 1\,500} = 12.5$ μF，故使用一个 10 μF 与一个 4.7 μF 的 C_{BB} 电容并联。

2. 逆变器同步控制工作原理

根据国家标准规范，主从逆变器之间使用串口通信。主逆变器向从逆变器定时发送同步指令，当从逆变器接收到指令时，主从逆变器同时输出 SPWM 波，从而实现输出同步。

主逆变器采用双闭环控制结构，如图 3 所示。电压控制环控制电压输出为恒定值，在此基础上，电流环使用模糊 PI 控制进行设定比例的电流分配计算，使其达到要求。在本设计中，电压外环 $P = 0.1$，$I = 0.15$；电流内环 $P = 0.2$，$I = 0.1$。通过 MATLAB 建模与仿真，环路稳定。

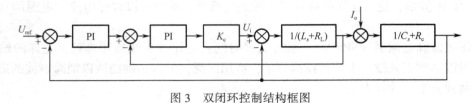

图 3　双闭环控制结构框图

3. 提高效率的方法

合理设计 PCB 板，注意功率器件与信号调理元件的位置分布，加粗走线，避免环地形成。注重元器件选型，使用低导通电阻的 MOS 管，低压降的肖特基二极管以及低 ESR 的电容，适当降低开关管工作频率以及使用高效率的开关辅助电源。

三、电路与程序设计

1. 主电路设计

本设计的主电路采用由 SPWM 波控制的两路结构完全相同的三相桥式逆变器，如图 4 所示。由于每个模块的电流可高达 2 A，为了降低电路损耗，本系统选用导通电阻较小的开关管 IRFB4510（额定电流为 62 A，耐压值为 100 V，导通电阻为 10.7 mΩ）。

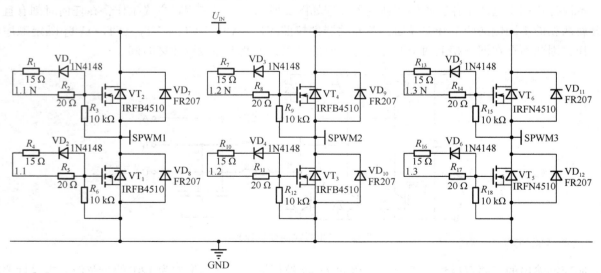

图 4　主电路原理图

根据经验，在栅极驱动电阻（20 Ω）处反并联一个栅极关断电阻（15 Ω）和一个二极管 1N4148，用于调节开关管的开通与关断速度。为了防止功率管因电压过高造成雪崩击穿，在 MOS 管的漏极与源极处反并联一个快速恢复二极管 FR207。

2. 控制程序设计

系统的程序主要由两部分构成，即主函数循环、定时器中断服务程序，如图 5 所示。

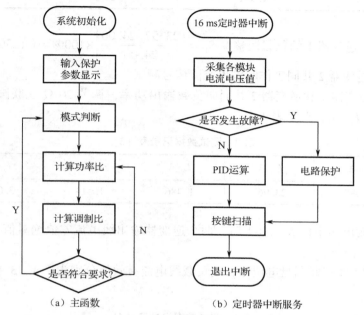

（a）主函数　　　　（b）定时器中断服务

图 5　软件流程图

四、测试方案与测试结果

1. 测试仪器

（1）直流开关电源：FT3005-3。
（2）数字万用表：FLUKE 289C。
（3）单相电测试仪：Tektronix PA1000。
（4）功率计：FLUKE 4313。

2. 测试方法与测试结果

（1）逆变器 1 单独工作时输出信号、总谐波畸变率 THD 及效率测试。

测试方法：仅用逆变器 1 向负载提供三相对称交流电，调节 20 Ω 三联圆盘电位器至 $I_o=2$ A，记录 U_o、U_i、I_o、I_i、f_o、THD 于表 1 中。

表 1　测试数据记录表（1）

U_i/V	I_i/A	U_o/V	I_o/A	f_o/Hz	THD/%
44.97	1.935	24.025	2.000	50	0.8

由表 1 可计算得：逆变器 1 的效率 $\eta=\dfrac{\sqrt{3}\,U_o I_o}{U_i I_i}=\dfrac{\sqrt{3}\times24.025\times2.000}{44.97\times1.935}\times100\%=95.6\%$。

（2）逆变器 1 单独工作时负载调整率 S_{I1} 测试。

测试方法：调节 20 Ω 三联圆盘电位器，使线电流有效值在 0~2 A 范围内变化时，记录 U_o、U_i、I_o、I_i 于表 2 中。

表 2　测试数据记录表（2）

U_i/V	I_i/A	U_o/V	I_o/A
44.97	0.032	24.00	0.000
44.98	1.941	23.97	2.011

由表 2 可计算得：逆变器 1 的负载调整率 $S_{I1} = \left| \dfrac{23.97 - 24.00}{24.00} \right| \times 100\% = 0.125\%$。

（3）逆变器 1 和逆变器 2 共同工作时输出交流信号测试。

测试方法：使用逆变器 1 和逆变器 2 共同向负载输出功率，调节 20 Ω 三联圆盘电位器至 $I_o = 3$ A，记录 U_o、U_i、I_1、I_2、I_o、I_i、f_o 于表 3 中。

表 3　测试数据记录表（3）

U_i/V	I_i/A	U_o/V	I_1/A	I_2/A	I_o/A	f_o/Hz
44.97	3.085	23.967	1.486	1.514	3.001	50

（4）两个逆变器输出功率比 $K = 1 : 1$ 时，两个逆变器输出线电流差值绝对值 ΔI_1 及负载调整率 S_{I2} 测试。

测试方法：调节 20 Ω 三联圆盘电位器，使负载线电流有效值分别为 1 A、3 A，记录测试数据于表 4 中，其中 $\Delta I_1 = |I_1 - I_2|$。

表 4　测试数据记录表（4）

I_o/A	U_o/V	I_1/A	I_2/A	$\Delta I_1/A$
1.0	24.013	0.491	0.511	0.020
3.0	23.986	1.512	1.488	0.024

由表 4 可计算得：负载调整率 $S_{I2} = \left| \dfrac{23.986 - 24.013}{24.013} \right| \times 100\% = 0.11\% < 0.3\%$。

（5）两个逆变器输出功率在指定范围内（比值 $K = (1 : 2) \sim (2 : 1)$）自动分配时输出线电流折算值的差值绝对值 ΔI_2 测试。

测试方法：调节 20 Ω 三联圆盘电位器，使输出线电流分别为 1 A、3 A，通过按键将输出功率比分别设定为 0.5、0.75、1.0、1.5、2.0，记录测试数据于表 5 和表 6 中。

表 5　测试数据（$I_o = 3$ A）

K	0.5	0.75	1.0	1.5	2.0
I_1/A	1.011	1.287	1.513	1.789	1.992
I_2/A	1.989	1.713	1.487	1.211	1.008
$\Delta I_2/A$	0.033	0.030	0.026	0.027	0.024

表 6　测试数据（$I_o = 1$ A）

K	0.5	0.75	1.0	1.5	2.0
I_1/A	0.329	0.438	0.487	0.609	0.671
I_2/A	0.671	0.562	0.513	0.391	0.329
$\Delta I_2/A$	0.013	0.022	0.026	0.023	0.013

注：线电流折算值的定义：功率比值 $K > 1$ 时，其中电流值小者乘以 K，电流值大者不变；功率比

$K<1$ 时，其中电流值小者除以 K，电流值大者不变。

由表5、表6可得，两个逆变器输出线电流折算值的差值的绝对值不大于 33 mA。

专 家 点 评

设计完整、合理，三逻辑方式工作有特色。

作品4　厦门大学（节选）

作　者：齐　琦　李　鸣　毕朔雪

一、系统方案比较与选取

1. 均流方案比较与选取

方案一：下垂特性控制。利用逆变器输出的下垂特性，各个逆变器模块以自身的有功和无功功率为依据，调整自身输出电压的频率和幅值，来达到各台逆变器的均流控制功能。优点是不存在各个模块间的通信问题，可以实现冗余控制。缺点是动态响应慢，输出电压和频率存在稳态偏差。

方案二：集中控制。采用专门的、公共的同步和均流模块，统一调控各个逆变器。即集中控制单元控制脉冲产生统一的脉冲信号，然后各个逆变器模块经过锁相环跟随同步信号，从而保证各个输出模块的输出电流相位与幅值一致，消除环流，实现各逆变器的电流均流功能。优点是控制方法简单，均流效果好。缺点是无法实现冗余控制，一旦公共控制电路失效，会导致整个并联系统瘫痪。

方案三：主从方式控制。该控制方式是将均流控制的功能分散到各个并联模块中。主模块逆变器采用电压控制，从模块逆变器采用电流控制。从模块的电流指令均由主模块的电压指令决定。优点是该方法可以很好地实现静态均流。缺点是不能实现冗余控制，一旦主控制模块损坏会导致整个并联系统瘫痪。

考虑到本系统只有两个逆变器并联，从路数量少，选择主从方式控制方法实现较为简单，减少了控制电路的数量，因此选择方案三。

2. 整体设计

主电路结构为两个三相桥式逆变器并联连接为星形连接的可调负载。

单个逆变器的主电路采用三相桥式逆变器结构，由单片机产生双极性 SPWM 波形控制 MOS 管开断，经过 LC 滤波器得到三相正弦交流电。通过控制输出端线电压的有效值实现稳压输出，如图1所示。

整个系统由两个相同的逆变器组成，并联的控制方式采用主从方式，采集主机的输出电压、电流有效值和从机的输出电流有效值，通过 PID 串级控制，控制主逆变器的电压和从逆变器的电流，通过 UART 通信实现主从机电流分配控制，从而达到并网均流、输出功率自动调整分配的目的，如图2所示。

二、理论分析与参数计算

1. 效率提高方案

该系统的消耗主要集中在滤波电感、开关管等器件，做好这些器件的吸收缓冲和参数选择是提高系统效率的有效途径，方法如下。

（1）对 PCB 布局进行合理规划，减小开关电流环流面积，降低 di/dt 对电路的影响。

（2）在开关管 D、S 之间加 RC 吸收回路。合理的吸收回路降低了功率器件的浪涌电压和电路，降低了开关损耗和 EMI，避免了器件的二次击穿。

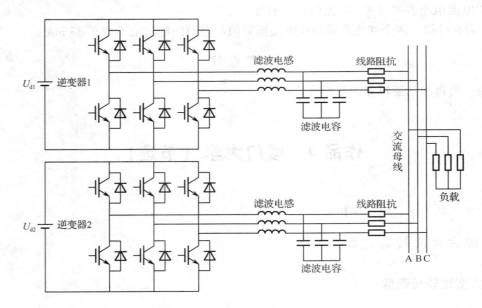

图 1　主电路结构

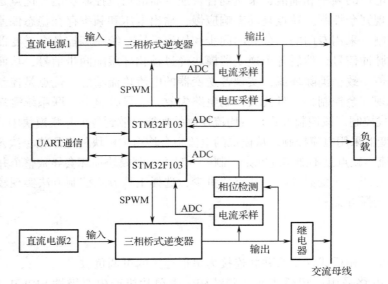

图 2　系统设计框图

（3）选择导通电阻小的开关管，减小开关管的损耗。

（4）选择合适的 SPWM 载波频率。开关管的导通损耗会随着系统的工作频率增大而增大，并且过低的频率会给滤波器的设计带来困难，为了降低开关损耗，使 THD 升高，且避开音频噪声，选用的 SPWM 的载波频率为 40 kHz。

（5）选择低 ESR 的滤波电感 $L = 1$ mH。

2. 逆变器并联运行模式的控制策略

当两个逆变器并联运行时，逆变器的直流侧和交流侧直接并联，形成环流通路。环流的存在会使得系统损耗大大增加，严重影响并联系统的正常运行。而环流主要是由各逆变单元输出电压的不一致引起的，因此各逆变单元输出电压的幅值、频率及相位的严格一致成为逆变器并联系统稳定供能的最大前提。

两个三相逆变器的并联等效原理如图 3 所示。

U_1 和 U_2 分别为两个逆变器输出电压的有效值，φ_1 和 φ_2 为两个逆变器与负载端电压的相位差。简单

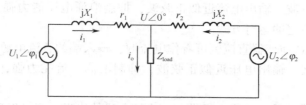

图 3　三相逆变器的并联等效原理

认为两个逆变器等效输出电抗和连线电抗之和相等，即 $X_1 = X_2 = X$，逆变器等效输出电阻相等，即 $r_1 = r_2 = r$。系统环流为 i_H。则环流公式为

$$i_H = \frac{U_1 - U_2}{2\ (\gamma + jX)}$$

从上可知，并联系统各单元模块输出电压特性的不一致是造成环流的最本质原因，主要表现为：各逆变单元输出电压幅值与相位的不一致；各单元外特性的不一致，即等效输出阻抗的不一致；并联系统线路阻抗的不一致。

通过调节两个逆变器的输出电压幅值，使输出电压幅值差减小到可控制的范围内；调整输出电压的相位，使输出电压相位差近似为 0，减小环流，从而达到两个逆变器同时运行的目的。

对于发挥部分的稳压均流，采用电压、电流串级 PID 控制，对于电流波动和阻抗波动引起的干扰能起到很好的抑制作用，从而保证了电压和电流的分配精度。

三、电路与程序设计（略）

四、测试方案与测试结果（略）

专家点评

对微网电流同步控制方法论述较好。

作品 5　长沙学院（节选）

作者：章 成　陈 磊　杨 毅

一、系统方案

本系统主要由三相 DC/AC 逆变器模块、MCU 模块、电流取样模块、电压取样模块等组成，下面分别论证以下几个核心模块的选择。

1. 三相逆变调制方法选择

方案一：基于 SPWM 的三相逆变器，输出为三相正弦波，通过软件或者硬件生成 SPWM 驱动波形，驱动三相六桥电路中的功率开关管，得到的斩波通过滤波后输出电压波形接近正弦波。

方案二：采用空间矢量调制，能够减少调制的开关频率，降低谐波含量，提高母线电压的利用率。

综合比较两个方案，方案一虽能产生正弦波，但母线利用率偏低。方案二相对于方案一不仅能提高母线利用率，还能降低谐波含量，且控制简单。综上所述，选择方案二。

2. 三相逆变器模块选择

方案一：电压型三相逆变器直流侧为电压源，电压型逆变器的直流电源经大电容滤波，可看作恒压

源。逆变器输出电压为矩形波，输出电流近似正弦波，抑制浪涌电压能力强，频率可向上、向下调节，效率高，适用于负载比较稳定的运行方式。

方案二：电流型 DC/AC 逆变器直流侧可看作电流源，输入端的直流电源经大电感滤波进入逆变器，逆变器的输出电流为矩形波，输出电压近似正弦波，抑制浪涌电流能力强，该拓扑结构适合用于频繁加、减速的启动型负载。

由于题目只要求逆变器对阻性负载进行供电，比较上述的优劣，容易发现方案一更具有优势，所以选择方案一。

3. 电流取样模块选择

方案一：将康铜丝串入输出回路，输出电流将在康铜丝上形成压降，然后做差模放大处理，送入 12 位 A/D 测量电路。

方案二：电流取样采用 TA1015-1M 型电流互感器，TA1015-1M 是一款将大电流信号转换为小电流信号的高精度隔离测量芯片。

综合比较两方案，由于方案一中康铜丝实际阻值不易测量且测量电路和功率电路没有进行隔离处理，而方案二电流互感器具有精度高、带负载能力强，并且具有隔离保护的特点，所以选择方案二。

4. 电压取样模块选择

电压取样采用 TV1013-1M 型电压互感器，用于测量交流电压信号，输入额定电流为 2 mA 时，输出额定电流为 2 mA。用户使用时需要将检测电压信号转换成 2 mA 左右电流信号送给互感器，互感器副边按 1∶1 等比输出 2 mA 左右电流，用户在互感器输出端进行电压采样，得到取样的电压。

二、理论分析与计算

1. 逆变器提高效率的方法

逆变器的整机效率是指逆变器将输入的直流功率转换为交流功率的比值，是关键性能指标，该比值总是小于 1，这是因为逆变器功率电路以及滤波器总会存在一定损耗，会消耗掉来自输入的部分能量。提高逆变器的转换效率有多种方法，基本思路在于降低损耗，可以从以下几个方面着手。

（1）减小 MOS 管的损耗。MOS 管工作在导通和截止两个工作状态，当开关导通时会产生导通损耗，当开关切换时会产生开关损耗，选择 N 沟道 MOS 管，能够在较高的频率条件下保持较低的功耗。

（2）减小驱动电路的损耗。功率 MOSFET 开/关时所需驱动电流为栅极电容的充放电电流，功率管极间电容越大，所需电流越大。在开关管进行开/关切换的中间过渡状态是有损耗的，因此要减少处于中间状态的切换时间，以减小开关损耗。

（3）减小输出滤波器电感的损耗。电感损耗的大小直接影响到装置的效率和性能，主要由铜损和磁芯损耗组成。磁芯损耗主要由涡流和磁滞效应产生，其大小随工作频率的升高而增加。这里采用损耗小的铁硅铝磁芯，严格按照要求绕制电感。

（4）减小导线的损耗。对 PCB 板进行布线时，尽量使连接功率电路的线宽加大，减小器件之间的线距。滤波电容、电感引线要尽可能短，减少功率级电流环路上的寄生电阻。

2. 两台三相逆变器同时运行时的控制策略

依据题目要求需要控制与分配两台并联逆变器的输出功率，一旦稳定住主从两台逆变器的输出电压，通过控制从逆变器的输出电流控制两台逆变器的输出功率，此时电流分配是关键。电流分配方法有以下两种。

（1）自主分流法。采用专用的控制芯片，自动选出电流最大的一路，将该路电源作为主电源。输出电压由主电源的输出电流决定，控制 DC/AC 逆变器模块输出电压，使其稍稍提高。使用从电源与主电源的电压差，设定电流比，控制输出电流，达到电流分配的目的。

（2）主从分流法。在并联的两个逆变器中人为指定一个分模块为主模块，另一个被选为从模块。主模块通过一个电压环调节，稳定输出电压，从模块通过一个电流环控制输出电流。两个模块的误差电压与模块的输出电流成正比，调节从模块的输出电压就是改变两路电流比。该方法精度高，控制结构简单。

考虑到精度与控制结构，本设计采用主从分流法控制策略。

三、电路与程序设计

1. 总体电路框图

主从分流法的整体电路包括主逆变器、从逆变器和两个控制环路，如图 1 所示。

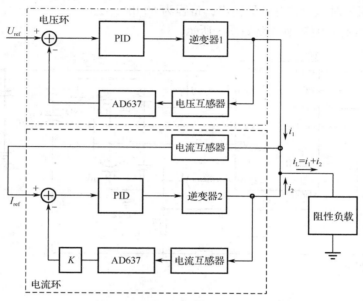

图 1　并联两路三相逆变器电路框图

其中，主逆变器 1 在电压环的控制下稳定输出电压，从逆变器 2 在电流环的控制下调节它的输出电流，实现电流分配控制。主逆变器 1 的参考电压由输出电压设定，从逆变器 2 的参考电流指令由主逆变器 1 的输出电流给定。从逆变器 2 通过调节电流反馈环中的比例环节的 K 值，来分配主逆变器与从逆变器的输出电流比。

2. 程序总流程图（略）

3. 三相逆变器功率级

由 MOS 管、电感、电容和驱动芯片组成的三相逆变器功率级如图 2 所示。

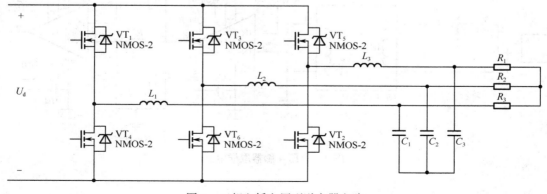

图 2　三相六桥电压型逆变器电路

其中，MOS 管选取 N 沟道 NCE80H12 作为功率开关管，该管 Q_g 典型值为 163 nC，R_{DS} 典型值为 4.9 mΩ，$U_{GS} = \pm 20$ V；电感选取铁硅铝磁芯电感，电容选取 C_{BB} 电容。

由公式 $L \geqslant \dfrac{U_d}{4f_c \Delta I_{Lmax}}$，$\Delta U_{om} = \Delta I_{Lmax} \times \dfrac{1}{2\pi \times f_c \times G_{OUT}}$，根据要求的性能指标选择电感与电容值，其中 U_d 为输入直流电压，f_c 为开关频率，ΔI_{Lmax} 为最大纹波。经计算，最终电感取 1.2 mH，电容取 2.2 μF。

4. 真有效值测量转换电路

AD637 是 AD 公司生产的高准确度真有效值-直流转换芯片，输入电压有效值为 0~2 V 时，最大非线性误差不大于 0.02%。它能把外部输入的交流信号有效值变成直流信号输出，可以计算各种复杂波形的真有效值、平方值绝对值，并有分贝输出，量程为 60 dB。

由 AD637 构成的真有效值转换电路如图 3 所示。

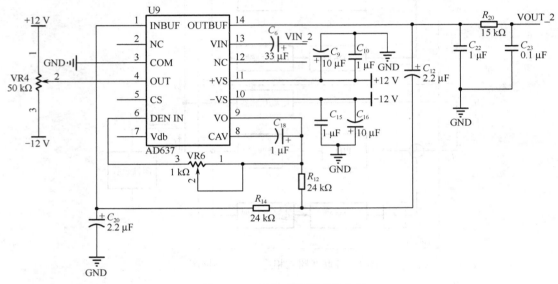

图 3　AD637 真有效值转换电路

5. 电压互感器取样电路

电压取样采用电流型 TV1013-1M 电压互感器，电路如图 4 所示，用于测量交流电压信号。

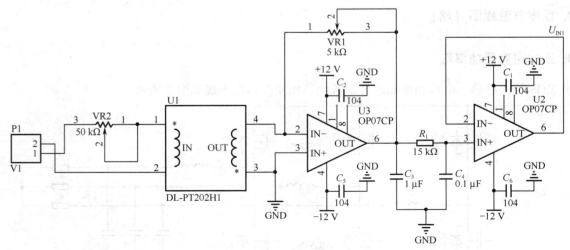

图 4　电压互感器取样电路

6. 电流互感器取样电路

电流取样采用 TA1015-1M 型电流互感器，电路如图 5 所示。TA1015-1M 是一款将大电流信号转换为小电流信号的高精度隔离电流测量芯片。

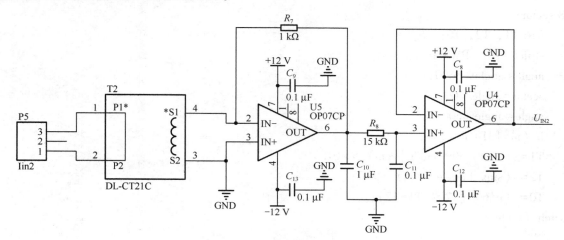

图 5 电流互感器取样电路

四、测试方案与测试结果（略）

附录 代码部分

```
struct stu SVPWM （u16 angle, u8 m)
{
u8 sector;
    u16 T1, T2, T0;
    struct  stu  PWM;
    angle = angle%3600;
    sector = angle/600;
    angle = angle%600;
    if （m>131) m = 131;
    T1 = （sinx ［599-angle］ * m) >>10;
    T2 = （sinx ［angle］ * m) >>10;
    T0 = （u16) （4200-T1-T2);
switch （sector)
    {



        case 0:
                PWM. CCR1 = T1+T2+(T0>>1);
                 PWM. CCR2 = T2+(T0>>1);
                 PWM. CCR3 = (T0>>1);
                 break;
        case 1:
                PWM. CCR1 = T1+(T0>>1);
                 PWM: CCR2 = T1+T2+(T0>>1);
                 PWM. CCR3 = (T0>>1);
                 break;
        case 2:
                PWM. CCR1 = (T0>>1);
                 PWM. CCR2 = T1+T2+(T0>>1);
                 PWM. CCR3 = T2+(T0>>1);
                 break;
         case 3:
                PWM. CCR1 = (T0>>1);
                 PWM. CCR2 = T1+(T0>>1);
                 PWM. CCR3 = T1+T2+(T0>>1);
                 break;
        case 4:
                PWM. CCR1 = T2+(T0>>1);
                 PWM. CCR2 = (T0>>1);
                 PWM. CCR3 = T1+T2+(T0>>1);
                 break;

        case 5:
```

```
            PWM. CCR1 = T1+T2+(T0>>1);
              PWM. CCR2 = (T0>>1);
              PWM. CCR3 = T1+(T0>>1);
              break;
        default :

              break;
      }

      return PWM;
      }
```

B 题　滚球控制系统

一、任务

在边长为 65 cm 的光滑正方形平板上均匀分布着 9 个外径为 3 cm 的圆形区域，其编号分别为 1~9 号，位置如图 1 所示。设计一控制系统，通过控制平板的倾斜，使直径不大于 2.5 cm 的小球能够按照指定的要求在平板上完成各种动作，并从动作开始计时并显示，单位为 s。

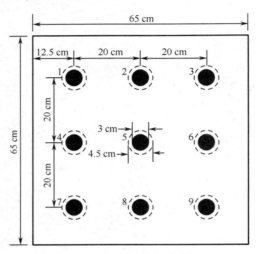

图 1　平板位置分布示意图

二、要求

1. 基本部分

（1）将小球放置在区域 2，控制小球在区域内停留不少于 5 s。

（2）在 15 s 内，控制小球从区域 1 进入区域 5，在区域 5 停留不少于 2 s。

（3）控制小球从区域 1 进入区域 4，在区域 4 停留不少于 2 s；然后再进入区域 5，小球在区域 5 停留不少于 2 s。完成以上两个动作总时间不超过 20 s。

（4）在 30 s 内，控制小球从区域 1 进入区域 9，且在区域 9 停留不少于 2 s。

2. 发挥部分

（1）在 40 s 内，控制小球从区域 1 出发，先后进入区域 2、区域 6，停止于区域 9，在区域 9 中停留时间不少于 2 s。

（2）在 40 s 内，控制小球从区域 A 出发，先后进入区域 B、区域 C，停止于区域 D；测试现场用键盘依次设置区域编号 A、B、C、D，控制小球完成动作。

（3）小球从区域 4 出发，做环绕区域 5 的运动（不进入），运动不少于 3 周后停止于区域 9，且保持不少于 2 s。

（4）其他。

三、说明

1. 系统结构要求与说明

（1）平板的长宽不得大于图 1 中的标注尺寸；1~9 号圆形区域外径为 3 cm，相邻两个区域中心距为 20 cm；1~9 号区域内可选择加工外径不超过 3 cm 的凹陷。

（2）平板及 1~9 号圆形区域的颜色可自行决定。

（3）自行设计平板的支撑（或悬挂）结构，选择执行机构，但不得使用商品化产品；检测小球运动的方式不限；若平板机构上无自制电路，则无须密封包装，可随身携带至测试现场。

（4）平板可采用木质（细木工板、多层夹板）、金属、有机玻璃、硬塑料等材质，其表面应平滑，不得敷设其他材料，且边缘无凸起。

（5）小球需采用坚硬、均匀材质，小球直径不大于 2.5 cm。

（6）控制运动过程中，除自身重力、平板支撑力及摩擦力外，小球不应受到任何外力的作用。

2. 测试要求与说明

（1）每项运动开始时，用手将小球放置在起始位置。

（2）运动过程中，小球进入指定区域是指小球投影与实心圆形区域有交叠；小球停留在指定区域是指小球边缘不出区域虚线界；小球进入非指定区域是指小球投影与实心圆形区域有交叠。

（3）运动中小球进入非指定区域将扣分；在指定区域未能停留指定的时间将扣分；每项动作应在限定时间内完成，超时将扣分。

（4）测试过程中，小球在规定动作完成前滑离平板视为失败。

四、评分标准

项 目	主要内容		分数
设计报告	系统方案	技术路线、系统结构、方案论证	3
	理论分析与计算	小球检测及控制方法分析	5
	电路与程序设计	电路设计与参数计算，小球运动检测及处理，执行机构控制算法与驱动	5
	测试结果	测试方法，测试数据，测试结果分析	4
	设计报告结构及规范性	摘要，设计报告结构及正文 图表的规范性	3
	合　计		20
基本要求	完成第（1）项		10
	完成第（2）项		10
	完成第（3）项		15
	完成第（4）项		15
	合　计		50
发挥部分	完成第（1）项		15
	完成第（2）项		15
	完成第（3）项		10
	其他		10
	合　计		50
总　分			120

作品 1　河海大学

作者：陈　攀　闫梦凯　郭　松

摘　要

本系统采用 MK60FX512VL075 系统板为主控制器，MT9V032 灰度摄像头作为传感器，MG996R 伺服电机作为执行机构连接被控对象滚球平台。主控制器、反馈装置、执行机构、被控对象一起构成闭环滚球控制系统。通过控制平板的倾斜，使小球能够按照指定的要求在平板上完成各种动作。系统设计总体分为结构部分、硬件电路部分及软件算法部分。本系统利用图像信息，实时测量小球位置，信息反馈至单片机，输出不同占空比的 PWM 波控制信号给伺服电机，控制两个方向上平台的倾斜角度，使小球向不同方向运动，及时矫正平板位置，防止脱离运动轨迹。控制方案采用串级 PID 算法，内环控制速度，外环控制坐标。

关键词：滚球系统；单片机；伺服电机；灰度摄像头；PID 算法

一、系统方案

系统通过控制平板的倾斜，使直径不大于 2.5 cm 的小球能够按照指定的要求在平板上完成各种动作。任务的核心在于实现小球的定点以及点与点之间快速而准确地移动。

1. 技术路线

设计工作是对滚球系统进行建模分析并进行控制方案设计，从结构、电路、软件三方面进行调试，调试通过后组装，然后再进行统一调试，根据调试结果对软硬件进行相应修正，完成控制任务，其技术路线如图 1 所示。

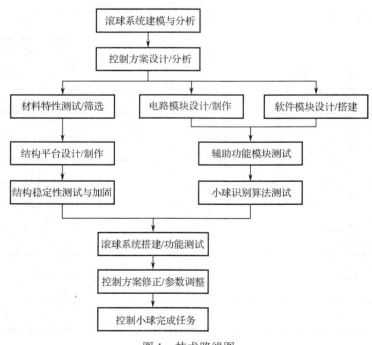

图 1　技术路线图

2. 系统结构设计

滚球系统由底座、伺服电机、平板及固定座等部分组成，其结构如图 2 所示。经测试，要达到满足题目要求的移动速度，平板需要上下约 5° 的倾角，伺服电机加二连杆后的单向行程约 4.5 cm，经测算伺服电机的安装位置应距支撑杆 20 cm 左右处，如图 3 所示。

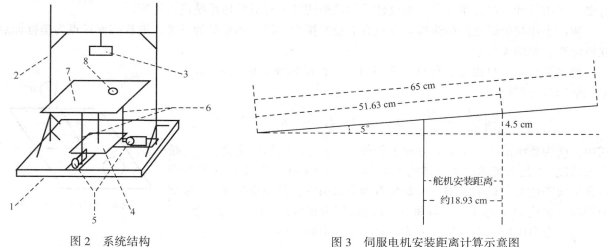

图 2　系统结构
1—底座；2—摄像头支撑架；3—摄像头；
4—平板固定座加带万向节支撑杆；
5—伺服电机；6—二连杆加万向节；
7—平板；8—小球

图 3　伺服电机安装距离计算示意图

3. 各部分方案选择与论证

1）执行机构选择

方案一：采用直线推杆电机。直线电机响应速度快，推力高达数百牛顿，能驱动刚度较强、质量较大的平板。缺点在于行程可控性差，且通过测试发现 PWM 方波控制其行程存在非线性，且上升与下降具有不对称性，需要较多时间测试，程序较为复杂。

方案二：采用伺服电机，通过自制的二连杆结构将扭力转换为向上的推力，用万向节粘贴到板面的两边控制角度。伺服电机响应速度快，角度控制精度高，推力适中，接线简单。

综合考虑，本设计选择方案二。

2）小球运动检测机构选择

方案一：采用彩色摄像头，彩色摄像头输出 RGB565 格式的图像数据，转换为 HSV 格式后可识别特定颜色。优点在于图像信息丰富，识别能力强，不易受外界光线干扰，鲁棒性好。但由于数据量大，图像处理算法复杂，且受到单片机处理速度限制，控制会有较大的滞后性。

方案二：采用灰度摄像头，灰度摄像头输出 0~255 的灰度值格式图像数据。优点在于数据处理算法简单，单片机响应及时。缺点在于只能工作在识别对象与背景对比度较高的环境下，且易受反光等环境因素影响。

本题对相应速度要求较高，环境固定，且颜色能够自行定义，故选择方案二。

3）板面材料选择

由于使用伺服电机作为执行机构，需要采用质量轻、硬度高、刚度强的材料。三合板具有强度高、抗弯抗压的特点，较轻的质量就能满足题目要求的特性，由于其他材料不易获得且相对较重，故选用三合板。

4）小球材料选择

金属小球具有密度大、惯性大、小范围运动制动效果好的优点。因此，本设计采用金属小球。

二、理论分析

1. 小球控制方法分析

板球系统是一个典型的多变量、非线性控制对象，若采用牛顿力学方法建模会涉及对多个受力点进行受力平衡设计，计算难度大。本设计采用拉格朗日方程对板球系统进行建模。

假设小球与板面之间始终接触且只有滚动摩擦力。以实物模型为参考，取板的支撑点为坐标原点建立坐标系，如图4所示。

此系统有4个自由度，即球的坐标 X、Y 和板的倾斜角度 α、β，根据拉格朗日方程得

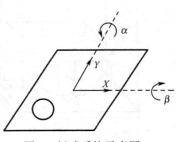

图4　板球系统示意图

$$\frac{\mathrm{d}}{\mathrm{d}t}\left(\frac{\partial L}{\partial v_i}\right) - \frac{\partial L}{\partial q_i} = Q_i, \quad i = 1, 2, \cdots, n$$

式中，Q_i 为系统沿广义坐标 q_i 方向上的外力；q_i 为系统的广义坐标；v_i 是广义速度；L 是系统动能 T 与势能 V 的差，即 $L=T-V$。广义力 Q_i 的物理意义取决于广义坐标的量纲：本系统有四个自由度，其中坐标 X、Y 量纲为距离，对应 Q_i 为作用力；倾角 α、β 的量纲为转角，对应 Q_i 为力矩。

将4个自由度的参数代入公式，忽略摩擦力后可得

$$a_x = \frac{5}{7}g\sin\alpha \approx \frac{5}{7}g\alpha$$

$$a_y = \frac{5}{7}g\sin\beta \approx \frac{5}{7}g\beta$$

式中，a_x、a_y 为两轴的加速度；α、β 为两轴的倾角；g 为重力加速度。在小角度情况下可近似认为两轴加速度与倾角成正比。通过控制平板倾角即可控制小球的加速度。

2. 小球检测方法分析

由于设计的平板倾斜角度较小，平板倾斜导致的图像失真可忽略不计，只需要测量和控制图像上小球的坐标即可较好地完成控制任务。

将灰度摄像头平行放置于平板正上方一定高度，使平板刚好覆盖 120×120 像素点的画面。这里选用白底色的木板和黑色的小球，通过从中间向两边检测灰度值跳变点坐标的方式获取小球边沿的坐标。求取这些坐标的均值即为当前小球在图上的圆心坐标。

灰度摄像头定时采样，采样率为 50 Hz，通过比较两幅图之间的坐标差，即可算出图上小球速度的方向和大小。

三、程序设计

1. 小球运动检测与处理

通过对灰度图像寻找跳变沿可获取小球的位置信息，连续两张图像中小球的位置信息经微分可得小球的速度信息。

由于图像可能发生畸变，微分获得的速度信息有较大跳变，通过对速度进行限幅处理和均值滤波后输出给控制算法。

2. 执行机构算法与驱动

本系统选用的执行机构为伺服电机，通过控制 PWM 方波的脉宽可以控制伺服电机的转动角度。

题目的核心在于平板上任意坐标的定点。由于小球在平板上的运动可以分解为 X 轴和 Y 轴两个方向的运动，两个轴的方向上又分别有两个伺服电机作为执行机构，对两轴坐标分别使用 PID 算法，将

输出量转化为 PWM 方波的脉宽赋值给两轴的伺服电机。为提高定位精度和稳定性，在内环加入了速度 PID 控制器，取得了较好的效果，系统控制框图如图 5 所示。

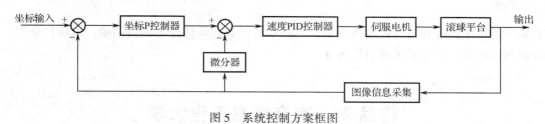

图 5 系统控制方案框图

3. 总体程序流程

系统采用 4 个独立按键和两个拨码开关进行模式选择和数字输入。利用 OLED 显示屏进行显示，系统开机初始化后检测拨码开关状态，选择是否进入水平矫正模式来修正目标点的坐标，然后通过按键进行模式选择，执行不同的要求。控制任务通过控制滚球期望速度（与相对偏差呈线性关系），使滚球平滑滚动至目标位置。程序流程框图如图 6 所示。

四、测试方案与测试结果

1. 测试方法

在前期测试中，依次进行平台水平校正、小球定点控制、小球直线及转向运动测试，在取得较好的效果后，按照题目要求测试各任务的完成时间和精确度。

2. 测试数据

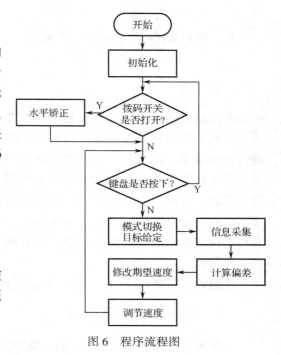

图 6 程序流程图

1）基本任务数据

基本任务一：要求将小球放置在区域 2，停留时间不少于 5 s。经测试，在区域 2 实现自稳的平均时间为 2.2 s，平均精度为 0.5 cm。

基本任务二：要求在 15 s 内控制小球从区域 1 进入区域 5 并停留不少于 2 s。经测试，完成基本任务二的平均时间为 5.0 s，平均精度为 0.8 cm。

基本任务三：控制小球从区域 1 进入区域 4，在区域 4 停留超过 2 s；然后再进入区域 5，在区域 5 停留超过 2 s。总时间不超过 20 s。经测试，完成基本任务三的平均时间为 10.1 s，平均精度为 0.5 cm。

基本任务四：在 30 s 内，控制小球从区域 1 进入区域 9，并停留不少于 2 s。经测试，完成基本任务四的平均时间为 12.0 s，平均精度为 0.5 cm。

2）拓展任务数据

拓展任务一：控制小球途经区域 1、2、6、9，并在 9 停留，总时间不超过 40 s。经测试，完成拓展任务一的平均时间为 15.3 s，平均精度为 0.5 cm。

拓展任务二：任意选取 A、B、C、D 这 4 个区域控制小球经过，并停留于区域 D，总时间不超过 40 s。经测试，随机选择 3 组区域的平均时间为 16 s，平均精度为 0.5 cm。

拓展任务三：小球从区域 4 出发，做环绕区域 5 的运动（不进入），运动不少于 3 周后停止于区域 9，且保持不少于 2 s。经测试，拓展任务三画的虽然是椭圆，但能完成绕行任务，平均时间约 35 s。

3）测试结果分析

小球在定点测试中 3 个振荡周期内基本可以实现稳定；在相邻坐标点间移动时，超调量很小，两点间移动时间一般在 3 s 以内。经测试本系统基本满足题目要求。

五、结论

本系统以较快的速度和较高的精度完成了所有基本任务和发挥任务的前两项，发挥任务第三项虽然并没有按预期绕正圆，但已满足题目要求。

作品 2　　南京信息工程大学

作　者：张世奇　郭明会　韩安东

摘　　要

本滚球控制系统是由 STM32F103ZET6 单片机控制模块、图像采集模块、姿态采集模块、电机模块、人机交互模块以及滚球控制系统机械结构组成的闭环控制系统。系统采用 OV7670 摄像头对平板进行图像采集，通过霍夫圆检测对小球的位置进行实时标定，通过六轴倾角仪 MPU6050 对平板的姿态进行实时检测以控制补偿，单片机处理数据后通过模糊控制器得到了 PID 控制器的比例、积分、微分系数，再通过 PID 精确算法调节舵机的输出角度，进而控制小球在平板上的运动。本系统实现了小球在平板上的区域停留、区域移动、区域分步移动、区域避障、区域连续移动、随机区域移动、非指定区域运动和红外跟踪功能，具有调节时间短、稳定误差小的优点，同时具有良好的动态特性和静态特性。

关键词：模糊双环 PID 控制；霍夫圆检测；OV7670 摄像头；MPU6050；STM32

一、设计方案工作原理

本系统可实现小球在平板上的区域停留、指定区域单步移动、指定区域分步移动、指定区域连续移动、随机指定区域移动、非指定区域运动、指定区域避障和红外跟踪功能。

1. 技术方案分析与比较

方案一：采用传统 PID 控制。PID 控制器稳定性好，可靠性高，控制理论与技术都已非常成熟，但需要系统的设计建立在控制对象精确数学模型基础上，是由线性控制的。

方案二：采用模糊控制。模糊控制器建立在专家经验的基础上，无须建立控制对象精确的数学模型，鲁棒性高，但精确度有所降低。

方案三：采用模糊 PID 控制，这种复合控制器克服了单一控制的不足，融合了两种控制器的优点，能对传统 PID 控制器的参数实现智能调节，具有改善被控过程的动态和稳态性能作用。

综上所述，由于本控制系统为非线性系统，为了提高系统的鲁棒性和精确性，采用方案三模糊 PID 控制板球的运动。

2. 系统结构工作原理

如图 1 所示，平板与中心点的球铰相连，以此为平板转动的支点。平板还通过两个在邻边中心处的球铰与舵机臂相连，舵机的动作可带动平板的转动。当两个舵机中的一个动作另一

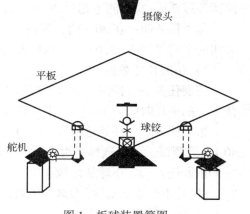

图 1　板球装置简图

个不动作时，支撑杆对平板的力矩沿板边方向。因平板的两邻边互相垂直，所以两个舵机独立动作时产生的力矩也互相垂直。因此，可将板球的控制近似看作两个互相垂直的一维转动控制，降低系统控制时的耦合度。

3. 功能指标实现方法

将摄像头实时采集到的平板上的图像信息，通过霍夫圆检测算法提取小球与 9 个区域中心点的位置坐标。在按键程序中将每题题目所要求到达的区域设置为目标区域。通过模糊自校正串级 PID 算法控制舵机臂的运动，进而控制小球滚动到目标区域。激光追踪的实现则是提取图像的红色分量，其最大值所对应的位置便是激光点的位置，将该位置设置为目标位置，通过控制算法便可实现小球对激光的追踪。

4. 测量控制分析处理

1）小球检测方法分析

霍夫圆变换是一种针对标准霍夫圆变换的参数空间分解的方法，主要目的是减少原算法的空间复杂度，其输入是边缘图像。

考虑如下圆的参数方程，即

$$\begin{cases} x = x_0 + r\cos\theta \\ y = y_0 + r\sin\theta \end{cases}$$

其中（x_0，y_0，r）是一组圆心和坐标参数。霍夫圆变换的第一步是对圆心参数空间累加。根据圆的一阶导数的特性，过圆周上任意一点的圆切线的垂线经过圆心，对已知边缘上的任意点作垂线，这些垂线将会在（a，b）空间汇集，形成一个热点，在（a，b）空间搜索极值即得圆心坐标。给定 r 的范围，在边缘点上作垂线段，得（a，b）空间，即

$$\begin{cases} a = r\sin\theta \\ b = r\cos\theta, \quad r \in (\min r, \max r) \end{cases}$$
$$A(i \pm a, j \pm b) \leftarrow A(i \pm a, j \pm b) + E(i, j)$$

式中，（$\min r$，$\max r$）是给定的半径的范围，也是作出的垂线段的长度；A 是（a，b）空间的累加器；E（i，j）是待检测图像的边缘图。在（a，b）空间搜索极值即得圆心坐标。

求得圆心坐标之后，在此基础上可以进行半径参数空间的累加。对每一个检测的圆，空间累加方式为

$$R(r) = \sum_{P \in (\min r, \max r)} E(P)$$

式中，E 是边缘图；r 是给定的半径范围。因此，在 R 空间搜索极值即可求得半径。

2）小球检测方法分析

PID 控制器是一种线性控制器，假定系统给定值为 $r_{in}(t)$，实际输出值为 $y_{out}(t)$，根据给定值和实际输出值构成控制偏差，其公式为

$$e(t) = r_{in}(t) - y_{out}(t)$$

PID 控制规律为

$$u(t) = K_p \cdot e(t) + \frac{1}{T_I} \int_0^t e(t)dt + \frac{T_D de(t)}{dt}$$

对于模糊 PID 控制而言，要先将输入输出变量模糊化，选择小球的位移偏差 e 及其变化率 e_c 作为模糊控制器的输入变量，经量化因子作用后输入模糊控制器得到模糊化变量 e、e_c。输出模糊变量为 K_p、K_i、K_d。确定输入输出变量的模糊论域及隶属度函数。K_p 的隶属度函数如图 2 所示。

根据 PID 参数对系统性能的影响，以及在系统动态响应的不同阶段 PID 参数的自动调整原则，并根据实验所得参数调整经验，可得到参数模糊规则表。

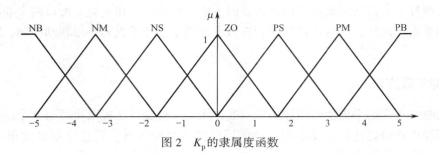

图 2 K_p 的隶属度函数

根据制订的模糊规则，将在每个采样时刻的控制输入 e 及其变化率 e_c 模糊化为 E 与 E_c，经过模糊推理及反模糊化可得出相应的模糊输出 K_p、K_i、K_d。

对应于 K_p 的第一条模糊规则的隶属度为

$$m_{K_{p1}} = \min\{m_{NB}(E), \ m_{NB}(E_c)\}$$

依此类推，可求出输出量 K_p 所对应的在不同偏差和偏差变化率下的所有模糊规则的隶属度。根据每条模糊规则隶属度经重心法解模糊化可得 K_p 的输出模糊值为

$$K_p = \frac{\sum\limits_{j=1}^{49} m_{K_{pj}}(K_p)K_{pj}}{\sum\limits_{j=1}^{49} m_{K_{pj}}(K_p)}$$

这些值仍为其论域内对应的模糊值，必须分别乘以比例因子才能得到实际的控制输出值 ΔK_p。由此可得出对应于系统偏差 e 及其变化率 e_c 的 PID 控制器的更新参数，其调整算法为

$$K_p = K_{p0} + \Delta K_p$$

二、核心部件电路设计

1. 主控模块的论证与选择

方案一：采用 AT89C51 作为主控制模块。AT89C51 单片机价格低廉、结构简单而且资料丰富；但是 51 单片机系统资源有限，8 位控制器，运算速度稍显不足，无法达到较高的精度，需要外接大量外围电路，增加了系统复杂度。

方案二：采用 MSP430F169 作为主控制模块。MSP430F169 单片机价格相对适中，实现的功能较多，MSP430F169 是 16 位单片机，超低功耗，精度高，丰富的外围模块简化了系统的外围电路。虽然表面上程序简洁，但空间占用很大。

方案三：采用 STM32F103ZET6 作为主控制模块。STM32F103ZET6 是一款性价比超高的单片机，基于专为要求高性能、低功耗的嵌入式应用专门设计的 ARM Cortex-M3 内核，存储器内存相对较大，有多个定时器和通信接口，工作频率高，运行速度快。

综上所述，由于系统中使用了摄像头模块，需要有较快的处理速度、较多的 I/O 口和较大的存储器内存，故选择方案三将 STM32F103ZET6 作为主控制模块。

2. 电机的论证与选择

方案一：采用直流推动电机。直流电机启动和调速性好，由 PWM 占空比控制速度，调速范围广而平滑，过载能力强，转矩比较大。但是 PWM 占空比较低时无法启动，会出现死区，控制起来不方便，可靠性低，结构比较复杂，维护不方便。

方案二：采用步进电机。通过细分驱动器调节，步进电机的角度正比于脉冲数，速度与脉冲频率成正比，精度比较高，误差不长期积累，每转一圈的积累误差为零，可实现开环控制，无须反馈信号。但响应速度较慢，难以对系统进行控制，若控制不当易产生共振，脉冲频率过高时会出现失步情况。

方案三：采用舵机。舵机反应速度快，无反应区范围小，定位精度高，抗干扰能力强，可接受较高频率的 PWM 外部控制信号，在较短的周期时间内获得位置信息，对舵机臂位置做最新调整，通过 PWM 占空比控制角度。但是舵机控制死区敏感，输入信号和反馈信号因各种原因会产生波动，差值易超出范围，容易造成舵臂抖动。

综上所述，由于控制板的偏差角度较小，小球惯性较强，需要在短时间内快速响应，以调节球在平板上的位置，故采用方案三舵机来驱动板球的运动。

3. 采集模块的论证与选择

方案一：采用二维光电门识别。对 X、Y 轴分别进行坐标选取与识别，得到需要的坐标，但是需要占用较多的 I/O 口。

方案二：采用 OV7670 摄像头模块。OV7670 图像传感器体积小，工作电压低，可以输出整帧、子采样、取窗口等方式的各种分辨率 8 位影响数据图像最高可达 30 帧/秒。OV7670 有多种自动影响控制功能，可方便调节并提高图像质量，但是视场角较小，摄取的范围有限。

综上所述，由于需要不断地更新数据且方便，故采用方案二 OV7670 摄像头采集图像。

三、系统软件设计分析

1. 系统总体工作流程

板球控制系统的工作原理框图如图 3 所示，通过摄像头实时采集小球在平板上的图像并存储到 MCU 中，通过图像处理程序可以准确、快速地获得小球的位置坐标，并将小球的位置信息传递给模糊自校正串级 PID 控制器，经过模糊推理和串级 PID 运算得到控制信号，进而控制两个舵机的动作，带动平板的转动，从而使小球在木板上自由滚动。

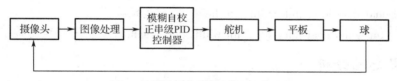

图 3　板球控制系统工作原理框图

2. 主要模块程序设计

图 4 所示为本控制系统的程序流程框图。因图像处理时间较长，控制程序没有在中断中进行，其中按键选择将选择的题目区域作为目标值传入模糊自校正串级 PID 控制器中。

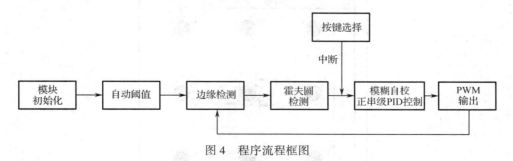

图 4　程序流程框图

在模糊自校正串级 PID 控制程序模块中，根据 PID 参数对系统性能的影响以及在系统动态响应的不同阶段 PID 参数的自动调整原则，通过实验所得参数调整经验，可得到参数模糊规则表。K_p 的模糊规则见表 1。

表1 K_p的模糊规则表

E_c \ E	NB	NM	NS	ZO	PS	PM	PB
NB	PB	PB	PM	PM	PS	ZO	ZO
NM	PB	PB	PM	PS	ZO	NS	NS
NS	PM	PM	PM	PS	ZO	NS	NM
ZO	PM	PM	PS	ZO	NS	NS	PM
PS	PM	PS	PS	NS	NS	NM	NM
PM	PS	PS	ZO	NM	NM	NM	NB
PB	PS	ZO	ZO	NM	NM	NB	NB

3. 关键模块程序清单

Delay_ Init ()；//初始化延时函数

Key_ Init ()；//初始化按键

NVIC_ PriorityGroupConfig（NVIC_ PriorityGroup_ 2）；//设置中断优先级分组

TIM2_ PWM_ Init ()；//初始化定时器2

TIM3_ PWM_ Init ()；//初始化定时器3

LCD_ Init ()；//初始化LCD

OV7670_ Init ()；//初始化摄像头

PID_ Fuzzy_ Selftuning (float e，float ec)//模糊自校正串级PID控制

Get_ Iterative_ Best_ Threshold (int HistGram [])//自动阈值

Sobel (unsigned char data []，int width，int height)//边缘检测

Hough_ Circles (unsigned char data []，int width，int height)//霍夫圆检测

四、作品成效总结分析

1. 系统测试性能指标

平板位置分布示意图如图5所示。

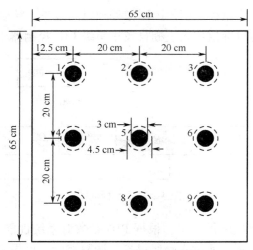

图5 平板位置分布示意图

（1）将小球放置在区域2，控制小球在区域内停留不少于5 s。测试结果见表2。

表2 区域稳定停留时间大于5 s

测试次数	1	2	3	4	5
总时间/s	10	10	10	10	10
测试结果	成功	成功	成功	成功	成功

（2）在15 s内，控制小球从区域1进入区域5，在区域5停留不少于2 s。测试结果见表3。

表3 15 s内指定区域移动

测试次数	1	2	3	4	5
停留时间/s	4.1	3.9	4.0	4.2	3.8
总时间/s	8.3	7.5	7.7	8.2	7.4
测试结果	成功	成功	成功	成功	成功

（3）控制小球从区域1进入区域4，在区域4停留不少于2 s；然后再进入区域5，小球在区域5停留不少于2 s。完成以上两个动作总时间不超过20 s。测试结果见表4。

表4 20 s内区域分布移动

测试次数	1	2	3	4	5
停留时间1/s	3.5	3.7	4.2	3.5	4.0
停留时间2/s	3.2	3.5	4.3	4.0	4.2
总时间/s	11.0	10.5	10.8	11.2	11.5
测试结果	成功	成功	成功	成功	成功

（4）在30 s内，控制小球从区域1进入区域9，且在区域9停留不少于2 s。测试结果见表5。

表5 30 s内区域避障运动

测试次数	1	2	3	4	5
停留时间/s	4.2	3.6	3.8	4.1	3.8
总时间/s	15.6	14.5	15.0	15.2	15.8
测试结果	成功	成功	成功	成功	成功

（5）在40 s内，控制小球从区域1出发，先后进入区域2、区域6，停止于区域9，在区域9中停留时间不少于2 s。测试结果见表6。

表6 40 s内区域连续移动

测试次数	1	2	3	4	5
停留时间/s	3.7	4.2	3.5	3.8	4.0
总时间/s	16.7	17.5	16.8	16.5	17.5
测试结果	成功	成功	成功	成功	成功

（6）在40 s内，控制小球先后经过4个不同区域运动。测试结果见表7。

表7 40 s内随机区域移动

测试次数	1	2	3	4	5
总时间/s	35.8	25.5	22.4	32.3	26.7
测试结果	成功	成功	成功	成功	成功

（7）小球从区域4出发，做环绕区域5的运动（不进入），运动不少于3周后停止于区域9，且保持时间不少于2 s。测试结果见表8。

表8 非指定区域圆周运动

测试次数	1	2	3	4	5
停留时间/s	3.7	4.2	3.7	3.8	4.0
总时间/s	26.2	27.5	26.8	26.0	27.7
测试结果	成功	成功	成功	成功	成功

（8）激光点在任意区域运动，小球从任意区域出发，做跟随激光点的运动，跟随保持时间不少于15 s。测试结果见表9。

表9 红外追踪

测试次数	1	2	3	4	5
总时间/s	20.0	20.0	20.0	20.0	20.0
测试结果	成功	成功	成功	成功	成功

2. 成效得失对比分析

对于多变量、非线性、高度耦合的板球装置，其控制难度较大，本团队自行设计了模糊自校正串级PID控制板球装置。通过实验结果表明，模糊自校正串级PID控制虽然难以建立模糊控制规则表，但因其结合了模糊控制与常规PID控制的优点，具有超调量小、调节速度快、鲁棒性好等良好的控制品质。

3. 创新特色总结展望

板球系统作为经典控制对象——杆球系统的二维扩展，是研究无约束运动体路径规划和轨迹控制的典型对象。但因板球系统具有多变量、非线性、高度耦合等特点，难以建立精确的数学模型，采用常规的PID控制难以达到很好的控制效果。

本团队针对板球系统，在研究模糊控制理论的基础上，设计了一种基于模糊自校正串级PID控制方案。利用串级PID内外两环并联调节，增加系统的稳定性，利用模糊逻辑的"概念"抽象能力和非线性处理能力对PID 3个参数实现自校正，通过两者的有机结合，形成一种非线性组合控制规律。

专 家 点 评

节选了作品中方案论证、模型分析、结构设计等部分内容。作品采用霍夫圆变换参数空间解析的方法检测小球位置，用模糊PID算法控制平板 X-Y 两维转动以达到控制小球运动的目的。

作品3 中国矿业大学

作者：刘晨旭 刘咏鑫 李保林

摘 要

在对题目需求分析的基础上，综合考虑成本、性能和技术成熟度等因素，设计制作了基于PID控制的滚球控制系统。本设计以STM32F103RCT6芯片为核心，采用图像处理技术，实现了小球在平板上位置的精确控制。选用STM32F407VET6芯片专门处理OV7725图像传感器的信号以获得较高的图像采集频率。两块芯片之间采用蓝牙模块实现通信，并设计简单人机交互界面与图像显示界面。最终利用PWM脉冲控制舵机，实现平板角度控制。经测试，本系统具有良好性能，能实现题目要求的所有基本部分功能和发挥部分功能。

关键词： STM32；PID；舵机；OV7725；蓝牙通信

一、设计方案工作原理

本设计以STM32F103RCT6芯片和舵机为核心制作滚球平板控制系统。系统使用OV7725传感器配合STM32F407VET6芯片实时检测小球位置，并通过蓝牙模块将位置信息传送给STM32F103RCT6主控芯片，主控芯片根据反馈数据运用PID算法实现滚球系统的闭环控制。装置整体结构简洁、调试方便、系统稳定，能够观察、调试有关参数，实现预期任务要求。

1. 技术方案分析比较

系统由机械结构和测量控制电路部分组成，机械结构的可靠性与稳定性直接影响测量电路和控制算法的准确性与鲁棒性；而测控电路则是整个系统设计的核心部分，是系统功能完善的保证，因此两个部分的设计都十分重要。

1）机械结构设计

滚球控制系统是一个完整的检测控制系统，其机械结构是这个测控系统的控制对象，该结构设计的优劣将会在一定程度上影响后期控制算法的设计和控制精度。机械结构越稳定可靠，系统的稳定性和性能也就越佳。

本组制作的平板系统，机械结构大致分为底座、支撑杆、连杆、平板、支架几个部分，其机械结构简化三维模型示意图如图1所示，下面分别详细介绍。

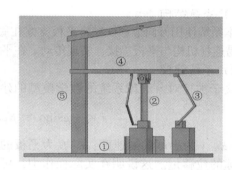

图1　机械结构简化三维模型示意图
①—底座；②—支撑杆；③—连杆；④—平板；⑤—支架

（1）底座。作为整个平板系统的支撑体，用于控制芯片、电源模块的放置以及与支撑杆相连接。设计选用木板作为底座。此外，底座上通过合适高度的支撑物（木块）固定舵机。

（2）支撑杆。用于连接底座和平板。考虑到平板需要相对于底座发生倾斜，将支撑杆的顶部安装万向节用于与平板连接；为了防止支撑杆与底座之间的相对转动，用4个小木板横向固定支撑杆，在空间成间隔90°的直角放置。

（3）连杆。作为整个平板系统的传动结构，参考连杆的原理和结构模型，利用现有的材料，自制了简易的连杆机构。经测试，其传动特性良好，无相对滑动，可以满足要求。

（4）平板。作为小球滚动的平台，其底面通过热熔胶与支撑杆所连接的万向节黏合，正面按照题目要求标出了9个圆形区域。

（5）支架。作为平板系统检测部分的支撑机构，为了固定图像传感器，利用现有木材制作了合适高度的支架，使摄像头能恰好检测到整个平板。同时，负责图像处理的STM32F407VET6芯片也放置在支架上。

经过验证，设计的机械结构能完全满足任务要求，具有较好的机械强度和稳定性。

2）主控芯片的论证与选择

采用以ARM Cortex-M3为内核的STM32F103RCT6控制芯片，该芯片时钟频率高达72 MHz，具有512 KB的Flash，64 KB的SRAM，丰富的增强I/O口，具有极强的处理计算能力，适合需要快速精确反应的滚球控制系统。

3）控制算法的论证与选择

使用PID进行控制。PID控制器是一个在工业控制应用中常见的反馈回路部件，由比例单元P、积分单元I和微分单元D组成。PID控制的基础是比例控制；积分控制可消除稳态误差，但可能增加超调；微分控制可加快大惯性系统响应速度以及减弱超调趋势。此外，PID控制结构简单，调试方便，易于工程实现。

4）传感器的论证与选择

方案一：采用电阻式触摸屏检测小球在平板上的位置。其原理是通过压力感应原理来检测X和Y

位置分压器的电压，并转换成对应的 X、Y 物理坐标。虽然电阻式触摸屏价格便宜、控制精度高，但是对于本题而言，需要的电阻屏尺寸过大，难以购买，不方便。

方案二：采用图像传感器检测小球在平板上的位置。使用 OV7725 图像传感器，其体积小，工作电压低，像素高，输出帧率高，提供单片 VGA 摄像头和影像处理器的所有功能，配合 STM32F407VET6 控制芯片，输出 VGA 图像可达到 60 帧/秒。适合需要实时控制的滚球系统。

综合以上两种方案，选择方案二。

5）电机的论证与选择

方案一：采用步进电机。其运行响应快，直接接收数字脉冲输入，经过细分驱动器可以使电机运行更加平滑，而且驱动器价格低。但是考虑到建模后控制的应是平板角度，因此需要对步进电机的输入脉冲进行计数，再计算角度。但是步进电机容易出现失步现象，可能脉冲数和角度不是对应关系，导致角度控制失败，并且控制程序更加复杂，影响系统性能。

方案二：采用舵机。舵机是一种位置（角度）伺服的驱动器，适用于那些需要角度不断变化并可以保持的控制系统，有较好的稳定性、较高的响应频率，不易出现失步现象。

综合以上两种方案，选择方案二。

2. 系统结构工作原理

1）系统结构

本系统使用万向节和铁杆将平板支撑在底座上，两个舵机分别沿 X、Y 方向放置在底座上，舵机通过自制简易连杆机构与平板连接，实现传动。在平板上方通过支架固定摄像头，实现对小球位置的检测。

2）系统建模

关于被控对象滚球系统的数学模型的建立和推导，参考了文献的相关内容，建模结果为

$$\ddot{x} = \frac{5}{7}g\sin\alpha \approx K_{b}\alpha \qquad \ddot{y} = \frac{5}{7}g\sin\beta \approx K_{b}\beta$$

式中，$\ddot{x}$、$\ddot{y}$ 为小球的加速度；α、β 为平板的倾斜角度；K_{b} 为系统结构参数。对加速度做二次积分即可得到小球的位移量。这说明在实际操作中，可以将平板的倾斜角度作为系统的控制量，控制小球在平板上的位移。

控制环节选取 PID 控制器能够很好地满足控制量的要求，PID 控制系统由 PID 控制器、执行部件和被控对象组成，其原理框图如图 2 所示。

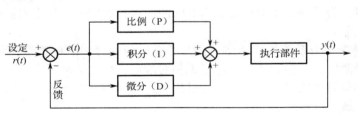

图 2　PID 控制系统原理框图

假设系统给定值为 $r(t)$，实际输出值为 $y(t)$，根据给定值和实际输出值构成偏差，公式为 $e(t) = r(t) - y(t)$，PID 控制规律为

$$u(t) = K_{p}\left[e(t) + \frac{1}{T_{I}}\int_{0}^{t}e(t)\,\mathrm{d}t + T_{D}\frac{\mathrm{d}e(t)}{\mathrm{d}t}\right]$$

式中，K_{p} 是比例系数，T_{I} 是积分时间常数，T_{D} 是微分时间常数。

PID 控制器各校正环节的作用如下。

（1）比例环节。比例控制反映系统的偏差信号 $e(t)$，偏差一旦产生，控制器立即产生控制作用，以减小偏差。当仅有比例控制时系统输出存在稳态误差。

（2）积分环节。控制器的输出与输入误差信号的积分成正比关系。主要用于消除静差，提高系统的无差度。积分作用的强弱取决于积分时间常数 T_{I}，T_{I} 越大，积分作用越弱；反之则越强。

（3）微分环节：控制器的输出与输入误差信号的微分（即误差的变化率）成正比关系。微分环节能够反映偏差信号的变化趋势，并在偏差信号变得太大之前引入一个有效的早期修正信号，从而加快系

统的动作速度，减少调节时间。

　　基于上述推理论述，可以完成控制系统的建模。系统以小球位置坐标 X、Y 为给定输入，通过图像传感器检测到小球的实际位置，将其与给定位置相比较，得到偏差量，通过 PID 控制器的输出，以平板倾斜角度 α、β 为控制量，控制位于 X 和 Y 方向的舵机，实现闭环自动调节。

3. 功能指标实现方法

　　基本部分和发挥部分的要求从本质上来说可以大致分为 3 种：一是实现滚球在平板上的定点稳定；二是实现滚球在平板上不同定点之间的滚动并最终稳定于某点；三是实现小球位置良好的随动控制。

　　（1）对于定点稳定，设计思想是通过传感器检测小球当前位置与给定位置之间的偏差，将 PID 控制器输出转换为占空比不同的 PWM 脉冲，进而控制舵机，实现控制。

　　（2）对于不同定点之间的滚动，设计思想是在目标定点进行小球位置和停留时间的检测，即当小球实际坐标与目标定点的给定坐标的偏差在一个较小的范围内时，认为小球经过了目标定点，同时启动 STM32 内部定时器，当定时达到一定时间后，将给定值更换到下一目标定点，再次进行上述检测，实现控制。

　　（3）对于随动控制，发挥部分的环绕圆形区域的运动，可以通过控制 X 和 Y 方向的舵机分别做正弦运动，其叠加的运动轨迹为李萨如图形，取合适的振幅和初相角即可实现环绕运动。

二、核心部件电路设计

1. 关键器件性能分析

　　（1）OV7725 图像传感器：灵敏度高，帧速率最高可达 60 帧/秒，可调焦距。

　　（2）STM32F407VET6 芯片：主频达到 168 MHz，其 FSMC 采用 32 位多重 AHB 总线矩阵，比 STM32F103RCT6 的总线访问速度明显提高。

　　（3）STM32F103RCT6 芯片：主频为 72 MHz，丰富的增强 I/O 口，具有极强的处理计算能力。

　　（4）蓝牙通信模块：HC-05 主从机一体蓝牙模块，体积小，质量轻，接口电平为 3.3 V，可直接与 STM32 相连，配对后可以全双工通信。

　　（5）舵机：采用 SR431 舵机，可以转动 180°，扭矩为 1.2 N·m。

2. 电路结构工作原理

　　5 V、12 V 电源分别给 STM32 芯片和舵机供电，STM32F407VET6 芯片与图像传感器连接，处理其输出图像，检测到的小球位置信息，通过屏幕显示，并通过 HC-05 蓝牙模块将信息传送给 STM32F103RCT6 主控芯片。STM32F103RCT6 芯片接收到小球位置信息后，通过 PID 算法调整 PWM 脉冲占空比，控制舵机转动，从而控制平板倾斜，以实现对小球位置的控制，此外还可以通过矩阵键盘实现不同功能的切换。

　　系统整体电路框图如图 3 所示。

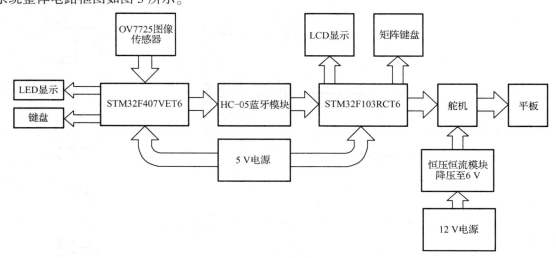

图 3　系统整体电路框图

3. 核心电路设计

OV7725 电路如图 4 所示，STM32 最小系统电路如图 5 所示。

在图 4 中，摄像头的引脚与 STM32F407VET6 芯片上外设 DCMI 的相关引脚相连，可以实现图像信号 50 帧/秒的快速读取，以满足系统控制实时性的要求。

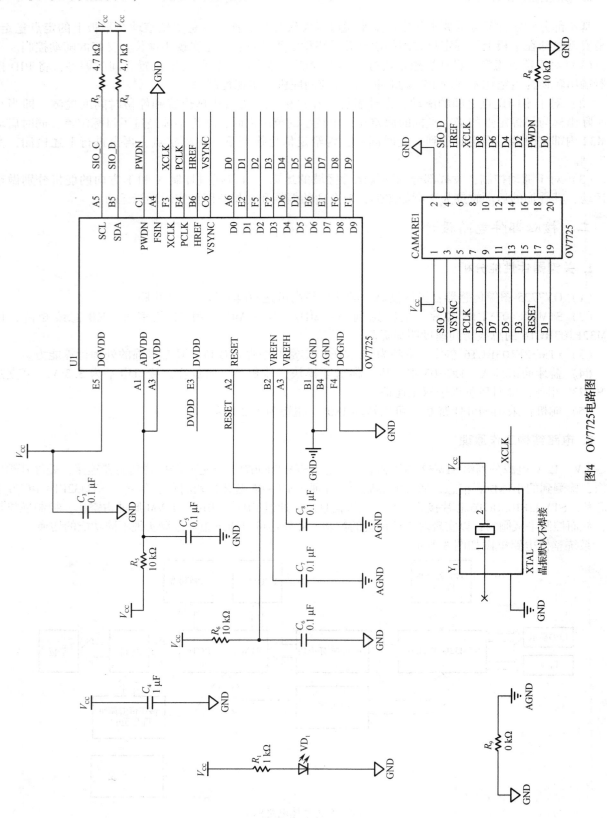

图4　OV7725电路图

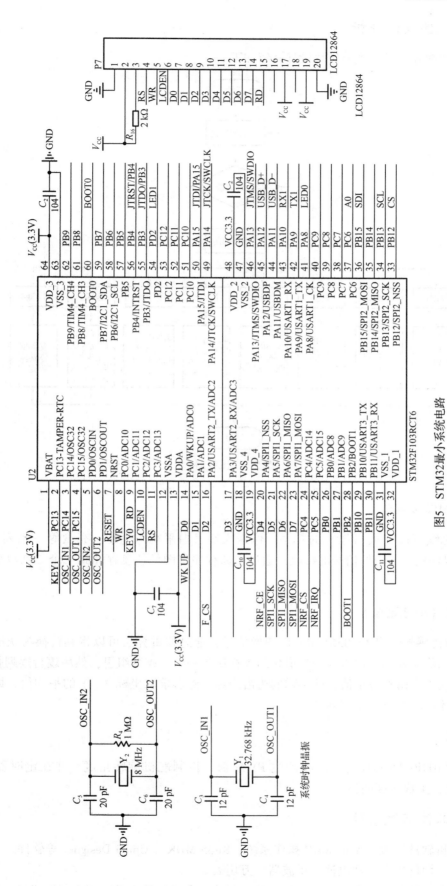

图5　STM32最小系统电路

三、系统软件设计分析

系统主流程如图 6 所示，主要模块设计介绍如下。

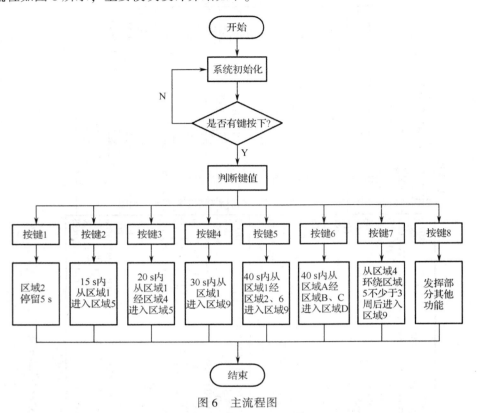

图 6　主流程图

1. OV7725 图像传感器

通过 SCCB 总线可以完成摄像头的频率、像素大小、白平衡、色度、亮度等一系列初始化设置。DCMI 外设可以很好地完成图像信号的接收，通过中断程序将图像信息存储到一个二维数组中，用于图像处理。

2. 图像处理（小球定位）

OV7725 图像传感器输出 RGB565 格式的图像信号，通过权重算法可以将其转换为灰度信号，再设定合适阈值进行二值化处理。把得到的二值化图像存储到一个二维数组里，然后逐行逐列扫描数组，选取黑色像素坐标的最大值和最小值，即小球的边沿坐标。然后求取坐标 X、Y 的平均值，即小球的几何中点，再通过蓝牙模块发送给主控器件。

3. 舵机控制

通过 STM32F103RCT6 芯片的定时器产生 PWM 波，控制舵机旋转角度，并在定时器中断中调整 PWM 波的比较值，实现角度调整。

四、竞赛工作环境条件

（1）设计分析软件环境：Windows 7 操作系统、Keil5 MDK、Altium Designer 等软件。
（2）仪器设备硬件平台：锂电池、示波器、万用表。
（3）配套加工安装条件：电钻、切割机、热熔胶枪、电烙铁等工具，用于制作机械结构。
（4）前期设计使用模块：舵机、单片机最小系统板。

五、作品成效总结分析

1. 系统测试性能指标（略）

2. 成效得失对比分析

本作品能够实现通过 OV7725 获取小球在平板上的精确位置，通过 PID 算法改变 PWM 脉冲占空比，从而改变舵机角度。在 LCD 屏上显示完成功能所用时间。系统结构简单直观、测试方便，可以完成基本部分要求和发挥部分要求，并且额外可以完成一些自由发挥功能，如小球轨迹是圆形等。系统的不足之处是机械结构部分取材混杂，造成了一定的死区；小球在指定位置停留时会有一定的振荡。

3. 创新特色总结展望

系统很好地完成了任务目标，并且设计了人机界面。经过多次测试，系统总体结构稳定，有一定的抗干扰能力。但是在机械结构上还有改进的余地，如可以采用性能更佳的连杆结构、选择扭矩更大的舵机等。此外，还希望在 PID 参数调整方面进行更好的优化，以获得更好的快速性和稳定性。

附件材料：系统模型建立

滚球系统示意图如图 7 所示。由于滚球控制系统是一个典型的非线性系统，很难获得准确的数学模型，因此在推导过程中参考文献有关模型推导内容，进行以下假定，以方便模型的简化和线性化。

（1）忽略所有摩擦力。
（2）不考虑板的角度和面积的限制。
（3）任何情况下球、板都接触。
（4）球在板上没有滑动。

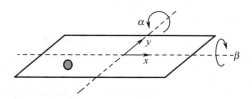

图 7　滚球系统示意图

滚球系统的欧拉-拉格朗日方程为

$$\frac{\mathrm{d}}{\mathrm{d}t}\frac{\partial T}{\partial \dot{q_i}}-\frac{\partial T}{\partial q_i}+\frac{\partial V}{\partial q_i}=Q_i$$

式中，q_i 为 i 方向坐标；$\dot{q_i}$ 为 i 方向一阶导数；T 为系统动能；V 为系统势能；Q_i 为 i 方向合力。系统有 4 个自由度，两个在球的运动上，两个在板的倾斜面上，小球位置的广义坐标定为 X 和 Y，原点取在板的中心位置，板倾斜角度为 α 和 β，控制信号 X 作用下小球的位置变化方向取为 X 轴，控制信号 Y 作用下小球的位置变化方向取为 Y 轴。假定板的倾斜由作用在板相应方向上的扭矩 T_α 和 T_β 产生，对欧拉-拉格朗日方程取以下 4 个变量，即

$$q_1=x, \quad q_2=y, \quad q_3=\alpha, \quad q_4=\beta$$

定义变量及参数如表 1 所示。

表 1　定义变量及参数

参数	意义	单位
m	小球质量	kg
r_b	半径	m

参数	意义	单位
X、Y	小球在 x、y 方向的位移	m
α、β	平板在 x、y 方向的倾角	rad
V	系统势能	J
R	小球中心位置	m
ω	小球旋转角速度	rad/s
Ω	木板转动角速度	rad/s
I_b	小球转动惯量	kg·m^2
I_q	木板转动惯量	kg·m^2
v_m	舵机的最大进给速度	0.1 m/s

相对于旋转球中心的转动能加上小球中心的平动能提供小球的动能，即

$$T_b = \frac{1}{2}\left[m(\dot{x}^2 + \dot{y}^2) + \frac{I_b}{r_b}(\dot{x}^2 + \dot{y}^2)\right] = \frac{1}{2}\left(m + \frac{I_b}{r_b}\right)(\dot{x}^2 + \dot{y}^2)$$

包含球板的动能可以描述为

$$T_p = \frac{1}{2}(I_p + I_b)(\dot{\alpha}^2 + \dot{\beta}^2) + m(\dot{\beta}^2 y^2 + 2\dot{\alpha}\dot{\beta}xy + \dot{\alpha}^2 x^2)$$

系统总的动能为

$$T = T_b + T_p$$

位于倾斜板的中心，相对于水平面的势能为

$$V = mgh = mg(x\sin\alpha + y\sin\beta)$$

合力由舵机系统产生的扭矩提供，即

$$Q_\alpha = F_\alpha d\cos\alpha, \quad Q_\beta = F_\beta d\cos\beta$$

经过推导可以得到 4 个非线性方程，即

$$\left(m + \frac{I_b}{r_b}\right)\ddot{x} - m(\dot{\alpha}\dot{\beta}y + \dot{\alpha}^2 x) + mg\sin\alpha = 0$$

$$\left(m + \frac{I_b}{r_b}\right)\ddot{y} - m(\dot{\alpha}\dot{\beta}y + \dot{\beta}^2 x) + mg\sin\beta = 0$$

$$(I_p + I_b + mx^2)\ddot{\alpha} + m(\ddot{\beta}xy + \dot{\beta}\dot{x}y + \dot{\beta}x\dot{y} + 2\dot{\alpha}x\dot{x}) + mgx\cos\alpha = F_\alpha d\cos\alpha$$

$$(I_p + I_b + my^2)\ddot{\beta} + m(\ddot{\alpha}xy + \dot{\alpha}\dot{x}y + \dot{\alpha}x\dot{y} + 2\dot{\beta}x\dot{x}) + mgx\cos\beta = F_\beta d\cos\beta$$

但是这样得到的模型难以进行控制器的分析设计。因此，要对模型进行简化：实际上系统的输入不是力 F_α 和 F_β，而直接是板倾斜角度 α 和 β，这是因为负载力矩不会影响舵机的位置。作用在相应方向上的离心力和重力之比取决于板倾斜的最大角速度，在这里假定板角速度是一个常数，其数值取决于舵机响应速度，采用的高性能力矩舵机，具有大扭矩、反应速度快的特点，因此可以忽略离心力的影响。在稳定状态下，板应该在水平位置，这时两个角度都等于 0，因为板的转动角度范围不大，为 ±6°，正弦函数可以用其自变量代替来遵循这种过程，可以对稳定状态附近微分方程进行线性化。

计算球的转动惯量，即

$$I_b = \frac{5}{2}mr^2$$

基于以上的简化、线性化和计算，可以得到滚球的数学模型为

$$\ddot{x} = \frac{5}{7}g\sin\alpha \approx K_b\alpha \qquad\qquad \ddot{y} = \frac{5}{7}g\sin\beta \approx K_b\beta$$

作品 4　安徽工程大学

作者：张国义　曹鹏飞　袁　悦

摘　要

基于红外定位设计了六轴联动的小球运动控制系统，采用 STM32F407 单片机作为主控模块，包含角度检测模块、直线电机、红外定位装置、电机驱动和直流稳压电源模块等。系统通过红外线定位装置精准获取小球位置，采用 MPU6050 采集平台姿态参数，计算得到平台的倾斜角，最后采用 PID 控制技术对直线电机实现闭环调节，从而实现小球在平台上完成各种指定动作。系统运动平台控制精准，操作简单，性能可靠，技术指标达到了设计要求，并具有良好的人机交互性能。

一、引言

根据电子设计大赛 B 题要求，设计一个滚球控制系统，通过控制平台的倾斜，使直径不大于 2.5 cm 的小球能够按要求在限定时间内完成各种指定动作。设计并搭建了六自由度运动控制平台，采用 STM32F407 单片机作为主控模块，包含角度检测模块、直线电机模块、红外线定位装置、电机驱动和直流稳压电源模块，通过采集获取平台的姿态参数并进行计算调节，实现对小球的控制。

二、方案论证与比较

1. 滚球控制方案论证与选择

小球运动平台的姿态调整可采用多自由度并联控制。最简单的控制方式是在 X、Y 轴上对平台进行上、下调整的二自由度控制。六自由度控制设计虽然复杂，但位置控制精度高，如图 1 所示。

方案一：二自由度并联控制。该方案结构简单，易于实施，但在实际操作中常常因为连接件的间隙造成运动平台扭动，不利于对小球精确控制。

方案二：六自由度并联控制。6 个动力系统平均分布在平台下方，与其他方案相比，六自由度并联运动平台具有刚度大、位置精度高和承载能力强等优点，可实现对平台的精确控制。

综合上述，考虑采用方案二的六自由度并联控制。

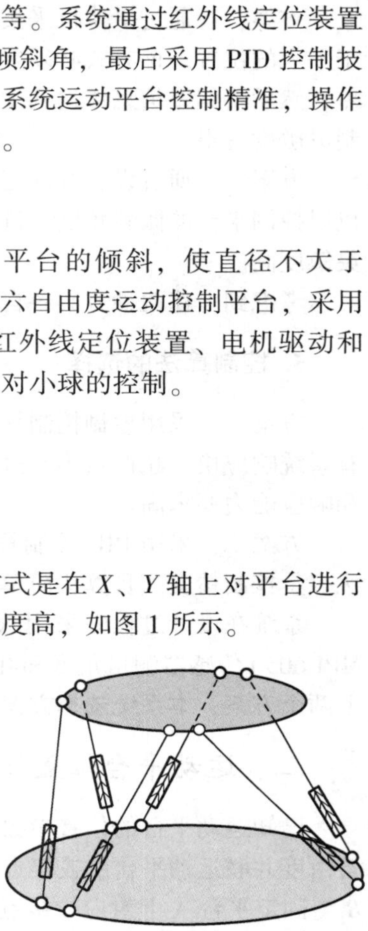

图 1　六自由度并联控制运动平台

2. 驱动方案论证

方案一：使用舵机。它是由直流电机、减速齿轮组、传感器和控制电路组成的一套自动控制系统。通过发送信号，指定输出轴旋转角度。一般而言，最大旋转角为180°。但是由于平台自重较大，舵机扭矩稍显不足。

方案二：使用直线电机，结构设计紧密、质量轻，用直流电机齿轮减速，内置微动开关，可实现行程走完自动停止的功能，安装简易，同时易于调节和控制。

综合比较以上两个方案，本设计选择方案二。

3. 平台倾斜角度检测模块的论证与选择

角度检测模块检测平台的倾斜角度，经过计算后提供给驱动电路，控制直线电机的运动，从而达到控制平台倾斜的目的。可选方案有以下两个。

方案一：采用 MPU6050 传感器。MPU6050 模块内部自带电压稳定电路，直接连接 STM32F407 总控制器系统。通过读取 MPU6050 内部运动处理器所计算出的结果，可解算得到姿态角，读取简单、响应迅速，可有效减轻 CPU 负担。

方案二：采用倾角传感器 SCA100T－D02。SCA100T－D02 是一种静态加速度传感器，当加速度传感器静止时（也就是侧面和垂直方向没有加速度），作用在它上面的只有重力加速度，而重力方向（垂直）和加速度传感器轴向之间的夹角就是倾斜角。SCA100T－D02 测量的角度范围仅为 X 轴和 Y 轴（±90°），且倾斜角的计算相对复杂。

经综合考虑，采用方案一中的 MPU6050 角度传感器。

4. 定位装置的选择

方案一：通过摄像机采集小球图像，在图像处理单元利用 Open CV 对图片进行处理，获取小球处于平台的位置。该方式必须要将小球和平台通过色差明确标定，通过图像处理实时计算出小球的位置偏差，然后将偏差信息传送到主控模块实现对平台控制。显然，图像处理方式计算量大，运算速度慢，控制灵敏度有限。

方案二：通过设置红外定位装置，检测小球的位置，反馈到控制器，计算控制量，通过控制直线电机以控制平台的倾斜角度，进而控制小球的运动轨迹。该方式简单，可直接获取小球位置，计算量小，灵敏度高。

考虑到上述两种方案各自的特点，选用方案二。

5. 控制算法的选择

方案一：采用模糊控制算法。模糊控制有许多良好的特性，它不需要事先知道对象的数学模型，具有系统响应快、超调量小、过渡过程时间短等优点。但编程复杂，数据处理量大，对单片机的实时处理和响应能力要求高。

方案二：采用 PID 控制算法。按比例、积分、微分的函数关系进行运算，将运算结果用于控制。优点是控制精度高且算法简单明了。

系统在设计过程中采用六自由度并联控制，充分考虑了平台支撑的平衡性，且由直线电机驱动、MPU6050 传感器测量角度和红外定位，控制非常精确，节约了单片机的资源和运算时间。综合比较以上两个方案，本系统选择方案二。

三、运动平台位置计算分析

已知运动平台的位置参数为 $q = (x，y，z，\alpha，\beta，\gamma)$，利用位置反解方法求解伸缩杆的杆长 l_i。六自由度并联运动平台的铰接点的矢量图如图 2 所示，各个伸缩杆的杆长 l_i 即为运动平台 B 上对应铰接点 B_i 与固定平台 A 上对应铰接点 A_i 之间的距离 $|A_iB_i|$。

令 T 为固定坐标系 $OXYZ$ 到运动坐标系 $ouvw$ 的旋转变换矩阵，矢量 $p = (x_p \quad y_p \quad z_p)^T$ 为运动坐标系 $ouvw$ 原点 o 在固定坐标系 $OXYZ$ 中的位置矢量。矢量 a_i 为铰接点 A_i 在固定坐标系 $OXYZ$ 中的位置矢量；矢量 b_i 为铰接点 B_i 在运动坐标系 $ouvw$ 中的位置矢量。则由图 2 可知，伸缩杆的杆长矢量 L_i 为

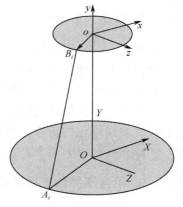

$$L_i = \overrightarrow{B_iA_i} = \overrightarrow{OA_i} - \overrightarrow{OB_i} = \overrightarrow{OA_i} - \overrightarrow{Oo} - \overrightarrow{oB_i} = a_i - (T \cdot b_i + p)$$

因此，伸缩杆杆长的计算公式为

$$l_i = |L_i| = |a_i - (p + T \cdot b_i)| = \sqrt{l_{ix}^2 + l_{iy}^2 + l_{iz}^2} \quad i = 1，2，\cdots，6$$

在位置反解中，a_i 与 b_i 已知，给定运动平台 B 的位置参数 $q = (x，y，z，\alpha，\beta，\gamma)$ 就可以确定向量 p 与旋转变换矩阵 T，再根据上式就可以计算得到伸缩杆杆长 l_i。

图 2　铰接点矢量图

四、系统设计

1. 电路设计

系统主要由 STM32F407 单片机、MPU6050 六轴传感器模块、直线电机控制模块、红外定位装置和直流稳压电源模块等部分组成，如图 3 所示。

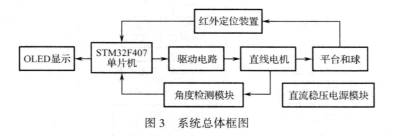

图 3　系统总体框图

1）角度检测模块设计

角度检测模块采用 MPU6050 六轴传感器设计。MPU6050 内带 3 轴陀螺仪和 3 轴加速度传感器，并且含有一个 I^2C 接口，可用于连接外部磁力传感器；并且自带数字运动处理器硬件加速引擎，通过主 I^2C 接口，可以向应用端输出完整的 9 轴姿态融合演算数据。使用运动处理资料库，可非常方便地实现姿态解算，降低主控模块的运算负荷，同时大大降低了开发难度。

2）直线电机驱动设计

IR2104 可以驱动高端和低端两个 N 沟道 MOSFET，能提供较大的栅极驱动电流，并具有硬件死区、硬件防同臂导通等功能。使用两片 IR2104 型半桥驱动芯片可以组成完整的直流电机 H 桥式驱动电路。

3）红外定位装置设计

在平台四周放置红外线发射和接收阵列，系统逐个扫描光电管接收的信号。因为小球的阻断，通过检测未接收到信号的光电管便可以快速获取横向和纵向坐标，从而确定小球在平台上的精确位置，定位精度达到 5.4 mm。红外定位装置示意图如图 4 所示。

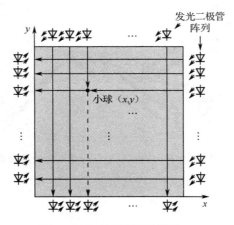

图 4　红外定位装置示意图

2. 程序设计

1）程序流程图

系统控制程序流程图如图 5 所示，包含主程序流程和中断程序流程。主程序主要完成的功能是对系统进行初始化和延时 UI（用户界面）处理，包括 OLED 实时显示小球位置区域及停留时间、按键控制等；中断处理程序主要是对平台姿态（加速度、角速度）、小球位置和速度、直线电机长度和速度等数据进行获取和处理，控制输出 PWM 信号，以及对小球进行定位时间检测等。

2）程序功能分析

系统通过 STM32F407 单片机来控制驱动电路，根据 PID 的调节来得到需要设定的角度，同时得到对应控制脉冲，输出 PWM 控制直线电机的推杆伸缩，使平台按照指定角度倾斜，从而使小球按照指定动作运动。其中按键开关进行模式和区域设置。

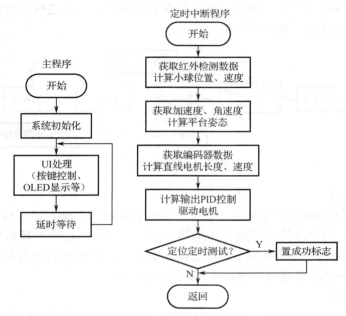

图 5　系统控制程序流程图

3. 系统关键部件设计

六自由度并联运动平台设计效果如图 6 所示。

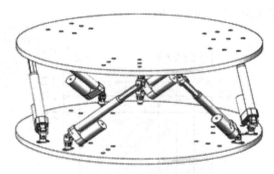

图 6　六自由度并联控制运动平台设计效果

五、测试设备及方式

使用小球、量角器、直尺、秒表等设备进行测试。

测试方法描述如下。

（1）定位测试。将小球放置在平台上指定区域内，保持一定时间静止。

（2）定点测试。将小球放置在平台上某区域内，调节滚球控制系统，使小球移动到另一指定区域内，并停留一段时间。

（3）定时测试。使小球在某一规定时间内完成指定动作。

六、结论

本系统搭建了基于红外定位的六自由度联动控制小球运动平台，采用 STM32F407 单片机作为主控模块。经测试，控制精准，操作简单，性能可靠，技术指标达到了设计要求。

在系统设计和搭建过程中，分工明确，充分发挥各自所长，放弃使用传统的舵机作为执行机构，采用六自由度并联控制运动平台，虽然设计难度有所增加，但收获更多，极大提高了团队协作意识，也增强了分析问题与解决问题的能力。

专 家 点 评

系统采用了六自由度并联控制方法，结构与控制较为复杂，建模及参数整理的工作量也随之加大，但是可以弥补机械及电气配合精度不高或个别机械执行误差带来的缺陷，现场测试时系统工作准确稳定。

作品5 中南民族大学（节选）

作者：王智慧 汪 婷 韩 帅

摘 要

本系统是在两个舵机垂直方向安装支撑平板，使用 OV7725 摄像头作为传感器，通过分析摄像头获取的图像信息得到小球在平板上运动时的坐标，通过 PID 算法控制两个舵机进行相应转动时带动平板运动，使小球在规定时间内在平板上完成指定动作，从而实现一种平稳、易控的滚球控制系统，满足题目的所有基本部分和发挥部分。另外，新增了以下功能：可以设置 4 个区域间循环运动，每次从一个区域进入下一个区域前会先在区域 5 进行绕环运动。

关键词：OV7725 摄像头；图像识别；模糊控制；滚球控制

一、系统方案

系统方案包括系统的主控器件、传感器、机械结构，其论证与选择分析如下。

1. 方案比较与选择（略）

2. 机械结构

系统的机械结构部分如图 1 所示，铁框支撑架用于固定摄像头，镜头朝下正对平板。两个舵机成90°夹角安装，其安装方向分别平行于平板边缘，通过连杆与平板相连。该舵机的转动扭力为 6 kgf（1 kgf=9.8 N），足够提供控制平板上下运动所需的力。

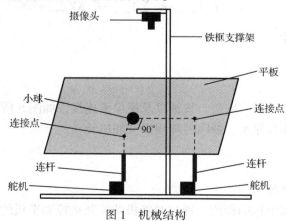

图 1 机械结构

二、系统理论分析与计算

1. 系统物理模型分析

舵机转动过程中以舵机轴为半径走过的圆弧与以板球中心到舵机对球板支撑点距离为半径走过的圆弧相等，即 $q = \dfrac{d}{L} \times \theta$，$q$、$d$、$\theta$ 如图 2 所示。

2. 小球受力分析

小球在板面上的加速度为 $a = g\sin q$，当 q 较小时，$q = \sin q$，加速度为 $a = gq$，式中 a、q、g 如图 3 所示。

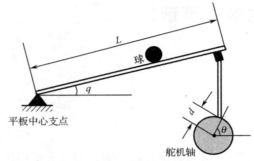

图 2　滚球控制系统物理模型

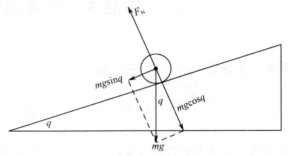

图 3　滚球在板面上的受力分析

3. 控制模型及理论分析

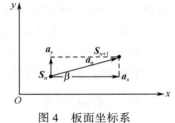

图 4　板面坐标系

在板面坐标系中（见图 4），根据运动学公式可知

$$a_n = \frac{(S_{n+1} - S_n) - (S_n - S_{n-1})}{\Delta t^2} = \frac{\Delta S_{\text{error}}}{\Delta t^2}$$

式中，a_n 为理想值，实际控制中有各种干扰因素，会使速度产生偏差，最终反映到位置偏差 S_{error}，并且控制过程中会产生静差，由于对该系统采用的是模糊控制，故对 a_n 的控制中引入比例控制以及积分控制，即

$$a_n = \frac{S_{\text{error}}}{\Delta t^2} + K_{\text{p}} S_{\text{error}} + K_{\text{i}} \sum S_{\text{error}}$$

令 $K_{\text{d}} = \dfrac{1}{\Delta t^2}$，可得 $a_n = K_{\text{P}} S_{\text{error}} + K_{\text{i}} \sum S_{\text{error}} + K_{\text{d}} \Delta S_{\text{error}}$，将矢量 a_n 沿着 x 轴以及 y 轴分解成 α_x 和 α_y，可得

$$\alpha_x = K_{\text{p}} X_{\text{error}} + K_{\text{i}} \sum X_{\text{error}} + K_{\text{d}} \Delta X_{\text{error}}$$
$$\alpha_y = K_{\text{p}} Y_{\text{error}} + K_{\text{i}} \sum Y_{\text{error}} + K_{\text{d}} \Delta Y_{\text{error}}$$

三、电路与程序设计

1. 电路结构

单片机与 OLED 显示、蜂鸣器、舵机、按键以及摄像头连接，如图 5 所示。单片机读取按键键值以及摄像头图像数据，控制 OLED 显示、蜂鸣器鸣叫以及舵机转动。

2. 程序设计

程序功能描述和设计思路如下。

系统软件主要完成对小球坐标的检测，通过对舵机的控制来控制平板的倾斜角度，从而控制球的运

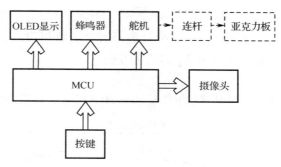

图5 系统硬件框图

动，程序流程如图 6 所示。

设定 8 种工作模式，分别对应基本部分和发挥部分的每一项要求，其中工作模式 8 为自由发挥部分，可以设置 4 个任意区域，从一个区域进入下一个区域时每次先绕环区域 5 运动后再进入下一个区域。系统通过读取键盘设定值切换工作模式。在中断程序中采集图像数据并解压数据，通过对数据的分析判定小球的坐标，根据 PID 算法计算舵机转动带动平板运动是否能控制小球到达目标区域。

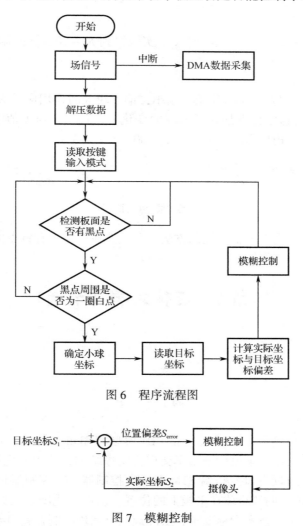

图6 程序流程图

图7 模糊控制

3. 小球控制模型

该滚球系统为非线性系统，所以采用模糊控制的控制方法（见图 7），对坐标进行闭环控制，即

$$a_x = K_p X_{error} + K_i \sum X_{error} + K_d \Delta X_{error}$$

$$a_y = K_p Y_{error} + K_i \sum Y_{error} + K_d \Delta Y_{error}$$

x 轴和 y 轴方向的控制相同，比例系数、积分系数及微分系数相同，即统一为 K_p、K_i 及 K_d。以下是对比例系数 K_p、积分系数 K_i 和微分系数 K_d 的选定方法。

1）对比例系数 K_p 的选定

曲线图像如图 8 所示，K_p 的变化曲线函数为 $K_p = -30 / [(S_{error} + 4) \times 1.0] + 20$。

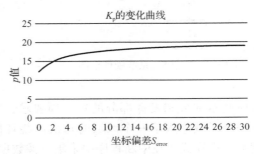

图 8　K_p 随偏差的变化

2）对积分系数 K_i 的选定

实际控制中为了消除静差，从小到大增加 K_i，实践得到 $K_i = 70$。该控制过程中关键的是什么时刻开始对 K_i 进行控制。

3）对微分系数 K_d 的选定

由于 K_d 本身的特点，在偏差较小时作用应较小，偏差较大时作用应较大，在控制过程中并未将这个特点体现在 K_d 上，而是将这个特点加在了速度的变化上，每一个速度值乘上不同的系数，在 K_d 固定的情况下就可以体现微分乘积项影响的大小，$K_d = 80$。

四、测试方案与测试结果（略）

专家点评

节选了系统中结构模型、受力分析、控制方法、参数选择等较为有特点的章节。

作品 6　吉林大学（节选）

作者：张宇轩　马天录　邵晶雅

摘　要

本文设计并实现了滚球控制系统，通过建立 PID 模型和 Matlab 仿真，计算出运动小球的超调量，为程序调控提供重要的理论支持。本设计采用正交摇臂支撑结构，使用彩色高清摄像头采集小球位置，经树莓派处理图像信息后，通过串口发送给 STM32F103 控制器，该控制器根据图像信息，判断并输出 PWM 波，进而控制舵机转角，调整小球在平板上的位置，从而形成闭合反馈回路，实现题目要求。经测试，本系统能够充分完成所有技术指标要求，实际运动时间均控制在题目要求范围内，能够按照题目要求在平板上完成指定动作，通过参数计算完成小球运动检测及处理，执行机构控制算法与驱动。

关键词：PID 算法；Matlab 仿真；图像处理；舵机控制

一、系统方案

本系统主要由采集模块、处理模块、执行模块、电源模块组成，其核心部分包含以下可选方案。

1. 机械结构的论证与选择

方案一：四边悬吊结构。采用四边悬吊结构，结构简单，但是不够稳定，重心不固定，而重心的变化会影响平板的调整，从而影响数据处理周期，造成延时。

方案二：Stewart 六自由度平台结构。使用 6 个舵机，使控制更为精确，但自由度过多，控制复杂，使难度加大。

方案三：正交摇臂支撑结构。中间采用固定支杆，另外两边使用舵机固定，平板与舵机和支杆之间通过万向节连接，三角形结构稳定，固定支杆使平板重心不偏移，控制更为简单。

综合以上 3 种方案，选择方案三。

2. 控制系统的论证与选择

方案一：MSP430。采用 TI 的 MSP430 系列单片机作主控制器，该系列单片机资源较丰富，易控制，低功耗。但是由于单片机本身主频较低，因而处理速度一般。

方案二：STM32F103。采用 STM32F103 系列单片机作主控芯片，该单片机控制较为复杂，且有内部定时器、I^2C、SPI 等丰富资源，运算处理速度快，十分适合控制系统的实时控制。

方案三：树莓派。采用 ARM 为内核的树莓派作主控制器，以 SD/MicroSD 卡为内存硬盘，CPU 使用 ARM Cortex-A53 1.2 GHz，1 GB 内存，17 个 GPIO 口，额定功率为 5.0 W，支持 Java、BBC、BASIC、C 和 Perl 等编程语言，优点是价格低、体积小、性能强、功率多、资源多、接口丰富，适合处理摄像头数据。

方案四：STM32F103 使用树莓派处理摄像头采集到的信息，控制舵机转动，二者通过串口通信，实现系统整体控制。树莓派采集摄像头信息并处理，通过串口传给 STM32F103，该控制器根据图像信息，判断舵机转角，调整小球在平板上的位置，从而形成一个闭合反馈回路，实现系统要求。

综上所述，本设计采用方案四。

3. 电机的论证与选择

方案一：直流电机。直流电机力矩大，调速范围广，动态特性好，传递函数较为简单，速度快。但只能对转速进行控制，可控性差，较难控制电机停止位置。

方案二：步进电机。步进电机可以实现开环控制，无须反馈信号，适合高精度的控制，使用时短距离频繁动作较佳，但控制复杂，延迟值高，转速慢，扭矩小，且动态特性差，难以处理，不适合实时控制。

方案三：舵机。舵机具有较高的稳定性，控制简单，扭力大，成本低，且加速和减速时也更加迅速、柔和，可以提供更好的精度和更好的固定力量，且防抖动性能优越，响应速度快。但对相应的周期有要求，满足周期条件后适合实时控制。

综合以上 3 种方案，选择方案三。

4. 系统结构

本系统电路共分为四部分，即采集模块、主控制器模块、执行模块和电源模块，系统总体框图如图 1 所示。摄像头负责采集小球在平板上的位置信息，并进行边缘截取，将有效区域截取出来；树莓派处理图像信息，并通过串口将提取到的信息传送给 STM32F103；STM32F103 判断舵机转角，控制小球在平板上的运动，从而形成一个闭合反馈回路，达到系统功能要求；电源模块为以上模块提供所需电源。

二、系统理论分析与计算

1. 运动轨迹的仿真计算

如图 2 所示，$\Delta X = X_1 - X_0 = V\Delta t$，$V = V_0 + a\Delta t$，$a = g\sin\gamma$，建立 PD 模型，则小球的下一位置 $X_1 =$

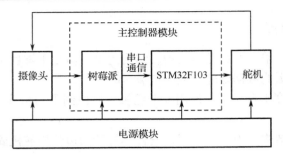

图 1 总体设计框图

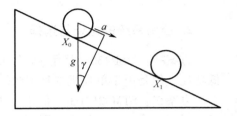

p（$\Delta X - X_0$）$+d$（$X_1 - X_0$）$+$（$\Delta X - X_0$），用 Matlab 进行仿真设计，模拟小球滚动轨迹，观察小球超调量，作为程序中的重要参考值。

图 3 所示为小球从区域 1 到区域 5 运动轨迹仿真。

图 4 所示为小球运动轨迹的超调量，从图中可以看出，过渡时间为 1 s 时，超调量为 10%。图 4 为程序调控提供重要理论支持。

图 2 运动轨迹模型示意图

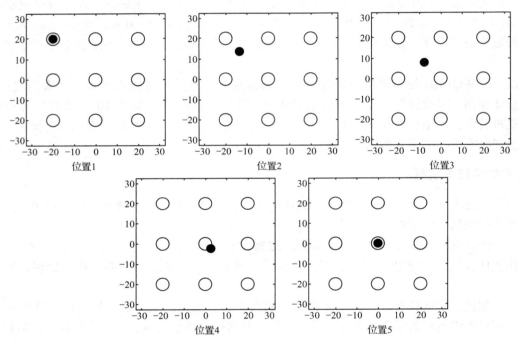

图 3 Matlab 小球运动仿真

2. 正交摇臂支撑数据的计算

如图 5 所示，AB 为整个平板长度的一半，即 32.5 cm，AC 为位于中心的固定杆，当 AC 太短、角度过大时，板子边缘会接触地面，产生物理限制。当板子向下旋转到达极限角 θ 时，假设边缘恰好着地，此时有

$$h = \frac{L}{2}\sin\theta$$

取 $\theta = 30°$，$L = 65$ cm，则 $h = 16.25$ cm。又因为 h 应大于 16.25 cm，这里取 $h = 16.5$ cm。

由于角度很小，可认为两侧万向轴接点到中心点水平距离不变，如图 6 所示。设定平衡板对水平距离的角度为 α，中心点距地面高度为 h，板长为 L，舵机半轴为 R，摇杆为 l_0，最大转角为 $\pm\theta$。舵机转轴中心距中心点投影，距离为 d。当 d 选择较小时，平板控制的精度下降，当 d 过大时，设舵机半轴为 R，摇杆为 l_0 变大，舵机的力距变小，舵机可能无法支撑平衡板重力，因此选择中间位置 $d = 15$ cm。

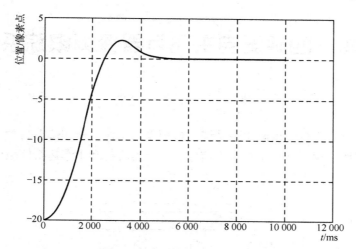

图 4 小球运动轨迹的超调量

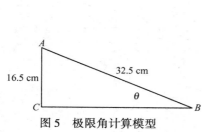

图 5 极限角计算模型

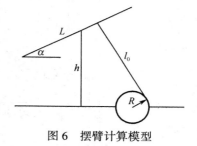

图 6 摆臂计算模型

当 $\alpha = +30°$ 时，有

$$\arctan \frac{(l_0 + R) - h}{d} = \arctan \frac{(l_0 + R) - 16.5}{15} = 30° \tag{1}$$

当 $\alpha = -30°$ 时，有

$$\arctan \frac{h - (l_0 - R)}{d} = \arctan \frac{16.5 - (l_0 - R)}{15} = 30° \tag{2}$$

由式（1）、式（2）计算得到：$l_0 = 16.5$ cm，$R = 8.66$ cm。

3. 电路与程序设计（略）

4. 测试方案与测试结果（略）

C 题　四旋翼自主飞行器探测跟踪系统

一、任务

设计并制作四旋翼自主飞行器探测跟踪系统，包括设计制作一架四旋翼自主飞行器，飞行器上安装一支向下的激光笔；制作一辆可遥控小车作为信标。飞行器飞行和小车运行区域俯视图和立体图分别如图 1 和图 2 所示。

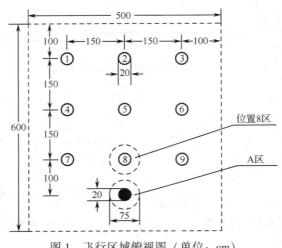

图 1　飞行区域俯视图（单位：cm）

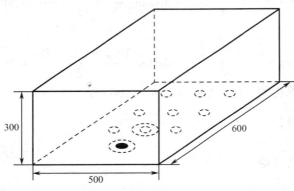

图 2　飞行区域立体图（单位：cm）

二、要求

1. 基本要求

（1）四旋翼自主飞行器（以下简称飞行器）摆放在图 1 所示的 A 区，一键式启动飞行器，起飞并在不低于 1 m 高度悬停，5 s 后在 A 区降落并停机。悬停期间激光笔应照射到 A 区内。

（2）手持飞行器靠近小车，当两者距离在 0.5~1.5 m 范围内时，飞行器和小车发出明显声光指示。

（3）小车摆放在位置 8 区，飞行器摆放在 A 区，一键式启动飞行器，飞至小车上方且悬停 5 s 后择地降落并停机；悬停期间激光笔应照射到位置 8 区内且至少照射到小车一次，飞行时间不大于 30 s。

2. 发挥部分

（1）小车摆放在位置 8 区，飞行器摆放在 A 区，一键式启动飞行器，飞至小车上方后，用遥控器使小车到达位置 2 区后停车，期间飞行器跟随小车飞行；小车静止 5 s 后飞行器择地降落并停机。飞行时间不大于 30 s。

（2）小车摆放在位置 8 区，飞行器摆放在 A 区，一键式启动飞行器。用遥控器使小车依次途经位置 1~9 区中的 4 个指定位置，飞行器在距小车 0.5~1.5 m 范围内全程跟随；小车静止 5 s 后飞行器择地降落并停机。飞行时间不大于 90 s。

（3）其他。

三、评分标准

项目		主要内容	满分
设计报告	系统方案	方案描述，方案比较	3
	设计与论证	控制方法描述与参数计算	5
	电路与程序设计	系统组成，原理框图与各部分电路图，系统软件与流程图	6
	测试方案与测试结果	测试方案及测试条件 测试结果完整性 测试结果分析	3
	设计报告结构及规范性	摘要 正文结构完整性 图标的规范性	3
	合　计		20
基本要求	完成（1）		20
	完成（2）		10
	完成（3）		20
	合　计		50
发挥部分	完成（1）		15
	完成（2）		30
	其他		5
	合　计		50
总　分			120

四、说明

（1）参赛队所用飞行器应遵守中国民用航空局的管理规定（《民用无人驾驶航空器实名制登记管理规定》，编号：AP-45-AA-2017-03）。

（2）飞行器桨叶旋转速度高，有危险！请务必注意自己及他人的人身安全。

（3）除小车、飞行器的飞行控制板、单一摄像功能模块外，其他功能的实现必须使用组委会统一下发的 2017 年全国大学生电子设计竞赛 RX23T 开发套件中 RX23T MCU 板（芯片型号 R5F523T5ADFM，板上有"NUEDC"标识）。RX23T MCU 板应安装于明显位置，可插拔，"NUEDC"标识易观察，以便检查。

（4）四旋翼飞行器可自制或外购，带防撞圈，外形尺寸（含防撞圈）限定为：长度不大于 50 cm，宽度不大于 50 cm。飞行器机身必须标注赛区代码。

（5）遥控小车可自制或外购，外形尺寸限定为：长度不大于 20 cm，宽度不大于 15 cm。小车车身必须标注赛区代码。

（6）飞行区域地面为白色；A 区由直径为 20 cm 黑色实心圆和直径为 75 cm 的同心圆组成。位置 1~9 区由直径为 20 cm 的圆形及数字 1~9 组成。位置 8 区是直径为 75 cm 的同心圆。圆及数字线宽小于 0.1 cm。飞行区域不得额外设置任何标识、引导线或其他装置。

（7）飞行过程中飞行器不得接触小车。

（8）测试全程只允许更换电池一次。

（9）飞行器不得遥控，飞行过程中不得人为干预。小车由一名参赛队员使用一个遥控器控制。小车与飞行器不得有任何有线连接。小车遥控器可用成品。

（10）飞行器飞行期间，触及地面或保护网后自行恢复飞行的酌情扣分；触地触网后 5 s 内不能自行恢复飞行的视为失败，失败前完成的部分仍计分。

（11）一键式启动是指飞行器摆放在 A 区后，只允许按一个键启动。如有飞行模式设置应在飞行器摆放在 A 区前完成。

（12）基本要求（3）和发挥部分（1）、（2）中择地降落是指飞行器稳定降落于场地任意地点，避免与小车碰撞。

（13）基本要求（3）和发挥部分（1）、（2）飞行时间超时的要扣分。

（14）发挥部分（1）、（2）中飞行器跟随小车是指飞行器飞行路径应与小车运行路径一致，出现偏离情况的酌情扣分。飞行器飞行路径以激光笔照射地面位置为准，照射到小车车身或小车运行路径视为跟随。

（15）发挥部分（2）中指定位置由参赛队员在测试现场抽签决定。

（16）为保证安全，可沿飞行区域四周架设安全网（长 600 cm、宽 500 cm、高 300 cm），顶部无须架设。若安全网采用排球网、羽毛球网时可由顶向下悬挂不必触地，不得影响视线。安装示意图如图 3 所示。

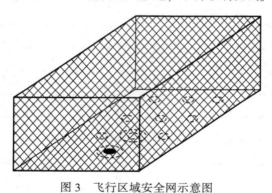

图 3　飞行区域安全网示意图

作品 1　北京化工大学

作者：许哲成　张立轩　吴萍萍

一、题意分析

设计并制作四旋翼自主飞行器探测跟踪系统，包括设计制作一架四旋翼自主飞行器，飞行器上安装一支向下的激光笔；制作一辆可遥控小车作为信标，飞行器跟随小车或者小车轨迹。

二、系统方案

四旋翼飞行器系统主要由主控制板、摄像头采集模块、高度检测系统组成。下面主要介绍几个模块的论证选择。

1. 飞行控制模块方案选择

方案一：飞行控制板采用 RX23T 系列的控制板为控制核心。高精确变频控制，减少开发时间中档和入门级设备，具有更低的功耗。内存大板体积小、质量轻，符合飞行控制的实时性并降低飞行器自重。

方案二：飞行控制板采用 STM32 系列的控制板为控制核心。适用于处理大量计算，运算速度快；适用于飞行器数据计算。

综合对比上述两种方案及电子设计大赛要求，采用方案一 RX23T 控制板更能满足飞行器控制需求，用其进行飞行数据处理及自主导航，其弊端对整个飞行器装置影响较小，所以飞行控制模块选择方案一。

2. 摄像头模块选择

采用 CMOS 数字摄像头，具有供电电路简单、体积轻巧、功耗低等优势，鹰眼摄像头 OV7725 属于数字摄像头，具有高达 150 Hz 帧频率，采用 BGA 封装，还具有较高分辨率、只需 5 V 单电源供电、功耗小、性能稳定等特点，同时也具有灵敏度低、不适于高速运行的缺点。

为满足竞赛要求，实现四旋翼飞行器跟随小车功能，采用 CMOS 数字摄像头中的鹰眼摄像头 OV7725，其功耗较低、性能稳定。

3. 高度检测系统选择

采用超声波测距。超声波发射器向正前方发射超声波，同时计时，超声波在空气中传播时，途中若碰到障碍物就立即返回，超声波接收器接收到反射信号后立即停止计时，通过声音在空气中的传播速度可以计算出障碍物与超声波模块之间的距离。其优点是准确度高、可靠性高、不受外界光线干扰。

三、设计与论证

1. 飞行控制方法

四旋翼飞行器依靠 4 个电机的转速差进行控制，基本动作原理是：电机 1 和电机 3 逆时针旋转转动，两个正螺旋桨产生升力，电机 2 和电机 4 顺时针旋转驱动两个反螺旋桨产生升力。反向旋转的两组电机和螺旋桨使其各自对机身产生的转矩相互抵消，保证两个电机转速一致，机身不发生转动。运动示意图如图 1 所示。

电机 1 和电机 4 转速减小/增大，同时电机 2 和电机 3 转速增大/减小，产生前/后方向的运动。电机 1 和电机 2 转速减小/增大，同时电机 3 和电机 4 转速增大/减小，产生向左/右方向的运动。4 个电机转速同时增大/减小产生向上/向下的运动。

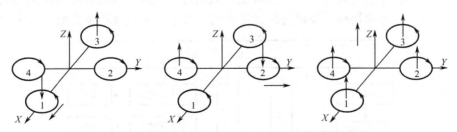

图 1　四旋翼飞行器前/后、左/右、上/下运动示意图

2. PID 控制算法

PID 控制即将偏差的比例（P）、积分（I）和微分（D）通过线性组合构成控制量，用这一控制量对被控对象进行控制。通过引入 4 个控制量，从而把非线性耦合模型解耦为 4 个独立的控制通道。控制系统主要包含两个控制回路：一个是飞行器姿态控制回路；另一个是飞行器位置控制回路。因姿态运动模态的频带宽，运动速率快，姿态控制回路作为内回路进行设计；位置运动模态的频带窄，运动速度

第十三届全国大学生电子设计竞赛获奖作品选编（2017）（本科组）

慢，所以位置控制回路作为外回路进行设计。位置控制回路的控制指令要预先设置或由导航系统实时产生。位置控制回路使飞行器能够悬停在指定位置或者设定好的轨迹飞行。姿态控制回路使四旋翼飞行器保持稳定的飞行姿态。

3. 参数计算

控制处理器是采样控制，只能根据采样时刻的偏差值计算控制量，然后进行离散式控制。在离散化 PID 过程中令 T 为采样周期，k 为采样序号，连续时间 t 用离散时间 $k×T$ 表示，用求和形式代替连续时间积分形式，用增量形式代替连续时间微分形式。

$$t \approx k×T \tag{1}$$

$$\int_0^t e(t)\,\mathrm{d}t \approx T\sum_{j=0}^k e(jT) = T\sum_{j=0}^k e_j \tag{2}$$

$$\frac{\mathrm{d}e(t)}{\mathrm{d}(t)} \approx \frac{e(kT)-e[(k-1)T]}{T} = \frac{e_k-e_{k-1}}{T} \tag{3}$$

将式（3）代入模拟 PID 的计算表达式，有

$$u(t) = K_p\left[e(t)+\frac{1}{T_i}\int_0^t e(t)\,\mathrm{d}t+T_d\frac{\mathrm{d}e(t)}{\mathrm{d}t}\right]+u_0 \tag{4}$$

式中，K_p 为比例系数；T_i 为积分常数，T_d 为微分常数。可得到离散 PID 表达式为

$$u_k = K_p\left[e_k+\frac{T}{T_i}\sum_{j=0}^k e_j + \frac{T_d}{T}(e_k-e_{k-1})\right]+u_0 \tag{5}$$

式（5）中，定义积分系数 $K_i = K_p\dfrac{T}{T_i}$，微分系数 $K_d = K_p\dfrac{T_d}{T}$。

在电机控制系统中，一般采用增量式 PID 算法，根据推理原理可得

$$u_{k-1} = K_p(\mathrm{error}(k-1))+K_i\sum_{j=0}^k \mathrm{error}(j)+K_d(\mathrm{error}(k)-\mathrm{error}(k-1)) \tag{6}$$

$$\Delta u_k = K_p[\mathrm{error}(k)-\mathrm{error}(k-1)]+K_i\mathrm{error}(k)+K_d[\mathrm{error}(k)-2\mathrm{error}(k-1)+\mathrm{error}(k-2)] \tag{7}$$

四、电路与程序设计

1. 系统组成及原理框图

系统由飞行控制模块、导航模块、电源模块和摄像头采集模块等四部分组成（见图2）。飞行控制模块负责飞行姿态控制，导航模块用 PID 控制算法对数据进行处理，同时计算出相应需要的 PWM 增减量，以调整飞行姿态；电源模块负责提供持续稳定电流；摄像头采集模块主要负责完成比赛相应动作。

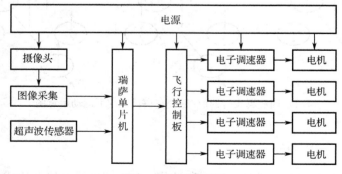

图 2　系统原理框图

2. 系统电路图

系统电路如图 3 所示。

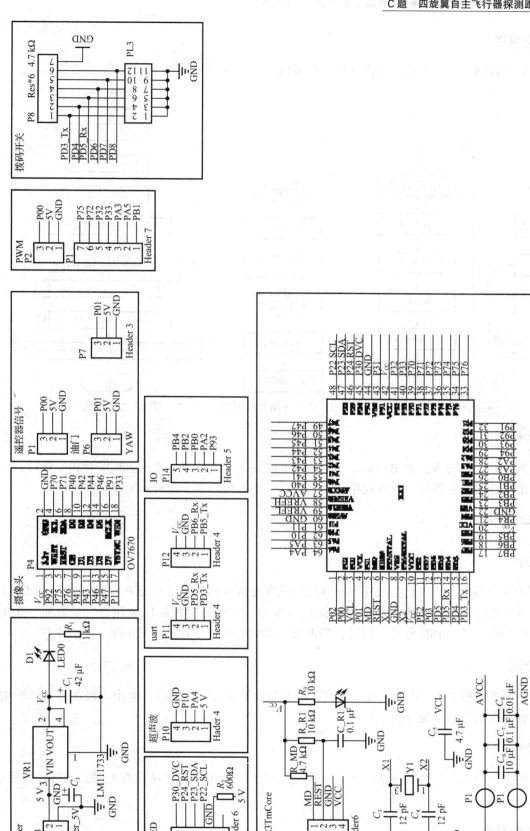

图3　系统电路

3. 部分流程图

主程序控制流程图、摄像头模块流程图和 PID 算法流程图分别如图 4~图 6 所示。

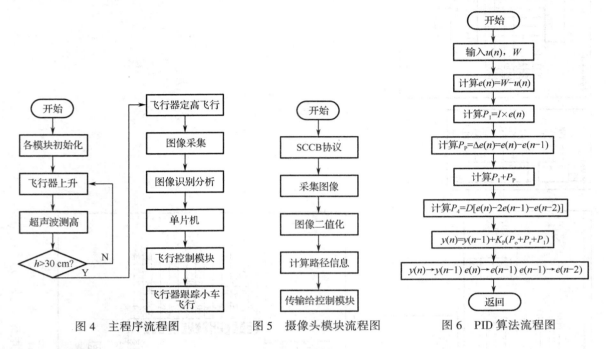

图 4 主程序流程图　　图 5 摄像头模块流程图　　图 6 PID 算法流程图

4. 系统软件

系统软件采用 C 语言开发，在 E2 Stdio 开发环境下调试并实现功能。进入主程序并初始化后，按键开关按下后开始执行相应的程序。软件程序设计采用模块化结构，便于分析和实现功能。

五、测试方案

1. 硬件测试

调试 PID 的 3 个参数，当飞行器反应迅速且两边机翼等幅振荡时即可确定 P 参数；调节 D 参数时，当飞行器在任意角度时都可以一次直接返回平衡位置即可；当某一边机翼反应超过 1 h 则加一个 I 参数，直至测试出一组合适的 PID 参数。同时，当电源直接给电机供电时，测试电压、电流正常。

2. 软件测试

用串口显示每个电机 PWM 输出，观察各种姿态下 PID 控制后电机油门的大小。再在开发环境中调试，调试通过直至无运行错误为止。

3. 测试条件

进行多次检查，仿真电路和硬件电路必须与系统原理图完全相同，并且检查无误，运行程序无误，硬件电路保证无虚焊。

4. 软、硬件联调

通过编程，模仿出 PWM 波并测量是否能通过电机驱动来使飞行器起飞，通过多次测试，找出飞机起飞时的 PWM 值。通过串口向主控板发送数据，并在计算机上利用串口接收，检测数据是否正确，通过软件编程针对显示的数据进行修改。使四轴飞行器稳定起飞，并悬停在空中；再进行飞机前进与后退测试；最后进行降落、锁定测试。通过超声波测量使其悬停在 150 cm 空中，进行前进与后退校准，使其飞行足够准确，之后对遥控小车目标进行识别，使飞机跟随小车前进。

六、测试结果及分析

超声波测距结果如图 7 所示，图中 1 号线代表实际距离，2 号线代表预期距离。

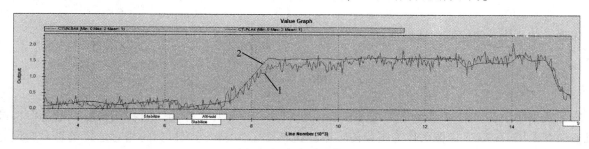

图 7　超声波测距结果

调试好飞行器各项参数，对飞行器进行测试，测试飞行数据见表 1～表 3。

表 1　飞行器在 A 区爬升、自稳、降落

指标	第一次	第二次	第三次	第四次	第五次
时间/s	28	25	28	29	23
高度/cm	122	118	123	125	115

表 2　飞行器跟随小车由 8 区到 2 区

指标	第一次	第二次	第三次	第四次	第五次
时间/s	26	24	24	27	29
高度/cm	130	128	129	132	134

表 3　飞行器跟随小车随机到 4 个位置

指标	第一次	第二次	第三次	第四次	第五次
时间/s	72	69	78	76	74
高度/cm	104	100	110	108	105

根据测试数据可以得出以下结论：

（1）小车摆放在位置 8 区，飞行器摆放在 A 区，一键启动飞行器起飞，飞至小车上方且悬停（激光照射位置 8 区至少一次）5 s 后择地降落停机，飞行时间不大于 30 s。

（2）小车摆放在位置 8 区，飞行器摆放在 A 区，一键启动飞行器起飞，飞行器跟随遥控小车飞行至位置 2 区后飞行器择地降落停机，飞行时间不大于 30 s。

（3）小车摆放在位置 8 区，飞行器摆放在 A 区，一键启动飞行器起飞，飞行器在距小车 0.5～1.5 m 范围内跟随遥控小车飞行 1～9 区中 4 个指定位置后飞行器择地降落停机，飞行时间不大于 90 s。

七、总结

本系统由飞行控制模块、导航模块、主控制板模块、电源模块和摄像头采集模块等几部分组成。主控制板模块采用 pixwk 芯片，负责飞行姿态控制；导航模块由陀螺仪、声波测距等几部分构成，该模块由瑞萨芯片处理采集的数据，用 PID 控制算法对数据进行处理，同时解算出相应电机需要的 PWM 增减量，及时调整电机，调整飞行姿态，使飞行器的飞行更加稳定；摄像头采集模块由摄像头等构成，负责采集遥控小车轨迹，完成比赛相应动作。

作品2　中国地质大学（武汉）

作者：黄元境　张银陆　黑振全

摘　　要

本系统采用瑞萨 RX23T 作为图像处理核心，以 STM32F4 单片机作为飞行控制核心，通过串口进行双机通信。采用 OV7725 摄像头作为图像传感器，获取飞行器与被追踪目标的相对位置信息，通过对超声波模块及激光测距模块的高度数据进行加权融合滤波得到飞行器高度信息，最终得到飞行器与被追踪目标的相对三维坐标。使用卡尔曼滤波器对惯性导航数据及图像数据进行融合滤波，得到飞行器水平飞行速度及加速度，通过串级 PID 算法对飞行器的位置和速度进行实时控制。最终，本系统实现了一键起飞、定点悬停、距离探测、自主追踪、自主降落等全部功能，部分功能如飞行高度、精准降落等超额完成。

关键词：RX23T；四旋翼飞行器；串级 PID；自主追踪

一、系统方案

1. 方案描述

本系统主要由飞行控制模块、电机电调动力模块、电源模块、测高模块、图像导航模块及遥控小车构成。由 RX23T 导航板作为图像处理核心，并将数据发送至 STM32F4 飞控板进行位置及姿态控制。

2. 主控芯片的论证和选择

方案一：采用一个 STM32F4 单片机，交替进行姿态检测、飞行控制、图像采集与处理等运算。优点是体积小，安装方便，同时减小飞机的负重。缺点是图像采集处理与飞行控制的算法都比较复杂，容易发生时间冲突，编程难度大。

方案二：采用 Renesas 提供的 RX23T 单片机作为核心图像处理芯片。RX23T 单片机是一种 32 位的低功耗高性能 CPU，最大工作频率为 40 MHz，具有 12 KB 的 RAM，完全可满足题目中的图像处理需求。

综合以上方案，采用 RX23T 单片机作为系统的导航核心，将飞行指令发送给 STM32F4 飞控板。可以使编程思路更加清晰，减小编程难度。

3. 图像传感器方案的论证和选择

方案一：采用 ANDS3080 光流传感器。ANDS3080 是一款具备两个自由度的光流传感器，具有 6400fps 的超高帧率，可以保证位置信息的实时性。但光流传感器需工作于纹理清晰的背景，不适合应用于题目要求的场景。

方案二：采用具备硬件二值化功能的 OV7725 高速摄像头，图像分辨率及帧率可调。通过 RX23T 的 DTC 通道读取分图像，将帧率设定为 50 帧/s，再对图像进行处理，完全可满足题目要求的定点及追踪功能。

因此，选择方案二。

4. 定高方案的论证与选择

方案一：采用单个超声波模块进行定高。由于目标小车高度在 10 cm 左右，当飞行器经过小车上空时高度数据会发生突变，导致飞行器抖动，影响定点和追踪的稳定性。

方案二：采用两个超声波模块，安装于飞行器上的不同位置，滤除高度的突变，但两个超声模块之间容易互相影响，导致测距结果产生混乱。

方案三：在方案二的基础上进行改进，采用一个超声波模块和一个激光测距模块，将获得的高度数据进行加权融合，并将单个模块高度的突变值进行滤除，可以得到平稳的高度数据。

因此，选择方案三可以更好地完成本题目要求。

二、系统分析与设计

1. 姿态检测系统分析

对无人机姿态的控制一般以欧拉角作为反馈量，将 3 个欧拉角分别进行控制。这种方式较常用。本系统使用的欧拉角是绕着固定于刚体坐标轴的 3 个旋转角的复合。首先通过陀螺仪和磁力计得到飞行器的当前原始姿态数据，然后使用四元数算法进行姿态更新，再将四元数转换为欧拉角，通过互补滤波器予以姿态矫正，最后将矫正后的欧拉角转换为四元数并将其规范化。由于四旋翼飞行器所使用的加速度计具有长期可信、短期噪声较大的特点，陀螺仪具有短期可信、长期不稳定的特点，因此可使用互补滤波对其进行融合。即对加速度计进行低通滤波，而对陀螺仪进行高通滤波，保证互补滤波后大大减小姿态数据的噪声且无滞后性。

2. 图像导航系统的设计与分析

1）图像采集及处理

本设计由 RX23T 单片机负责图像处理并发出导航指令。由摄像头场中断触发单片机 DTC 开始采集图像，采集完成后解压成一幅 60×80 的图像。进行滤波处理后对图像进行边沿检测，同时记录每行每列的黑线中心点坐标及黑点个数。

本设计以图像的中心点作为飞行器在地面投影的位置，在目标小车上贴一个直径为 10 cm 的黑圆。先通过高度预测圆的大小，通过圆的大小判断目标是小车或者 A 区原点，并通过前几次找到圆的方法预测下一次圆可能出现的位置，在此位置开始向外扫描目标圆，此法相比逐行扫描方法大大减少了搜索时间，同时还能大大减小图像边界或跑道边界等区域的影响。

2）飞行速度检测算法

本设计把两次图像偏差值进行微分并融合高度数据得到飞行速度，但由于图像帧率较低，无法反馈实时的飞行速度，而由惯性导航系统得到的速度具有较好的实时性，但噪声较大且有累积误差。因此，采用卡尔曼滤波器对图像检测到的速度与惯性导航系统的速度进行融合滤波，使其输出低延时、低噪声的速度信号。

3）飞行器与小车距离的计算

本设计采用勾股定理对飞行器与小车间的距离进行计算，通过超声波检测飞机的高度 h，再通过图像判断小车相对飞机在两个水平方向的偏差 x、y，两者距离计算公式为

$$s = \sqrt{h^2 + x^2 + y^2}$$

3. 姿态与位置控制方法描述

对四旋翼飞行的物理模型进行分析，可知角速度是造成系统不稳定的主要物理表现。因此，系统考虑直接对角速度进行闭环控制，从而改善系统的动态特性及其稳定性。故采用角速度内环作为增稳环节用于保持飞行器角速度的稳定可控，而角度外环用于对飞行器姿态角的精确控制。

飞控板根据串口接收到的导航指令及图像偏差计算出期待角度，经过外环 PID 控制器输出期待角速度，传入内环 PID 控制器来计算出电机在各个角度上的输出量，实现姿态的稳定，控制原理如图 1 所示。

本设计中图像采集处理的频率为 50 Hz，导致位置控制存在一定的滞后性，特别是飞行器的速度，

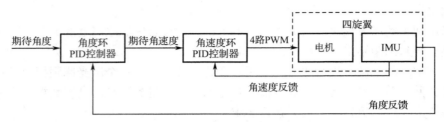

图1 姿态角串级 PID 原理框图

因此选择串级 PID 控制器对四旋翼的位置进行控制，大大提高了系统的响应速度，并增强了跟踪的稳定性，控制原理框图如图2所示。

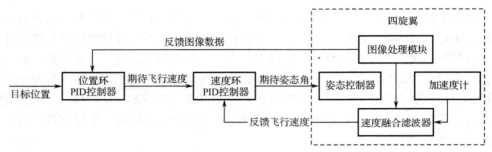

图2 位置串级 PID 原理框图

三、电路与程序设计

1. 系统硬件组成及原理框图

飞行器系统由飞行控制模块、图像处理模块、电源模块三部分组成。飞行控制板芯片为 STM32F4，连接 MPU6050、电子罗盘 HMC5883 与超声波模块，经姿态融合算法后得到有效的姿态数据，RX23T 作为图像处理与追踪系统的芯片，连接 OV7725 摄像头，处理数据后通过串口传给 STM32F4，经串级 PID 处理后，将 PWM 输出给无刷电机，控制飞机飞行的航向与姿态。其原理框图如图3所示。

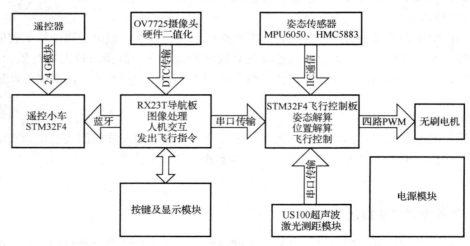

图3 飞行器原理框图

2. 系统电源电路

本系统采用 3S 航模电池接两路 LM2596 降压电路，将电压降至 5V，由于 4 个电机需要较大电流，所以电机和单片机各接一路稳压电路分开供电。通过稳压电路，电压精度高达 1%。采用两路降压电路供电，使控制信号与驱动信号互不干扰，提高了系统的稳定性。电源模块电路如图4所示。

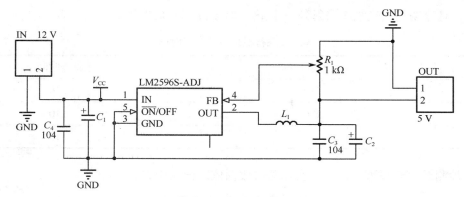

图 4　电源模块电路

3. 软件与程序流程

本系统采用 RX23T 单片机及 STM32F4 单片机分别完成导航及飞行控制任务。主要思路为：瑞萨单片机通过 DTC 读取 OV7725 摄像头中的图像信息，进行解压滤波并保存于单片机的 RAM 中。导航系统通过对二值化图像进行边沿检测，提取小车或 A 区圆坐标与四旋翼的相对位置，并将位置数据及飞行模式指令（如前进、后退等）通过串口发送给飞控板，通过模式选择来实现多功能飞行。程序流程图如图 5 所示。

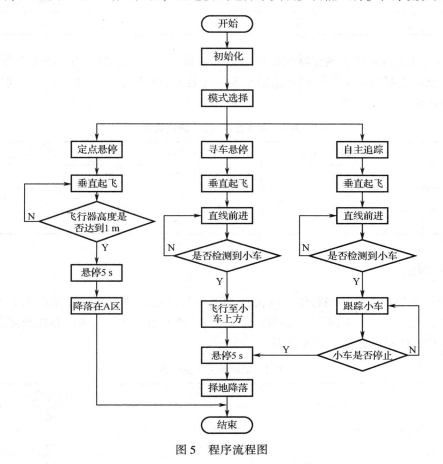

图 5　程序流程图

四、测试与总结

1. 基本要求测试

（1）让四旋翼飞行器静止放于 A 区，一键式起飞，要求飞离地面高度超过 1 m，悬停超过 5 s，并且能平稳降落，悬停期间激光笔应照射到 A 区内。将实际测试数据依次记录于表 1 中。

表 1　飞行高度以及飞行时间

序号	飞行高度/cm	悬停时间/s
1	119	10
2	120	10
3	117	10

（2）距离检测及声光报警测试。将实际测试数据依次记录于表 2 中。

表 2　距离检测及声光报警测试

序号	飞行器与小车距离/cm	是否报警
1	48	否
2	50	是
3	52	是
4	148	是
5	150	是
6	152	否

（3）小车摆放在位置 8 区，飞行器摆放在 A 区，一键式启动飞行器，飞至小车上方且悬停 5 s 后择地降落并停机；悬停期间激光笔应照射到位置 8 区内且至少照射到小车一次，飞行时间不大于 30 s。将实际测试数据依次记录于表 3 中。

表 3　基本要求（3）测试数据

序号	飞行高度/cm	飞行时间/s	激光笔是否扫过小车
1	112	17	是
2	109	16	是
3	110	16	是

2. 发挥部分测试

（1）小车摆放在位置 8 区，飞行器摆放在 A 区，一键式启动飞行器，飞至小车上方后，用遥控器使小车到达位置 2 区后停车，期间飞行器跟随小车飞行；小车静止 5 s 后飞行器择地降落并停机。飞行时间不大于 30 s，具体测试数据如表 4 所列。

表 4　发挥部分 1 测试表

序号	飞行高度/cm	飞行时间/s
1	80	19
2	82	21
3	79	20

（2）小车摆放在位置 8 区，飞行器摆放在 A 区，一键式启动飞行器。用遥控器使小车依次途经位置 1~9 区中的 4 个指定位置，飞行器在距小车 0.5~1.5 m 范围内全程跟随；小车静止 5 s 后飞行器择地降落并停机。飞行时间不大于 90 s。

表5 发挥部分2测试表

序号	飞行高度/cm	走点顺序/s	飞行时间/s
1	81	1-3-7-9	55
2	82	8-6-2-4	47
3	79	7-1-3-9	52

3. 测试结果分析

根据上述测试的数据分析，本设计能达到题目的全部要求。飞机与小车的距离在 0.5~1.5 m 时车与飞行器都能发出声光报警，且追踪的任意时刻飞行器与小车前进路径的偏差都不超过 15 cm。

五、总结

本系统实现了题目要求的全部功能。采用 RX23T 单片机进行图像处理，计算小车与飞行器相对距离并向飞行器发出追踪指令；采用 STM32F4 单片机进行姿态解算及飞行控制，通过双机通信共同完成整套设计的功能。系统通过串级 PID 对姿态、高度及位置进行控制。另外，系统的飞行时间、精准降落等多项指标均超过题目要求，且四旋翼飞行稳定、性能可靠。

专 家 点 评

采用 RX23T 作为图像处理核心，对超声波及激光测距模块的高度数据进行融合，较有效地使用了卡尔曼滤波器完成了作品并通过了测试。

作品 3 南京邮电大学

作者：王 博 钱家琛 邱城伟

摘   要

本系统旨在设计并制作一套能稳定跟踪地面小车的四旋翼飞行器系统，飞行器端具有目标物体探测识别、自动定位、自主跟踪小车运动等功能。该系统由飞行控制模块、导航模块和声光提示模块等几部分组成。飞行姿态模块采用 Pixhawk 开源飞控，负责飞行姿态解算；导航模块以两块瑞萨 RX23T 单片机为控制核心，由 OpenMV 图像识别模块、超声波测距模块等几部分构成。瑞萨芯片处理各外设采集的包括飞行器高度、小车相对位置等数据，用 PID 算法进行控制，解算出相应通道值，通过 PPM 信号与飞控板交互以及时调整电机转速，使飞行器实现稳定在指定高度、调整飞行姿态、到达目标位置等功能，从而完成题目要求的定高、定点降落以及跟踪小车等各项要求。

关键词：四旋翼；物体探测定位；自主跟踪；PID

一、系统方案设计及论证

1. 方案设计目标

根据题目要求使用指定的瑞萨板在限定时间内实现飞机定点悬停、自动定位小车、自主跟踪小车等功能，并能按照要求使飞行器定位误差值尽量小，在实现各功能的同时能精确控制飞行方向、调整姿态及保持飞行器的平衡性，并且还可以进行无线传输，将飞行器数据实时传输到手中的设备中。下面对系统中所涉及的方案进行论证及选择。

2. 主要方案论证及选择

1）飞行器姿态及导航控制

方案一：采用组委会统一下发的瑞萨 R5F100LEA 单片机作为飞行器姿态控制板和飞行控制板。经过初步分析，要实现较为完整的飞行器系统功能，主控板需要完成传感器数据获取、姿态计算、电机控制等工作，程序编写复杂，开发周期长，数据量较大，占用 CPU 处理时间太长，容易因多任务处理及中断太多，导致系统不稳定。

方案二：使用 Pixhawk 成品飞控。Pixhawk 为当下较热门的飞行器开源控制板，功能齐全，能实现飞行器的基本稳定飞行，代码开源，可根据实际需要直接对源代码进行修改，十分适合此次设计。

经综合考虑系统的开发时间及飞行稳定性，本系统选择方案二，使用开源 Pixhawk 作为飞行控制板，瑞萨 RX23T 单片机作为此次设计的飞行导航控制板。

2）视觉定位模块选取

方案一：采用 OV7620 CMOS 摄像头。OV7620 的分辨率可以达到 640×480，最大图像采集速率为 60 帧/s，可以配置输出 RGB565 彩图或灰度图，自带 FIFO，但读取图像格式复杂，对单片机需求较高，不适合 RX23T 等资源有限的处理器。

方案二：采用 OpenMV 摄像头模块。OpenMV 由 216 MHz ARM Cortex-M7 微处理器及 OV7625 构成，支持多种格式图像输出，内部自带多套图像识别算法，使用简单，大大缩短开发周期。

经综合分析，选择方案二，以 OpenMV 摄像头模块作为视觉定位、目标探测传感器。

3）定高测距模块选择

方案一：选用 Pixhawk 自带的气压计。如果以定高模式起飞，可以降低算法复杂度，但是由于气压计对外部环境过于依赖，易受影响，尤其在室内会对气压有较大影响，经常容易产生较大高度误差。

方案二：选用超声波测距模块。超声波测距模块的测距范围为 0~150 cm，精度为 3 mm，精度达到 0.3%，测距范围完全符合要求。

经综合分析，选择方案二，使用超声波测距模块。

4）遥控小车选择

方案一：选用双通道玩具遥控小车。玩具小车操作简单，免去自己动手的麻烦，但是普遍存在速度控制不稳定、遥控器信号会互相串扰、功能单一等问题，并且很难找到符合本次题目设计需求的小车。

方案二：使用旋转电位器及无线串口自行制作遥控小车。使用自制小车可以根据题目要求进行拼装，虽然制作麻烦，但小车的速度、功能、稳定性均优于玩具小车，而且可以自行添加相应模块，实现与小车的信息传递，实现一些复杂的功能。

考虑到图像识别算法实现难易及小车可控性，最终选择方案二，使用自制遥控小车。

二、系统理论分析与计算

通过 Pixhawk 读取 MavLink 中的姿态和声呐数值，得到飞机此时的 roll、pillow、yaw 和高度的值，通过与飞机平稳姿态时的数值相比较，通过欧拉角变化得到当前姿态。

得到飞行器姿态后即可通过由嵌套的 PI→PID 算法循环来控制。优化内部的 PID 循环对良好稳定飞行至关重要。外部 PI 循环相对不敏感，主要影响飞行的样式（快或慢）。内部 PID 循环计算出所需的旋转角速度并且和原始陀螺仪数据相比较。将差异反馈给 PID 控制器，并发送到电机来修正旋转。这是比率（ACRO）模式、稳定模式和其他所有模式的核心。它也是飞行器中最关键的增益值。循环计算出所需的角速度，这个循环的输入可以是由使用者游戏杆操控，或试图达到一个特定角度的稳定器。

对于本次题目中出现的要求，本系统准备了两套 PID，在系统读取关于黑点的位置时，当数值大于 50 时，系统将第一套 PID 的限幅取得较高，保证无人机能向黑点方向飞行，当数值小于 50 时，系统改为第二套 PID，除了取值不一样外，将第二套的限幅取得较小，这样才能让飞机不会再次飞过黑点，而是在黑点正上方进行定点。

三、系统电路与程序设计

1. 系统整体硬件框架图

系统整体硬件框图如图 1 所示。

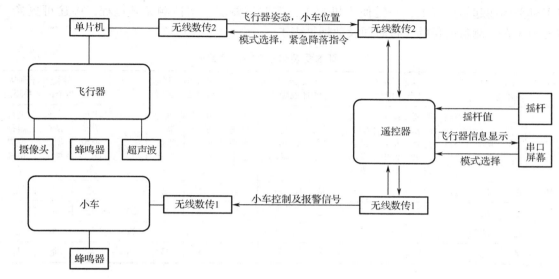

图 1　系统整体框架

2. 关键电路分析

瑞萨导航板与飞行器连接结构示意图如图 2 所示。

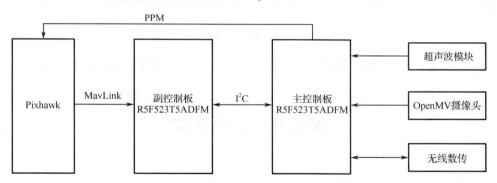

图 2　瑞萨导航板与飞行器连接示意图结构

（1）主控制板的主要功能：采集 OpenMV 摄像头返回的位置信息、通过超声波实时测量的高度信息、通过无线串口接收的指令，将信息通过 I²C 发送给副控制板。

（2）副控制板的主要功能：接收主控制板发来的数据，结合从 Pixhawk 的 MavLink 协议接收到的飞机姿态信息，进行 PID 调节以改变 Pixhawk 的通道值，从而控制飞行器的姿态。

（3）超声波传感器模块。机身下方装有超声波测距传感器，随着飞机上升，传感器输出脉冲的脉宽会发生变化，经过单片机处理可以精确计算出当前飞机距地面的距离，用以保持高度。

（4）OpenMV 摄像头。对飞行器下方图像进行处理，自动检测黑点或小车位置。

3. 电路结构及工作机理

该系统采用瑞萨 RX23T 处理器为核心系统板，综合判定和处理各种传感器所得的信息，通过 PID 算法进行处理，最后转换成为 PWM 信号驱动 4 个电机旋转，最终实现四旋翼飞行器的自主起降、跟踪飞行。通过超声波测距模块精确测距，做到定高飞行。OpenMV 采集黑点和小车位置信息，调整飞机姿态，使飞行器保持在目标上方。综合使用各个传感器，完成自主发挥的飞行动作。整个飞行过程中通过串口屏实现人机交互，完成对四旋翼飞行器的飞行控制。

四、测试方案与测试结果

利用卷尺测量飞机高度，秒表测量各个阶段使用的时间。

将飞机平放在起始位置上，一键使飞机起飞，按题目要求一次性测完其过程，中途可更换一次电池，重复测4次，测量所得的飞行时间及数据见表1。

表1 基本要求部分指标测试数据

测试项目 次数	A区定高1m以上5s并降落			飞行器靠近小车发出声光指示				在小车上悬停5s并能择地降落		跟随小车到达位置2并降落				跟随小车到达四个位置并降落			
	是否有5s	高度是否在1m以上	是否成功降落	距离40cm是否发出指示	距离50cm是否发出指示	距离150cm是否发出指示	距离160cm是否发出指示	是否悬停5s	是否成功降落	飞行器是否跟随小车	小车是否到达位置2	飞行器是否成功降落	飞行时间	飞行器是否跟随小车	小车是否到达指定位置	飞行器是否成功降落	飞行时间
1	是	是	是	否	是	是	否	是	是	是	是	是	28 s	是	是	是	82 s
2	是	是	是	否	是	是	否	是	是	是	是	是	20 s	是	是	是	80 s
3	是	是	是	否	是	是	否	是	是	是	是	是	27 s	是	是	是	88 s
4	是	是	是	否	是	是	否	是	是	是	是	是	28 s	是	是	是	85 s

根据上述测试结果，本系统设计的飞行器能在1 m以上位置准确定高，并且能较快找到点或者小车，能较好地跟踪小车前进，并能悬停5 s以上后择地降落，并且功能上有所发挥，飞行器系统可与串口屏完成数据交互，将相关参数值返回到屏幕上显示，由于时间限制没能将其移植到手机APP上，但完成了数据的无线传输和显示。

综上所述，本系统全部实现了该赛题的基本要求及发挥部分的功能要求。

专 家 点 评

采用开源飞控，利用两块瑞萨RX23T单片机完成传感器信号处理、导航定位等功能。

作品4 东南大学

作者：寇梓黎 邹少锋 郑 添

摘 要

本系统基于RX23T-NUEDC开发板与STM32F407VET6核心板设计，RX23T开发板用于图像处理、导航、飞行控制。本系统在e² studio与Keil 5 MDK环境下编译，利用US-100超声波模块、OV7670摄像头、MPU9150传感器、MS5611气压计等外设制作了一个四旋翼飞行跟踪系统。利用直流减速电机、遥控车射频模块、接收解码模块等外设，制作了一个遥控小车。系统通过获得传感器的底层数据，对飞行器的姿态进行解算，利用串级PID控制，实现飞行器的定高悬停和平滑移动；系统通过分析摄像头的信息，进行二值化处理和霍夫变换处理，提取出赛场黑点和小车黑点的位置信息，将飞行模式及期望位移发送给飞行控制核心，实现了定点悬停、跟踪小车等进阶要求。

关键词：霍夫变换；串级PID控制；视觉跟踪；超声波测距

一、设计方案工作原理

1. 技术方案

本系统包括姿态控制模块、姿态解算模块、图像识别模块、定高模块、电源模块、遥控小车模块和声光模块。具体映射框图如图 1 所示。

1）姿态控制模块

姿态控制模块采用 STM32F4 单片机作为主控芯片。STM32F407 是一款以 ARM Cortex-M4 为内核，最高主频为 168 MHz 的 32 位单片机。其速度快，具有极强的计算处理能力；内置定时器多，引出众多外设接口，能适应飞行器姿态控制的输入输出，可移植性强。典型的 STM32F4 开源飞控包括匿名科创、恒拓 HAWK、Pixhawk 等。

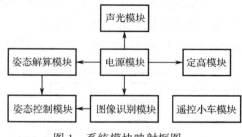

图 1　系统模块映射框图

2）姿态解算模块

姿态解算模块采用 MPU9150+MS5611 传感器。MPU9150 为九轴陀螺仪，内部集成了 MPU6050 和 AK8975 芯片，可精准测量三轴角度、三轴加速度、三轴地磁方向。MS5611 为高精度气压计，支持 I^2C/SPI 数字输出，两者配合可以迅速、准确地反馈飞行器的姿态。

3）图像识别模块

综合飞行器循迹的视野及准确性要求，图像识别模块采用 OV7670 配合 RX23T-NUEDC 开发板。OV7670 像素可达 30 W，通过设定阈值，在黑白赛道上即可获得理想的二值化图像，具有较强的抗干扰能力，帧率能够满足图像处理的需求。

4）电源模块

电源模块采用 PMU 电源管理模块实现了对电池（电压范围在 8~24 V）2~6 s 的线性稳压，并且对电压实时监测，具备了低压报警功能。

5）定高模块

定高模块采用 US-100 传感器与气压计。US-100 相较 SR-04 增加了温度补偿，并使用内置芯片处理，直接串口输出，使用更方便。

2. 系统结构工作原理

系统需要完成悬停定点等一系列任务，如图 2 所示。

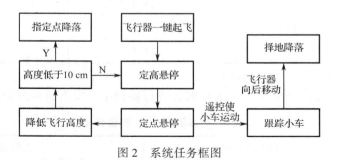

图 2　系统任务框图

3. 功能指标实现方法

1）定高悬停算法

以 50 ms 周期读取 US-100 传感器的数据，计算出飞行器的实际高度，通过串级 PID 算法对飞行器的加速度环、高度环进行反馈，使飞行器的期望高度为指定高度、飞行器的加速度期望值为零，从而实现定高悬停。

2）定点（跟踪）悬停算法

在定高悬停的情况下，处理 OV7670 摄像头模块获得的图像，计算出黑色圆点的圆心位置，输出圆心距离中心点的偏差量 dx 和 dy。飞行器对偏差量进行前翻和横滚两个方向的 PID 调节，实现定点悬停。对于运动的遥控小车，为其套上涂有黑色圆点的外壳，对运动的黑点进行定点悬停并实现了跟踪功能。

二、遥控小车模块设计

使用玩具车的成品遥控芯片 RX-2B，提供配套的 4 按键遥控器，其内部原理如图 3 所示。给小车搭载一块单片机，对遥控芯片的输出口进行输入捕捉，然后利用单片机计时器输出 4 路 PWM 波，实现遥控小车的四向运动功能。小车上搭载蜂鸣器、LED 灯等外设，具体模块关系如图 4 所示。

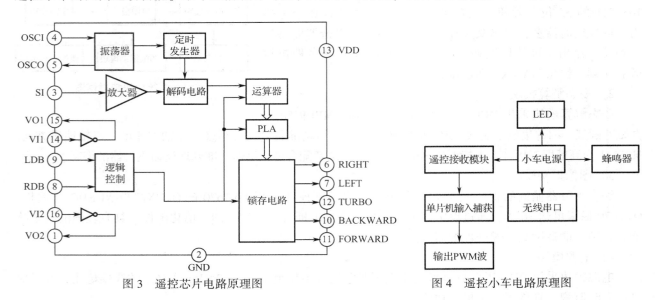

图 3　遥控芯片电路原理图　　　　图 4　遥控小车电路原理图

三、作品成效总结分析

基本要求（1）：A 点一键起飞，以不低于 1 m 的高度悬停，测量数据见表 1。

表 1　基本要求（1）测量表

测试次数	飞行高度/cm	飞行时间/s	落地点误差/cm
1	110	15.0	5
2	112	15.6	6
3	110	14.3	3

注：落地点误差以飞行器的轴心至 A 区圆心为主。

基本要求（2）：飞行器距小车 0.5~1.5 m 时，飞行器和小车发出明显声光指示，测量数据见表 2。

表 2　基本要求（2）测量表

测试次数	下限高度/cm	上限高度/cm
1	50.3	1.56
2	51.0	1.58
3	50.2	1.62

在上、下限高度范围内，小车和飞行器都能声光提示。

基本要求（3）：飞行器从 A 区起飞至 B 区悬停降落，测量数据见表 3。

表 3　基本要求（3）测量表

测试次数	激光偏离/cm	飞行时间/s	落地点误差/cm
1	0.5	26.0	5.0
2	1	28.6	6.3
3	0.8	31.3	3.2

发挥部分（2）：飞行器跟踪小车抵达 4 个点，测量数据见表 4。

表 4　发挥部分（2）测量表

测试次数	激光偏离/cm	飞行时间/s	落地点与小车的距离/cm
1	2.3	80.0	17.2
2	2.8	76.5	15.6
3	3.5	81.6	18.0

经测试，飞行器始终跟随小车前行，激光少有偏离小车的情况，相当稳健。

E 题　自适应滤波器

一、任务

设计并制作一个自适应滤波器，用来滤除特定的干扰信号。自适应滤波器工作频率为 10~100 kHz。其应用电路如图 1 所示。

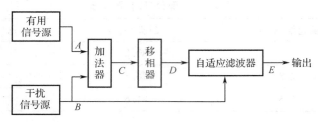

图 1　自适应滤波器应用电路框图

在图 1 中，有用信号源和干扰信号源为两个独立信号源，输出信号分别为信号 A 和信号 B，且频率不相等。自适应滤波器根据干扰信号 B 的特征，采用干扰抵消等方法，滤除混合信号 D 中的干扰信号 B，以恢复有用信号 A 的波形，其输出为信号 E。

二、要求

1. 基本要求

（1）设计一个加法器实现 C=A+B，其中有用信号 A 和干扰信号 B 峰峰值均为 1~2 V，频率范围为 10~100 kHz。预留便于测量的输入输出端口。

（2）设计一个移相器，在频率范围为 10~100 kHz 的各频点上，实现频点 0°~180° 手动连续可变相移。移相器幅度放大倍数控制在 1±0.1 内，对移相器的相频特性不做要求。预留便于测量的输入输出端口。

（3）单独设计制作自适应滤波器，有两个输入端口，用于输入信号 B 和 D。有一个输出端口，用于输出信号 E。当信号 A、B 为正弦信号，且频率差不小于 100 Hz 时，输出信号 E 能够恢复信号 A 的波形，信号 E 与 A 的频率和幅度误差均小于 10%。自适应滤波器对信号 B 的幅度衰减小于 1%。预留便于测量的输入输出端口。

2. 发挥部分

（1）当信号 A、B 为正弦信号，且频率差不小于 10 Hz 时，自适应滤波器的输出信号 E 能恢复信号 A 的波形，信号 E 与 A 的频率和幅度误差均小于 10%。自适应滤波器对信号 B 的幅度衰减小于 1%。

（2）当 B 信号分别为三角波和方波信号，且与 A 信号的频率差不小于 10 Hz 时，自适应滤波器的输出信号 E 能恢复信号 A 的波形，信号 E 与 A 的频率和幅度误差均小于 10%。自适应滤波器对信号 B 的幅度衰减小于 1%。

（3）尽量减小自适应滤波器电路的响应时间，提高滤除干扰信号的速度，响应时间不大于 1 s。

（4）其他。

三、说明

（1）自适应滤波器电路应相对独立，除规定的 3 个端口外，不得与移相器等存在其他通信方式。

（2）测试时，移相器信号相移角度可以在 0°~180° 内手动调节。

（3）信号 E 中信号 B 的残余电压测试方法。信号 A、B 按要求输入，自适应滤波器正常工作后，关闭有用信号源使 $U_A = 0$，此时测得的输出为残余电压 U_E。自适应滤波器对信号 B 的幅度衰减为 U_E / U_B。若自适应滤波器不能恢复信号 A 的波形，该指标不测量。

（4）自适应滤波器电路的响应时间测试方法。在自适应滤波器能够正常滤除信号 B 的情况下，关闭两个信号源。重新加入信号 B，用示波器观测 E 信号的电压，同时降低示波器水平扫描速度，使示波器能够观测 $1 \sim 2\ s$ E 信号包络幅度的变化。测量其从加入信号 B 开始，至幅度衰减 1% 的时间即为响应时间。若自适应滤波器不能恢复信号 A 的波形，该指标不测量。

四、评分标准

项　目	主　要　内　容		满分
设计报告	系统方案	自适应滤波器总体方案设计	4
	理论分析与计算	滤波器理论分析与计算	6
	电路与程序设计	总体电路图 程序设计	4
	测试方案与测试结果	测试数据完整性 测试结果分析	4
	设计报告结构及规范性	摘要 设计报告正文的结构 图表的规范性	2
	合　　计		20
基本要求	完成（1）		6
	完成（2）		24
	完成（3）		20
	合　　计		50
发挥部分	完成（1）		10
	完成（2）		20
	完成（3）		15
	其他		5
	合　　计		50
总　　分			120

作品1 西安电子科技大学

作者：卢圣健 刘 鹤 周 鲜

摘 要

本系统以 MSP430F5529 单片机为控制核心，结合前级加法器、移相器、程控全通滤波器、减法器以及均方根检波器，设计并实现了自适应滤波器。本系统利用参考噪声信号，从混合移相信号中提取出有用信号。采用牛顿梯度搜索算法，通过输出均方根检波器对程控滤波器进行反馈控制，实现自适应滤波器对外部移相器响应的追踪，进而完成对混合移相信号中干扰信号分量的抵消。经过最终的级联和调试，本系统已实现了题目的基本要求部分和发挥部分的所有功能。其对干扰信号的电压抑制效果可达到信号幅度的 0.4%，抑噪稳定时间不超过 0.8 s；在 10~100 kHz 内抑噪后的信号幅度起伏小于 3%；在有用信号源和干扰信号源的最小频率差不小于 10 Hz 的情况下均可有效抑噪。

关键词：自适应滤波；干扰抵消；梯度下降控制

一、方案论证

1. 方案分析与比较

为实现自适应滤波的要求，可有以下几种方案，现分析如下。

方案一：数字滤波方案。将经过移相器的混合信号利用模/数转换器采集，利用 FPGA 平台实现可重构 FIR 滤波器以得到信号，计算输出信号与期望信号的误差均方值，然后利用得到的结果重构 FIR 滤波器。但其缺点在于，基于同一组参数的普通 LMS 自适应滤波算法，在 10 kHz 到 100 kHz 的十倍频程区间，对叠加时遵循不同统计规律的干扰信号难以对每种情况都收敛，实现困难且稳定性一般。

方案二：模拟电路滤波方案。搭建能够跟踪与前端滤波电路相匹配的滤波网络，利用数控移相器，完全模拟前端移相系统网络。用混合信号与通过数控移相器的干扰信号相减，利用 RMS 检波器将其输出经过单片机反馈，直到 RMS 检波器的值到最小，此时输出即可获得单频有用信号。

综上所述，方案二简单可行，且自适应网络和外部可调移相网络可实现较好的匹配性，更有利于模拟前端移相网络。故本设计选用方案二。

2. 总体方案设计

模拟电路滤波电路由加法器、移相器、程控移相器、减法器、有效值检波器和单片机控制系统组成，其框图如图 1 所示。

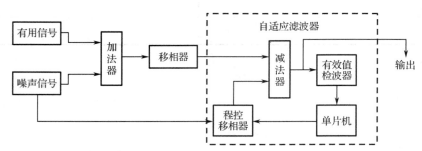

图 1 模拟电路滤波方案总体结构框图

对加法器的要求：两路相加对称，两路信号的增益保持一致。带宽 1 MHz 以上时两输入端输入阻抗极高，使一路的通断与否对另一路不会造成影响。

对移相器模块的要求：实现宽频带单频信号移相 0°~180°。

对程控移相器模块的要求：实现宽频带单频信号移相 0°~180°。为保证有用信号中叠加的噪声可被完全对消，程控移相器的元件参数、电路布局与移相器完全一致。

对程控移相器模块的要求：两路相减对称，两路信号的增益保持一致。

对有效值检波器模块的要求：最大 1 V 的有效值输入，线性度良好，可检测 500 kHz 的输入信号。

二、理论分析与计算

1. 基于自适应模拟的噪声抑制

未知系统与自适应滤波器由相同端口输入激励，自适应滤波器通过调整自身以得到一个与未知系统相匹配的输出，通常得到一个与未知系统输出最好的均方拟合。本设计利用数控移相器，完全模拟前端移相系统网络。用混合信号与通过数控移相器的干扰信号相减，利用 RMS 检波器将其输出经过单片机反馈，直到 RMS 检波器的值到最小，此时输出即可获得有用信号，如图 2 所示。

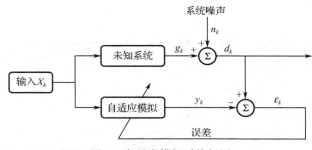

图 2　自适应模拟系统框图

2. 压控移相器参数设置

选择 VCA810 作压控放大器，可实现可变增益放大器在 ±40 dB 宽动态范围内的放大。运算放大器选择单位增益稳定的高速宽带运放 OPA820 作为低通滤波器和同相相加器，以保证足够的响应速度，避免环路自激。

在模拟电路仿真软件 TINA 中对电路进行仿真，电路如图 3 所示。其中积分器与可变增益放大器构成压控低通滤波器，其传递函数为

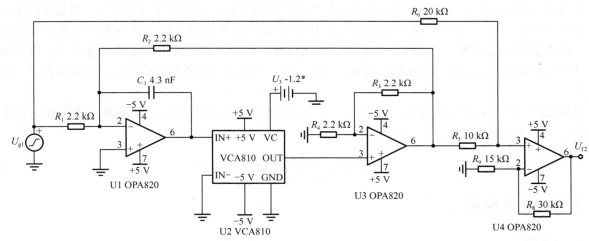

图 3　基于可变增益放大器的压控移相器

$$A_{\mathrm{LP}}(\mathrm{j}\omega) = -\frac{A_1(0)}{1+\mathrm{j}\dfrac{\omega}{\omega_0}} = -\frac{R_2/R_1}{1+\mathrm{j}\dfrac{\omega}{A(U_\mathrm{g})(R_3+R_4)/R_2R_4C_1}} \tag{1}$$

可以看出，改变 VCA810 的控制端电压 U_g 即可改变此滤波器的相频特性。

整个压控移相器的传递函数为

$$A(\mathrm{j}\omega) = -\frac{1-\mathrm{j}\omega RC}{1+\mathrm{j}\omega RC} = -\frac{1+R_8/R_9}{1+R_6/R_5}\left(\frac{A_1(0)R_6/R_5 - 1 - \mathrm{j}\dfrac{\omega}{\omega_0}}{1+\mathrm{j}\dfrac{\omega}{\omega_0}}\right) \tag{2}$$

其中要求

$$\frac{1+R_8/R_9}{1+R_6/R_5} = 1, \quad A_1(0)R_6/R_5 - 1 = 1 \tag{3}$$

经软件仿真可知，控制电压与该电路相频曲线位置之间存在较为线性的关系，如图 4 所示。通过调整前级积分器和后级运放增益等参数，调整环路增益和高频相移，使得增益曲线大于 0 dB 点处相位裕度大于 45°，保证环路稳定性。

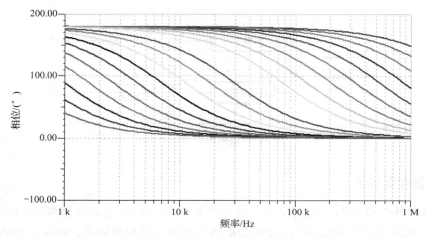

图 4　TINA 软件仿真：控制电压与相频响应曲线

3. 牛顿梯度搜索算法（牛顿法）

本设计采用牛顿法作为控制滤波器实现快速稳定收敛的算法。从收敛性分析可知，最速下降法的收敛速度与待优化函数 $f(x)$ 在极值点的黑塞矩阵 **H** 条件数有很大关系，**H** 越接近单位矩阵，收敛性越好。牛顿法相比梯度下降法，采用 2-**H** 范数来替代梯度下降法中的欧几里得范数。这相当于对原始变量 x 做了线性变换。可以期望牛顿法具有更好的收敛性。当距离极值点较近的时候，牛顿法具有二次收敛速度。

牛顿法的另一个解释是在极小值附近用二次曲面来近似目标函数 $f(x)$，然后求二次曲面的极小值作为步径。牛顿法的离散形式可表示为

$$w_{k+1} = w_k - \frac{w_k - w_{k-1}}{f(w_k) - f(w_{k-1})}f(w_{k-1}) \cdot k \tag{4}$$

三、硬件电路设计

1. 加法器

加法器实现了有用信号 A 和噪声信号 B 的叠加，使用带宽 11 MHz 的低噪声精密运放 OPA2140 实现。加法器的两路阻值精确匹配，使信号幅度精确地对称相加。输入级采用跟随器，实现较大输入阻

抗。加法器电路如图 5 所示。

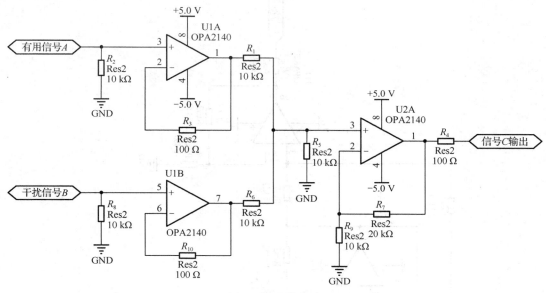

图 5　加法器电路

2. 宽带 0°~180°压控移相电路设计

为了满足题目要求，前端移相器利用 VCA810 构成压控全通滤波器，采用滑动变阻器调节 VCA810 控制端电压，使移相器可在 10~100 kHz 范围实现 0°~180°连续移相，如图 6 所示。

通过调整该电路前级反相衰减器增益，克服该电路实际调试过程中可能出现的失真等问题，提高压控相位的线性度。

3. 程控滤波器的设计

电路结构与前文压控移相电路设计相同，其控制电压由高精度 16 位数/模转换器 DAC8563 产生，通过 INA2134 进行调理控制，输出 -2~0 V 的精确控制电压，与压控振荡器组合达到极高的控制精度。

4. RMS 检波器的设计

采用 LTC1968 检波器芯片，拥有最大 1 V 的有效值输入，对应输出电压最大也为 1 V，线性度良好，可检测 500 kHz 的输入信号，带宽可达到 15 MHz。

5. 减法器的设计

为了满足题目要求，减法器需要两路相减对称，故两路信号的增益保持一致。减法器电路如图 7 所示。

四、软件设计

单片机利用 ADC 采样有效值检波芯片的输出，利用牛顿法进行梯度搜索。控制程控移相器，使得有效值检波器的输出降至最小，此时检波器输出即为有用信号。软件流程框图如图 8 所示。

五、测试方案与测试结果

1. 测试方案

1）加法器性能测试

（1）打开系统电源开关，在 A、B 端口输入 1Vpp 的 10 kHz 同频、同相位正弦波。

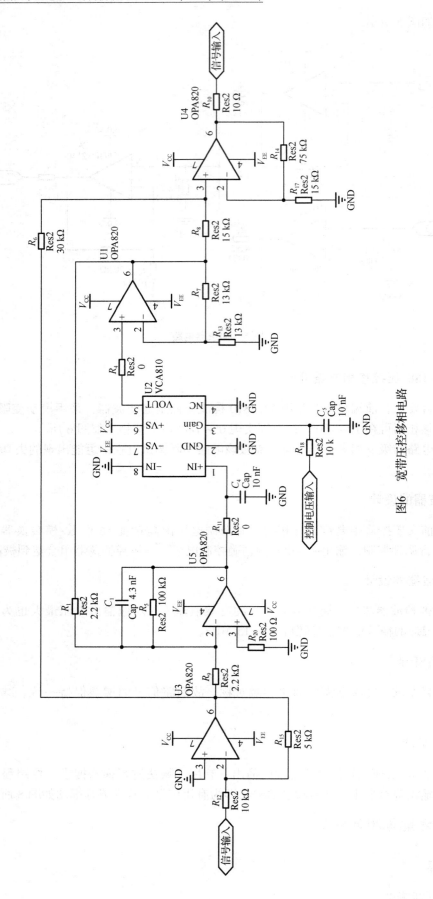

图6　宽带压控移相电路

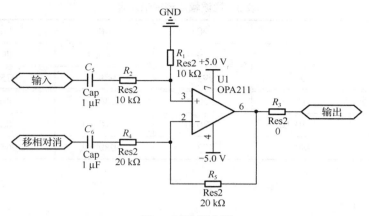

图 7 减法器电路

图 8 软件基本流程框图

（2）同时改变 A、B 端口信号频率，观察并记录 C 端口输出信号峰峰值，填入表 1 中。

（3）关闭系统电源开关。

测试结果见表 1。

表 1 加法器测试记录表

输入频率/kHz	10	20	40	80	100
信号 C 峰峰值/Vpp	2.01	2.00	2.00	2.00	1.99

2）移相器性能测试

（1）打开系统电源开关，在 C 端口输入 10～100 kHz 的正弦信号，在 C、D 端口夹上示波器表笔。

（2）调节滑动变阻器的阻值，使相移值最大和最小。改变输入频率，读取 C、D 两路移相值填入表 2 中。

（3）关闭系统电源开关。

测试结果见表 2。

表 2 移相器测试记录表

输入频率/kHz	10	20	40	80	100
0°移相值/（°）	0.5	0.8	1.5	2.6	3.5
180°移相值/（°）	176	177	178	179	179

3）自适应滤波测试

（1）打开系统电源开关。

（2）在 A 端口输入 1Vpp 正弦波，B 端口输入 2Vpp 正弦波。

（3）用示波器观测 E 端口输出，将相关数据填入表 3 中。

（4）关闭系统电源开关。

测试结果见表 3。

表3 滤波幅度测试记录表

信号 A 频率/kHz	10	20	40	80	100
信号 B 频率/kHz	10.1	20.1	40.1	80.1	99.9
信号 E 幅度/mV	999	993	989	975	941
信号 A 频率/kHz	10	20	40	80	100
信号 B 频率/kHz	10.01	20.01	40.01	80.01	100.01
信号 E 幅度/mV	989	973	989	965	951

4）残存电压测试

（1）打开系统电源开关。

（2）在 A 端口输入 1Vpp 正弦波，B 端口输入 2Vpp 方波。

（3）在滤波器正常工作后，关闭有用信号源使 $U_A = 0$，此时测得的输出为残余电压 U，填入表4中。

（4）关闭系统电源开关。

测试结果见表4。

表4 残存电压测试记录表

信号 A 频率/kHz	10	20	40	80	100
信号 B 频率/kHz	10.1	20.1	40.1	80.1	99.9
信号 E 幅度/mV	3.9	6.9	4.6	5.7	8.7

5）响应时间测试

（1）打开系统电源开关。

（2）在 A 端口输入 1Vpp 正弦波，B 端口输入 2Vpp 方波。

（3）在滤波器能够正常滤除信号 B 的情况下，关闭两个信号源，重新加入信号 B。

（4）降低示波器水平扫描速度，使示波器能够观测 1~2 s 内 E 信号包络幅度的变化。

（5）测量其从加入信号 B 开始，至幅度衰减 1% 的时间，即响应时间。

（6）关闭系统电源开关。

测试结果见表5。

表5 响应时间测试记录表

信号 A 频率/kHz	10	20	40	80	100
信号 B 频率/kHz	20	30	50	70	90
响应时间/s	0.8	0.7	0.5	0.5	0.5

2. 结果分析

从测试数据可以看出，本系统可实现利用参考噪声信号，从 $A+B$ 混合移相信号中提取出有用信号源；其中残存电压的抑制可做到 0.4%，响应时间最大为 0.8 s；移相器在 10~100 kHz 内可移相 0°~180°，幅度起伏小于 5%；有用信号源和干扰信号源的最小频率差小于 10 Hz 时，滤波器对信号的衰减小于 1%。本系统经过最终的级联和调试，工作可靠，可满足题目中所有的指标要求，部分指标如工作频率带宽、噪声与信号源频差、输出幅度误差、干扰 B 的衰减等均超出题目要求。

六、改进措施

（1）调整加法器、移相器、减法器的元件值，使两路的响应尽量一致。加法器、减法器的两路和两个移相器的匹配程度，决定了噪声能被抵消的程度，也影响着环路的收敛。应尽量使两路的电路结构、元件参数、两路的增益、PCB 布局一致。

（2）尽量提高系统的性价比。由于在电路设计上没有过多地考虑价格的因素，使得本设计的性价比有待进一步提高。

作品 2　西安交通大学

作者：薛　涵　杨文俊　郭子雄

摘　要

本设计以 EP4CE6E22C8 FPGA 为核心，构建了一个能够滤除特定干扰信号的自适应滤波器。系统工作频率为 10～100 kHz，其中移相器实现了 0°～180°手动连续可调相移，自适应滤波器将混有干扰的信号与干扰信号相减，FPGA 利用相关性进行反馈来控制干扰信号的相移，使得干扰被抵消，有用信号得以恢复，并使用二分查找法加快自适应滤波器的响应速度。经测试，该设计基本达到了题目所要求的指标。

关键词：移相器；FPGA；干扰抵消

一、系统方案

1. 各模块方案的比较与选择

1) 加法器设计方案

方案一：采用反向加法器，两路输入信号叠加在集成运算放大器的反向端，两路输入电压可以彼此独立地通过自身输入回路电阻转换为电流实现加法功能，调节比较方便，但是输入阻抗较低。

方案二：采用同相加法器，两路输入信号叠加在集成运算放大器的同相端，放大倍数与各输入回路的电阻均有关，调节不太方便，但是输入阻抗较高。

本题要求加法器输出为两个输入的和，所以信号不应反相，同时考虑到与信号源匹配的问题，用同相放大器实现较好，经综合考虑后选择方案二。

2) 移相器设计方案

方案一：利用集成运算放大器搭出全通网络，保证不同频率下放大倍数在 1 左右，调节电位器改变移相角度，选择恰当的电阻和电容使电路能够在 0°～180°内移相，但是由于此网络相频特性的非线性使得对于题目要求的方波和三角波移相后会出现失真，这样后级的自适应滤波器便无法通过相减的方法来抵消干扰。

方案二：利用 ADC 将信号采入 FPGA 之后存入 FIFO 中，然后做一个相应的延时，接着通过 DAC 将所采的点输出，这样即完成了移相。高速的信号处理使得移相精度可以达到 0.03°左右，移相时信号幅度基本不变，同时保证在不同频率下移相器的放大倍数基本为 1。

用延时的方式完成移相较为方便，精度较高，同时可以减少噪声和干扰，经综合考虑，选择方案二。

3) 自适应滤波器设计方案

方案一：对有用信号和干扰信号加起来后移相的信号做 FFT，将得到两个频点上的信息，同时对送入滤波器的信号 B 做 FFT，得到信号 B 的信息，那么通过比较便可得到有用信号的频率和幅度信息，接着用 DAC 输出该有用信号即可，但是题目要求可分辨频差要达到 10 Hz，而信号的频率在 10 kHz 和 100 kHz 之间，在这种情况下要求的频率分辨率很难达到。

方案二：移相器采用模拟移相，相位用电位器调节，自适应滤波器内做一个与该移相器相同的移相器，只是相位利用数控电位器进行调节，这样保证两个移相器的幅频特性和相频特性一致，只需通过程序改变数控电位器来调整相位使得干扰抵消，但是干扰较大，两个移相器的特性很难做到完全相同。

方案三：将信号 B 采样进 FPGA 做数字移相，同时把信号 D 采样进 FPGA 减去移相后的信号 B，在一段时间内将得到的结果平方求和，滤除信号 A 和信号 B 的互相关量，根据结果不断调整对信号 B 的相移，使得平方求和的结果最小，即输出与有用信号 A 的均方误差最小，这时干扰信号被完全抵消，信号 A 得以恢复。

本题要求滤波器对信号 B 衰减到 1% 以下，采用模拟的方法干扰较大，而做 FFT 需要较大的数据存储量且频率分辨率较难达到，采用减法的方案简单易行，只需一定的时间累积量便可以达到题目要求，经综合考虑后选择方案三。

2. 系统总体方案描述

本系统由加法器、移相器、自适应滤波器、电源扩展模块四部分组成。电源扩展模块将 ±5 V 转换为合适的电压给各个模块和 FPGA 供电，信号源产生不同频的有用信号 A 和干扰信号 B 通过加法器相加变为 C 信号，之后通过移相器实现 0°~180° 可调的移相，移相后的信号为 D，接着两个 ADC 分别采样 D 信号和 B 信号送给 FPGA，将 D 减去 B 作为输出信号，通过计算输出信号的平方和来控制 B 的相位，最终使得平方和最小，即输出与有用信号 A 的均方误差最小，实现干扰的抵消，恢复出有用信号。

系统的结构框图如图 1 所示。

图 1　系统结构框图

二、理论分析与计算

1. 加法器运放分析

由于题目要求自适应滤波器对信号幅度衰减小于 1%，而采用的是相减抵消干扰的方法，所以要保证 D 信号中包含的干扰信号的幅度和进入滤波器的 B 信号幅度基本相同，这样就需要使 B 信号在通过加法器和移相器的过程中幅度变化尽可能小，噪声也要尽可能小，而对电路噪声影响最大的是第一级，所以加法器的噪声要小。

TI 公司 OPA192 高精度运算放大器的输入失调电压较小，温漂也较小，同时在 10~100 kHz 的频带内输入电压噪声谱密度在 5 nV/$\sqrt{\text{Hz}}$ 以下，满足我们的要求。加法器原理图如图 2 所示。

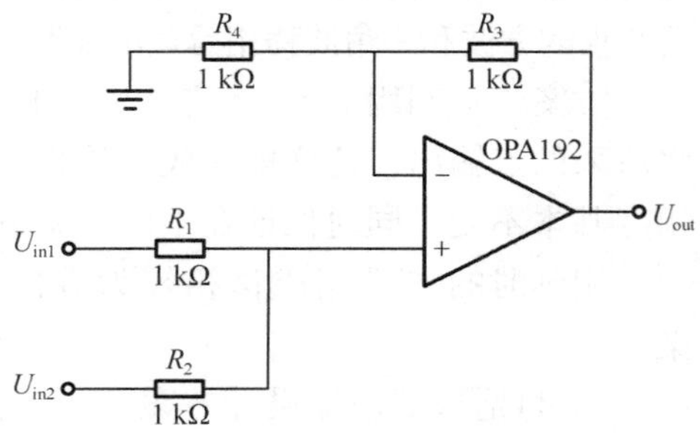

根据原理图可得

$$U_{\text{out}} = \left(1 + \frac{R_3}{R_4}\right) \cdot \left(\frac{R_2}{R_1 + R_2} \cdot U_{\text{in1}} + \frac{R_1}{R_1 + R_2} \cdot U_{\text{in2}}\right)$$

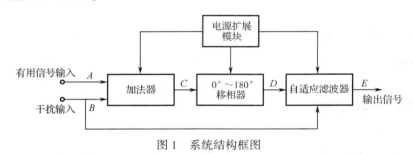

图 2　加法器原理图

2. 移相器分析

ADC 将信号采入 FPGA 并存入 FIFO 中，延时一段时间后再把数据送给 DAC 输出，这样便完成了移相。题目要求自适应滤波器对信号 B 的幅度衰减小于 1%，由于采用的是相减抵消干扰的方法，所以是调整信号 B 的相位使之与信号 D 中的干扰信号同相来相减消除，因此移相的精度要保证能够分辨信号 B 的 1%。

送入自适应滤波器的信号 B 为

$$X_B = A\sin(\omega t)$$

如果不考虑幅度的变化，那么信号 D 中的干扰信号可以写为

$$X_B' = A\sin(\omega t + \Delta\psi)$$

当 $\Delta\psi$ 较小时，$\cos(\Delta\psi)$ 约等于 1，则两者相减结果为

$$\Delta X_B = A\sin(\omega t + \Delta\psi) - A\sin(\omega t)$$
$$= A\cos(\omega t)\sin(\Delta\psi) + A\sin(\omega t)\cos(\Delta\psi) - A\sin(\omega t)$$
$$\approx A\cos(\omega t)\sin(\Delta\psi)$$

为使 $\dfrac{\Delta X_B}{A} < 1\%$，则应有 $\sin(\Delta\psi) < 1\%$，得 $\Delta\psi < 0.57°$。

如果系统时钟设为 100 MHz，那么最小延时为 10 ns，对于 100 kHz 的信号，其最小移相角度为 0.36°，对于 100 kHz 的信号，其最小移相角度为 0.036°，满足要求。

3. 自适应滤波器的理论分析

自适应滤波器的基本原理是根据干扰信号的特征将其从混合信号中分离出来，只留下有用信号。这里采用的方案是先把混合信号 D 和干扰信号 B 采样进 FPGA 成为数字信号，对信号 B 做一个数字移相，接着用信号 D 减去移相后的信号 B，得到输出的数字信号，接着把该输出在一段时间内平方求和再取平均，这样相当于数字滤波，滤除了信号 A 和信号 B 的互相关量，剩下的是信号 A 和信号 B 的自相关量，接着通过对信号 B 相移的改变使得这个求和量取得最小值，即只剩下信号 A 的自相关量，信号 B 的自相关量为 0，那么就意味着干扰信号 B 被滤除。

题目要求混合信号 A 和干扰信号 B 的频差最小为 10 Hz，那么要能分辨出信号 A 和信号 B，就需要对输出求和的时间做出要求。设采样频率为 F_s，采样周期为 T_s，采样点数为 N，那么频率分辨率 F_0 为

$$F_0 = \frac{F_s}{N} = \frac{1}{NT_s}$$

要求频率分辨率不大于 10 Hz，即 $F_0 \leqslant 10$ Hz，那么有

$$NT_s \geqslant 0.1 \text{ s}$$

而 NT_s 就是采样的总时长，这意味着每次将输出累加的时长必须大于 0.1 s。

三、硬件电路设计

1. 加法器电路

考虑到与信号源匹配以及测试过程中需要断开两路输入信号中的一路，信号 A 和信号 B 分别经过一级同相跟随后进入加法器，具体电路如图 3 所示（图中电源滤波部分单独列出，后同）。

2. 输出滤波和增益调整电路

由于抵消干扰后的信号是由 DAC 产生的，所以输出前加一级低通滤波，后接一增益在 1 附近可微调的放大器来平衡整个系统对有用信号幅度的改变，电路图如图 4 所示。

四、软件设计

1. 移相器设计

将 FPGA 通过 ADC 采样得到的数据放入 FIFO 中，同时检测外接编码器的脉冲，每有一个脉冲，延时时间加一个单位时间 10 ns，延时完成后将数据送入 DAC 输出，这样便完成了移相的功能，且移相角度为 0°～180°手动连续可调。

2. 自适应滤波器设计

含噪信号 S 和干扰 n 通过 ADC 采样进入 FPGA，对干扰 n 进行 $0° \sim 360°$ 移相，移相后得到干扰 n_1，将 S 与 n_1 相减得到信号 C，对信号 C 做自相关并在干扰移相 $360°$ 内取最小值，取其最小值时对应干扰的相移，信号与在此相移下的干扰相减即为滤波后信号。其设计框图如图 5 所示。

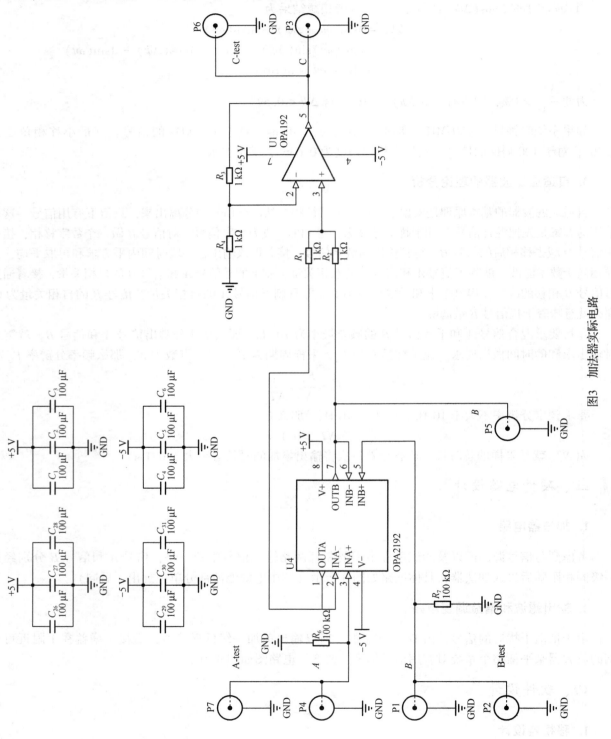

图3 加法器实际电路

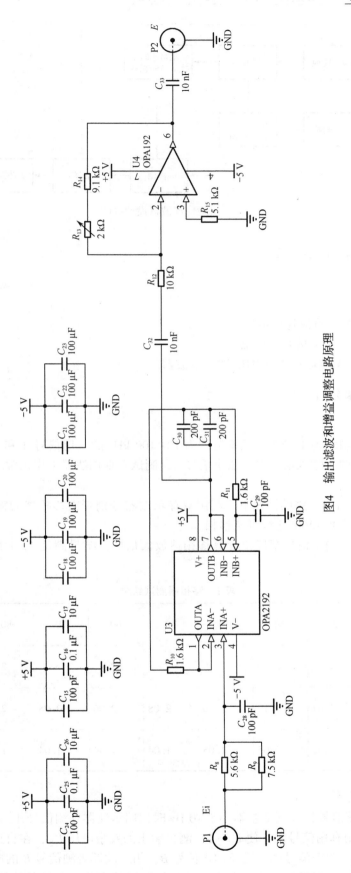

图4　输出滤波和增益调整电路原理

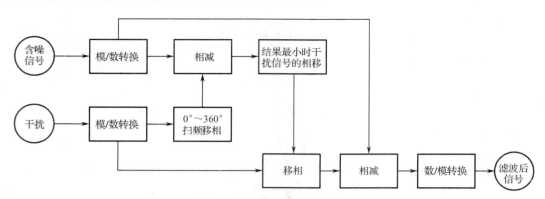

图5 自适应滤波器设计框图

五、测试方案与测试结果

1. 测试仪器

（1）数模 SK3323 数控直流稳压电源。
（2）数模 TFG3916A 函数信号发生器。
（3）RIGOL DS2102A 双通道 100 MHz 数字示波器。

2. 测试方案与结果分析

1）加法器的测量

用信号源产生峰峰值均为 1~2 V、频率范围为 10~100 kHz 的有用信号 A 和干扰信号 B，用示波器观察并测量加法器的这两个输入信号以及输出信号 C，测试发现加法器工作正常。

2）移相器的测量

在信号 A 和信号 B 断开一路的情况下，利用双踪示波器分别观察移相器的输入信号 C 和输出信号 D，结果显示，可以实现 0°~360° 连续可调移相。

单独测试移相器输入输出信号幅度，计算移相器放大倍数，结果满足 1±0.1 的要求，具体测试结果见表1。

表1 移相器测试结果

频率 /kHz	10	20	30	40	50	60	70	80	90	100
移相器输入/Vpp	2	2	2	2	2	2	2	2	2	2
移相器输出/V	2.04	2.04	2.10	2.10	2.08	2.06	2.08	2.10	2.10	2.08
放大倍数	1.02	1.02	1.05	1.05	1.04	1.04	1.04	1.05	1.05	1.04

3）自适应滤波器的测量

当信号 A、B 为正弦信号，且频率差不小于 10 Hz 时，用示波器观测信号 A、B 和 E，发现信号 E 能够复现信号 A，此时关闭有用信号源，使 $U_A = 0$，测得输出的残余电压 U_E，在自适应滤波器能够正常滤除信号 B 的情况下，关闭两个信号源。重新加入信号 B，用示波器观测信号 E 的电压，同时降低示波器水平扫描速度，使示波器能够观测 1~2 s 内信号 E 包络幅度的变化。测量其从加入信号 B 开始，至幅度衰减 1% 的时间，即响应时间。测试发现，在正弦波、方波和三角波的各频点下除响应时间外各指标均满足要求且几乎不变，响应时间在 2.5 s 左右，50 kHz 下测试的数据见表2，具体数据见表3~表5。

表 2 自适应滤波器测试结果

信号 A、B 频率差/Hz	1 000	500	100	50	10
信号 E 与 A 频率误差/%	0	0	0	0	0
信号 E 与 A 幅度误差/%	5	4	6	4	6
滤波器对信号 B 的衰减	0.24	0.23	0.24	0.25	0.26

表 3 信号频率在 10 kHz 时滤波器测试结果

信号 A 频率/kHz	10	10	10	10	10	10	10	10	10	10
信号 B 频率/kHz	11	11	10.5	10.5	10.1	10.1	10.05	10.05	10.01	10.01
信号 A、B 频率差/Hz	1 000	1 000	500	500	100	100	50	50	10	10
信号 A 幅度/Vpp	1	2	1	2	1	2	1	2	1	2
信号 B 幅度/Vpp	1	2	1	2	1	2	1	2	1	2
信号 E 频率/kHz	10	10	10	10	10	10	10	10	10	10
信号 E 幅度/Vpp	1.08	2.05	1.06	2.08	1.05	2.07	1.07	2.09	1.05	2.06
残余电压 U_E/mV	2.3	2.5	2.5	2.3	2.7	2.4	2.5	2.5	2.6	2.4

表 4 信号频率在 50 kHz 时滤波器测试结果

信号 A 频率/kHz	50	50	50	50	50	50	50	50	50	50
信号 B 频率/kHz	51	51	50.5	50.5	50.1	50.1	50.05	50.05	50.01	50.01
信号 A、B 频率差/Hz	1 000	1 000	500	500	100	100	50	50	10	10
信号 A 幅度/Vpp	1	2	1	2	1	2	1	2	1	2
信号 B 幅度/Vpp	1	2	1	2	1	2	1	2	1	2
信号 E 频率/kHz	50	50	50	50	50	50	50	50	50	50
信号 E 幅度/Vpp	1.05	2.04	1.04	2.08	1.04	2.06	1.06	2.08	1.06	2.06
残余电压 U_E/mV	2.4	2.4	2.3	2.5	2.4	2.6	2.5	2.3	2.6	2.4

表 5   信号频率在 100 kHz 时滤波器测试结果

信号 A 频率 /kHz	100	100	100	100	100	100	100	100	100	100
信号 B 频率 /kHz	99	99	99.5	99.5	99.9	99.9	99.95	99.95	99.99	99.99
信号 A、B 频率差/Hz	1 000	1 000	500	500	100	100	50	50	10	10
信号 A 幅度 /Vpp	1	2	1	2	1	2	1	2	1	2
信号 B 幅度 /Vpp	1	2	1	2	1	2	1	2	1	2
信号 E 频率 /kHz	100	100	100	100	100	100	100	100	100	100
信号 E 幅度 /Vpp	1.03	2.03	1.02	2.05	1.06	2.03	1.05	2.06	1.06	2.05
残余电压 U_E/mV	2.4	2.5	2.5	2.3	2.3	2.7	2.4	2.6	2.4	2.6

六、改进措施

（1）加快滤波器响应速度。进一步优化算法加快收敛速度，如在相位改变后将相位搜索原点设为上次收敛的相位而不是重新搜索。

（2）优化电路板设计。由于中间的一些波形存在一定毛刺，可进一步优化电路设计，合理绘制电路板，以减少干扰。

七、结论与心得

本题目的核心部分是移相器和自适应滤波器，通过理论计算得到了合理的设计方案，以 FPGA 为核心进行了设计，并通过不断测量和调试，使系统在各个方面基本都达到或超出了设计要求。根据测试结果，认为该设计满足设计要求，系统性能较为理想，成功地完成了任务。

专 家 点 评

该设计采用数字信号处理方案，实现自适应滤波，测试性能良好，但系统噪声略大。

作品 3   武汉大学（节选）

作者：蔺智鹏 李曦嵘 徐 颖

一、方案比较与论证

1. 移相方案

方案一：数字移相。使用模/数转换器对信号进行采样、量化后输入到 FPGA 中，在 FPGA 中对输入数据进行储存延时，完成移相后再进行数/模转换，最后通过低通滤波得到移相后的模拟信号。该方法思路简单、清晰，但所需器件模块较多，且难以实现连续移相。

方案二：模拟移相。全通滤波器虽然不改变输入信号的幅频特性，但它会改变输入信号的相位，利用这个特性全通滤波器可以用作移相器。当全通滤波器中的电阻值变化时移相度数会随之变化，因此可以通过调节电位器实现手动连续可变移相。该方法理论简单且使用资源较少，但对硬件要求较高。

本题目要求可连续移相，且方案二总体复杂度较方案一低，所需资源较方案一少，故选择方案二。

2. 自适应滤波方案

方案一：最小均方误差（LMS）算法。该算法主要是基于最小均方误差准则调整参数，使滤波器的输出信号与期望输出信号之间的均方误差最小。该算法具有简单有效、计算量小、鲁棒性好、易于实现等优点。但它在收敛速度、时变系统的跟踪能力和稳态失调之间的要求上存在着矛盾。

方案二：递归最小二乘（RLS）算法。该算法使用迭代的方法求解最小二乘的确定性正则方程，RLS 算法通过利用数据相关矩阵之逆，对输入数据进行了白化处理，故它的收敛速率比一般的 LMS 算法快一个数量级，但是该运算方式同时增高了 RLS 算法的复杂性。

方案三：频域块 LMS 算法。此算法的基本原理是将输入序列 $u(n)$ 通过串/并变换将其分为长为 L 点的块，将输入数据逐块地送到自适应滤波器中，然后利用 FFT 算法进行快速卷积和快速相关运算。此方法在不改变 LMS 算法性能的情况下极大提高了其实现速度。

综合考虑题目要求和现有资源，方案三实现速度较快、性能较好，且 FPGA 中有 FFT 软核可以利用，实现难度适中，故选择方案三。

3. 系统方案描述

本系统以 FPGA 为处理核心，完成自适应滤波的核心计算以及数/模转换器和模/数转换器的控制。有用信号和干扰信号由信号源给出后，输入到加法器相加后得混合信号，之后模拟移相器对混合信号进行移相，得最终的待处理信号。模/数转换模块同时将待处理信号和干扰信号采集到 FPGA 中进行自适应滤波，自适应滤波的输出信号通过数/模转换器和一个平滑（低通）滤波器后得到最终结果。系统总体框图如图 1 所示。

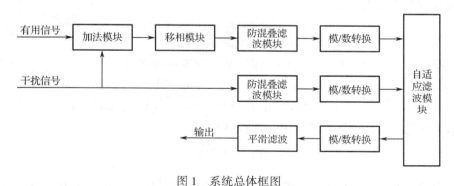

图 1　系统总体框图

二、理论分析与计算——LMS 算法原理分析

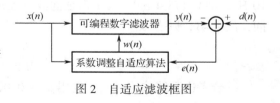

图 2　自适应滤波框图

自适应滤波技术就是按照一定的代价函数，使滤波器参数随时间变化，对输入信号进行选择性的加权处理，使输出达到最优化的技术。其一般框图如图 2 所示。其中 $x(n)$ 为输入信号，$y(n)$ 为输出信号，$w(n)$ 为自适应滤波器的传递函数，$d(n)$ 为期望信号，是某一确定已知的信号，$e(n)$ 为信号的绝对误差。这些变量存在如下关系，即

$$y(n) = \sum_k x(n-k)w(k)$$

$$e(n) = y(n) - d(n)$$

则信号的定义均方误差 J 为

$$J = E[e^2(n)]$$

在 LMS 算法中，目标函数就为均方误差，最小估计要求调整滤波器系数使此目标函数 J 趋于最小。对此可以利用最速下降算法，迭代地得到滤波器的抽头系数。即要求 J 最小，则在所有 w_k 方向都需要最小化，即 J 的梯度为

$$\nabla J = \left\{ \frac{\partial J}{\partial w_0} \boldsymbol{a}_0, \ \frac{\partial J}{\partial w_1} \boldsymbol{a}_1, \ \cdots, \ \frac{\partial J}{\partial w_M} \boldsymbol{a}_M \right\} \to \min$$

式中，$\boldsymbol{a}_k$ 是 h_k 方向的单位矢量。分析上式可得最速下降算法为（μ 为学习率）

$$w(n+1) = w(n) - 2\mu e$$

在频率块 LMS 算法中，最后进行滤波器抽头系数的更新为

$$\hat{W}(k+1) = \hat{W}(k) + \mu \text{FFT} \begin{bmatrix} \hat{F}(k) \\ 0 \end{bmatrix}$$

LMS 算法应用于正弦干扰的自适应噪声消除。

图 3 所示为两输入自适应噪声消除器的框图。基本输入由携带信息的信号和互补相关的干扰组成，而参考输入为正弦干扰的相关信号。该滤波器使用参考输入，对包含在基本输入端的正弦信号进行估计。因此，从基本输入中减去自适应滤波器输出，即可消除正弦噪声。

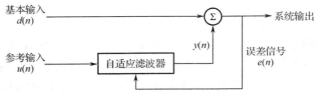

图 3 自适应噪声消除器框图

对于基本输入和参考输入，有

$$d(n) = s(n) + A\cos(\omega_0 n + \Phi_0)$$
$$d(n) = A\cos(\omega_0 + \Phi)$$

可以看出，图 3 为一个闭环系统，经计算闭环系统的传递函数为

$$H(z) \approx \frac{z^2 - 2z\cos\omega_0 + 1}{z^2 - 2(1 - \mu MA^2/4)z\cos\omega_0 + (1 - \mu MA^2/2)}$$

由上式可求出自适应噪声消除器的 3 dB 带宽近似为

$$BW \approx \frac{\mu MA^2}{2}$$

因此，步长参数 μ 越小，BW 越小，陷波越陡峭。在此系统中，有用信号和干扰信号的最小频差为 10 Hz，即 0.174 4 rad。为了保证滤波性能滤波器选 80 阶，参考输入和基本输入中的干扰信号幅值相同，故 $A=1$，则有

$$\mu \leqslant \frac{2BW}{MA^2} \leqslant \frac{2 \times 0.174\ 4}{80} = 0.004\ 361$$

综合考虑系统响应时间，选用 μ 为 0.004。

三、电路与程序设计

1. 电路设计

1）加法器电路

题目要求 A、B 两路信号频率范围为 10~100 kHz，幅度最大值为 2Vpp，故加法器最大输出幅度为 4Vpp。因此选用超低噪声精密音频运放 OPA1611 作为加法器，后接 OPA228 同相电压跟随器与后级隔离。

2）移相器电路

移相器电路由两个 0°~180°滞后相移电路及同相电压跟随器电路串联构成，理论上可实现 0°~360°相移连续可调，相位调节通过两个电位器控制。移相器电路如图 4 所示。

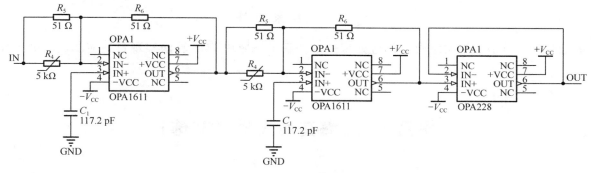

图 4　移相器电路

3）混叠滤波电路

由于输入信号 B 的方波、三角波具有丰富的谐波成分，为防止后级 AD 采样时钟混叠高次谐波至 10~100 kHz 频率范围内，故设计一个 4 阶巴特沃斯低通滤波器，通带波纹为 0.1dB，截止频率为 400 kHz，至 900 kHz 时衰减大于 30 dB，保证 1 MHz 以上 AD 采样时钟不会混叠谐波噪声。抗混叠滤波电路如图 5 所示。

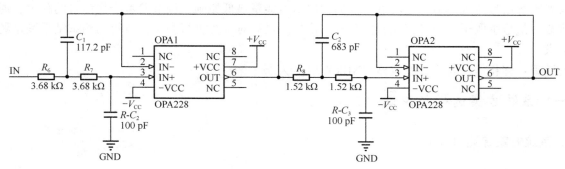

图 5　抗混叠滤波电路

2. 程序设计

本次软件主要进行自适应滤波的运算，使用算法流程图表示软件的设计结构流程图如图 6 所示。

四、测试方案与测试结果（略）

五、结果分析与总结（略）

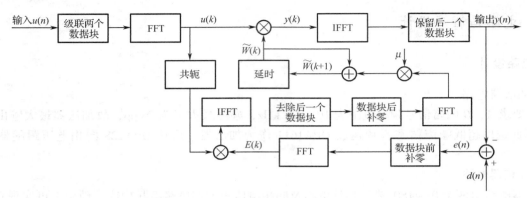

图 6　程序设计流图

专 家 点 评

本设计的特点是采用频域数字信号处理技术，基于频域块 LMS 算法实现自适应滤波，测试性能较好。

作品4　上海交通大学（节选）

作者：徐晨鑫　章学恒　孙寒玮

摘　　要

本系统以 FPGA XILINX NEXYS 3 开发板为核心器件，以两路信号发生器的发生信号作为有用信号和干扰信号输入，两路信号通过加法器模块叠加后进入数字移相器模块，产生手动可调的延时。叠加信号和参考干扰信号进入自适应滤波器，依据输出信号能量最低原则，调节参考干扰信号的相位，通过减法器将叠加信号中的干扰信号消除，恢复有用信号。最后对系统进行测试，所得的测试结果满足题目的所有要求。

关键词：移相器；自适应滤波器；NEXYS 3 开发板

一、系统方案选择与论证

1. 系统方案综述（略）

2. 加法器模块设计（略）

3. 移相器模块设计

方案一：使用模拟器件，设计一个全通相移网络作为移相器，通过调节电位器实现相位可调。

方案二：使用 ADC 对信号采样，在数字端对信号进行移相处理后，再通过 DAC 输出以实现移相功能。

方案一中利用模拟器件实现全通相移网络的方法对元器件要求较高，使用电位器调节相位时，相位的变化和电位器阻值非线性；移相器幅频、相频曲线不完全平坦；方波、三角波中的不同频率成分有不同的相移。而方案二采用数字移相方法，可更精确地实现幅度与相位的要求，实现准确移相。因此，选择方案二作为首选方案。

4. 自适应滤波器模块设计

方案一：使用 ADC 对加法器输出和参考干扰信号采样，使用自适应滤波算法如 LMS 算法、RLS 算法在 FPGA 中进行纯数字运算，将运算结果用 DAC 输出。

方案二：使用 FPGA 将参考干扰信号通过数字移相后输出，在模拟减法器中将加法器输出信号中的干扰信号消除。输出信号经乘法器自乘后得到信号能量，采样后由单片机分析，产生参考信号移相控制信息。

方案二将部分运算通过模拟电路实现，显著减轻了 FPGA 的运算负担，解决了 FPGA 的性能对自适应滤波器阶数的限制问题，故选择方案二，其结构框图如图 1 所示。

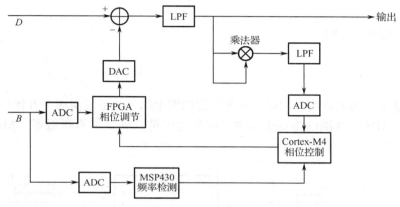

图 1　自适应滤波模块结构框图

二、理论分析与计算

1. 能量最低原理分析

自适应滤波器输出能量最低时干扰信号被消除到最小。

自适应滤波器的输入为有用信号与干扰信号经移相后的叠加信号 $(A_0 + B_0)$ 和参考干扰信号 B。参考干扰信号 B 经移相后得到 B'，输出为信号 A'，即

$$A' = A_0 + B_0 - B'$$

均方误差即输出的均方值为

$$E[A'^2] = E[(A_0 + B_0 - B')^2] = E[A_0^2] + E[(B_0 - B')^2] + 2E[A_0(B_0 - B')]$$

有用信号 A_0 和干扰信号 B_0 不相关，即

$$E[A_0(B_0 - B')] = 0$$

故

$$E[A'^2] = E[A_0^2] + E[(B_0 - B')^2]$$

通过调整参考干扰信号时延，得到

$$\min\{E[A'^2]\} = E[A_0^2] + \min\{E[(B_0 - B')^2]\}$$

即在输出能量最低时干扰信号被消除。

2. 输出信号能量计算

信号 A 为

$$g_A(t) = E_A \cos 2\pi f_A t$$

信号 B 为

$$g_B(t) = E_B \cos 2\pi f_B t$$

信号 A 与 B 经叠加、移相后为

$$g_{A_0+B_0}(t) = E_A\cos 2\pi f_A(t+T) + g_B(t+T)$$

参考信号经移相后为

$$g_{B'}(t) = g_B(t+T')$$

$$g_{A'}(t) = E_A\cos 2\pi f_A(t+T) + g_B(t+T) - g_B(t+T')$$

将输出信号通过乘法器，经低通滤波后可得到

$$g'_A(t)^2 \approx \frac{1}{2}E_A^2 + E_{B1}^2\left[1 - \cos 2\pi f_B(T-T')\right] +$$

$$2E_A E_B\sin\pi f_B(T-T')\sin\left[2\pi(f_A - f_B)t + \pi(2f_A T - f_B T - f_B T')\right]$$

三、电路与程序设计

1. ADC、DAC 设计（略）

2. 乘法器设计

为计算信号的能量，需要将信号同时输入乘法器的两个输入通道以实现平方计算。本系统选用模拟乘法器芯片 AD835，AD835 外围电路易于实现，频带宽度足以满足本步骤需要。AD835 模拟乘法器电路如图 2 所示。

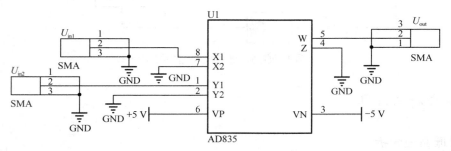

图 2　AD835 模拟乘法器电路

3. 移相器程序设计（略）

4. 自适应滤波器程序设计（略）

四、测试方案与测试结果（略）

专 家 点 评

采用能量检测电路输出，调节滤波器性能，实测结果较好。

作品 5　北京航空航天大学（节选）

作者：赵文昊　张子璇　江昭明

摘　要

本系统以陷波器原理为核心设计数字滤波器，由加法器、移相器、FPGA 三部分组成，有用信号与

干扰信号相加经过移相器之后，经过 ADC 采样电路输入 FPGA 中，干扰信号经比较器整形后同样输入 FPGA 进行测频处理，根据测得的频率利用 FPGA 设计所需阻带宽度的陷波器。陷波器本质上是一种 IIR 滤波器，其系统函数可写成封闭函数的形式，由于存在输出对输入的反馈，可用比 FIR 滤波器更少的阶数来达到指标，其参数可随干扰信号的频率变化而变化，且无须迭代，也不受处理速度的限制。

一、系统方案

本系统主要由加法器、移相器、比较器、ADC/DAC、FPGA 模块组成。有用信号与干扰信号经过加法器与移相器后，输入 FPGA 进行信号处理，干扰信号单独一路经比较器后输入 FPGA。信号处理采用陷波器原理设计滤波器，达到分离频率、恢复原信号的目的。

1. 加法器设计（略）

2. 移相器设计（略）

3. 自适应滤波器实现方案论证与选择

方案一：采用基于 LMS 算法的抽头权值自适应滤波器，对包含在有用信号中的干扰信号进行估计，然后从相加信号中减去自适应滤波器的输出，即可恢复原有用信号。该方案的优点是算法简单，随着算法迭代次数的增加，精度也可不断提高，但滤波器响应时间也会相应变长，同时由于受到 FPGA 处理速度的限制，迭代次数受限，很难达到 10 Hz 的精度要求。

方案二：采用固定陷波器。对干扰信号测频得到其频率信息后，用陷波器滤除原相加信号中所有干扰信号的基频与倍频，当陷波器的过渡带设计得足够陡峭时，自适应滤波器可达到精度要求。

综上所述，本系统采用方案二。

二、系统理论分析与计算

1. 基本原理

固定陷波器可滤除一定范围内的频率干扰，但不改变其他频率成分，频率响应特性为

$$H(e^{j\omega t}) = \begin{cases} 1, & \omega \neq \omega_0 \\ 0, & \omega = \omega_0 \end{cases}$$

采用中心频率不同的陷波器级联即可消除多种频率的干扰。由于数字滤波器的频率响应就是其单位冲击响应在单位圆上的 Z 变换，因此只需要在单位圆上相应于所需带阻滤波器阻带位置的频率处设置零点，就可以使滤波器的频率响应在所需阻带频率处为零。但仅仅进行零点设置只考虑到了滤波器的阻带特性，为了得到非常陡峭的过渡带和常数幅度的通带特性，必须在 Z 平面上为每一个零点再配置一个相应的极点。数字滤波器的传递公式可表示为

$$H_i(z) = \frac{(z - e^{j\omega_i})(z - e^{-j\omega_i})}{(z - r_i e^{j\omega_i})(z - r_i e^{-j\omega_i})}$$

2. 分频测周法

由于测频是对确定时间内信号出现的次数 N 进行计数，而测频绝对误差为 1，因此测频误差为 $\frac{1}{N}$。而测周是在被测时段内使计数器闸门开启，在该段时间内对已知周期的时标信号 T_s 计数，计数误差同样为 $\frac{1}{N}$，因此被测频率越低，计数误差越大。但采用先对信号进行 h 分频后，计数误差变为 $\frac{T_s}{h T_x}$，因此采用周期倍乘则可以使测量误差进一步减小。

由于干扰信号经过一个比较器整形为方波之后进行处理，比较器输出信号边沿抖动为 $T_0 = 50$ ns，

而本系统采用 1024 分频测周法，总的测量误差为边沿抖动与测周误差之和，即

$$\Delta = \frac{T_s}{hT_x} + T_0 = 56.5(\text{ns})$$

考虑最坏情况，当输入信号频率为 100 kHz、最大误差为 56.5 ns 时，频率误差为 0.55 Hz，达到了设计精度要求。

3. 滤波器具体设计

由理论数字滤波器传递公式可推导出

$$Y(z) = (1 - 2z^{-1}\cos\omega + z^{-2})W(z)$$
$$W(z) = (1 - 2r_i z^{-1}\cos\omega + r_1^2 z^{-2})X(z)$$

因为直接 II 型结构先实现极点，然后实现零点，转置直接 II 型结构先实现零点再实现极点，由于先实现极点会使得配置零点时出现偏差，因此采用转置直接 II 型结构，如图 1 所示。

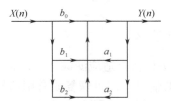

图 1　转置直接 II 型结构

由此可知各个系数分别为：$b_0 = 1$，$b_1 = -2\cos\omega$，$b_2 = 1$，$a_1 = 2r_i^2\cos\omega$，$a_2 = -r_i^2$。理论上，r_i 越小阻带越宽，可能会滤除有用信号，r_i 越接近于 1，则滤波器阻带越窄，因此在系统中对 r_i 取接近于 1 的某个值，当对干扰信号测频时可确定 ω 值，则滤波器系数可确定。

滤波器零、极点图如图 2 所示，若设计的滤波器 -3 dB 带宽点频率为 $f_{-3\,dB}$，采样频率为 f_s，则有

$$e = 1 - R = f_{-3\,dB}\frac{2\pi}{f_s}$$

当选定所需滤波器的带宽之后，即可确定滤波器的零、极点位置。

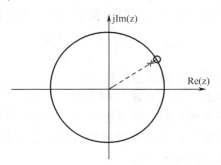

图 2　滤波器零、极点图

三、电路与程序设计

1. 系统总体设计（略）

2. 电路设计（略）

3. 程序设计

1）程序功能描述与设计思路

程序部分利用干扰信号测频结果设计一个陷波器作为自适应滤波器，其中心思想在于尽量提高精度

问题。

　　首先用 FPGA 接收干扰信号测出其频率信号，通过分频测周减小测频误差，同时由于测周误差最大值为0.55 Hz，因此用 4 位小数描述频率信息提高频率精度。当 ADC 部分选择采样频率时，由于滤波器设计部分中有提及，极点位置 $z = re^{j\omega}$，r 的取值与滤波器阻带带宽有关，即与两信号可分离频率差的范围有关，但 r 越大会使得滤波器的响应时间越长，因此在程序设计时必须对 r 的取值有所权衡。

　　2）程序总体结构框图（略）

四、测试方案与测试结果（略）

专 家 点 评

　　本设计采用数字陷波器通过对信号频率参数测量实现自适应，但对于非正弦信号干扰的抑制效果较差。

F 题　调幅信号处理实验电路

一、任务

设计并制作一个调幅信号处理实验电路。其结构框图如图 1 所示。输入信号是调幅度为 50% 的 AM 信号。其载波频率为 250~300 MHz，幅度有效值 U_{irms} 为 10 μV~1 mV，调制频率为 300 Hz~5 kHz。

低噪声放大器的输入阻抗为 50 Ω，中频放大器输出阻抗为 50 Ω，中频滤波器中心频率为 10.7 MHz，基带放大器输出阻抗为 600 Ω、负载电阻为 600 Ω，本振信号自制。

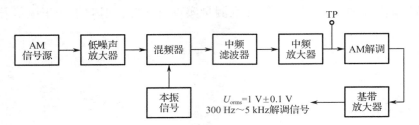

图 1　调幅信号处理实验电路结构框图

二、要求

1. 基本要求

（1）中频滤波器可以采用晶体滤波器或陶瓷滤波器，其中频频率为 10.7 MHz。

（2）当输入 AM 信号的载波频率为 275 MHz，调制频率在 300 Hz~5 kHz 范围内任意设定一个频率，$U_{\text{irms}}=1$ mV 时，要求解调输出信号为 $U_{\text{orms}}=1$ V±0.1 V 的调制频率的信号，解调输出信号无明显失真。

（3）在 250~300 MHz 范围内改变输入信号载波频率，步进为 1 MHz，并在调整本振频率后可实现 AM 信号的解调功能。

2. 发挥部分

（1）当输入 AM 信号的载波频率为 275 MHz，U_{irms} 在 10 μV~1 mV 范围变动时，通过自动增益控制（AGC）电路，要求输出信号 U_{orms} 稳定在 1 V±0.1 V 内。

（2）当输入 AM 信号的载波频率为 250~300 MHz（本振信号频率可变），U_{irms} 在 10 μV~1 mV 范围变动，调幅度为 50% 时，要求输出信号 U_{orms} 稳定在 1 V±0.1 V 内。

（3）在输出信号 U_{orms} 稳定在 1 V±0.1 V 的前提下，尽可能降低输入 AM 信号的载波信号电平。

（4）在输出信号 U_{orms} 稳定在 1 V±0.1 V 的前提下，尽可能扩大输入 AM 信号的载波信号频率范围。

（5）其他。

三、说明

（1）采用+12 V 单电源供电，所需其他电源电压自行转换。

（2）中频放大器输出要预留测试端口 TP。

四、评分标准

项 目		主要内容	分数
设计报告	系统方案	比较与选择 方案描述	2
	理论分析与计算	低噪声放大器设计 中频滤波器设计 中频放大器设计 混频器设计 基带放大器设计 程控增益的设计	8
	电路与程序设计	电路设计与程序设计	4
	测试方案与测试结果	测试方案及测试条件 测试结果完整性 测试结果分析	4
	设计报告结构及规范性	摘要 设计报告正文的结构 图表的规范性	2
	合　　计		20
基本要求	完成第（1）项		6
	完成第（2）项		20
	完成第（3）项		24
	合　　计		50
发挥部分	完成第（1）项		10
	完成第（2）项		20
	完成第（3）项		10
	完成第（4）项		5
	其他		5
	合　　计		50
总　　分			120

作品 1　西安电子科技大学

作者：周　彦　徐　壮　支宇航

摘　　要

本作品通过放大、混频、滤波、AM 检波、基带信号放大等信号处理技术，实现了 AM 信号的解调功能。输入信号依次经过 LNA、程控衰减器后，再与自制的本振信号混频，得到 10.7 MHz 的中频信号。中频信号经过晶体滤波器滤波后，再进行中频放大、AM 检波、基带放大等一系列信号处理，最终得到稳幅的基带信号。系统的 AGC 通过两级处理实现。首先根据测量得到的中频放大后的信号的有效值，控制程控衰减器，使输出的中频信号的幅度能稳定在 200 mV±1 dB 范围内，然后再利用基带模拟 AGC 电路，将最终解调输出信号稳定在 1 V±0.1 V 的有效值范围内。实测结果表明，本系统实现了基本要求部分及发挥部分的全部指标，且部分指标远超题目要求。

关键词：AM 检波；低噪声放大；程控衰减器；AD831；ARF4351；程控 AGC

一、方案选择和论证

本系统需要实现的功能包括射频低噪声放大、混频、本振信号源产生、中频滤波放大、AM 检波、基带滤波放大以及自动增益控制功能。需要对以下模块电路进行设计与制作：射频低噪声放大器、混频器、锁相环电路、晶体滤波电路、AM 检波电路、带通滤波器电路以及自动增益控制电路。系统方案论证如下。

1. 射频低噪声放大器

方案一：选用射频运放实现高频信号的放大。可以通过 OPA695、AD8000、OPA847 等射频运放级联实现高频高增益放大，但是射频电流反馈型运放在级联之后其增益及带宽均会有所减小，级联调试比较困难。而且其噪声系数大，不能达到题目所要求的系统灵敏度。

方案二：采用高稳定的固定增益 LNA 芯片，其噪声系数较低，容易级联得到高增益放大器，提高系统灵敏度。

综上所述，选用方案二。

2. 混频器

为了实现系统高灵敏度，不仅需要选择噪声系数小的前端放大器，同时也需要灵敏度高的混频器电路。

方案一：利用双栅管的栅极调制特性进行混频。但是双栅管的输入信号动态范围很小，很容易出现非线性失真，且外围电路导致带宽很难做宽，调试难度大。

方案二：选用灵敏度较低、噪声系数较大的乘法器实现混频。它具有输入动态范围宽、电路调试简单、带宽宽的特点。

考虑到前级已经有高增益的 LNA，混频器的噪声系数对系统灵敏度的影响可以忽略不计，而系统对动态范围的要求高，故选用方案二。

3. 中频滤波器

方案一：采用 LC 谐振电路实现。由于中频的频率比较低，LC 谐振电路的品质因数很难做高，导致带外噪声的残留较大，影响系统的灵敏度。

方案二：采用晶体滤波器。由于本题 AM 调制信号的基带频率最高为 5 kHz，需要带宽大于 10 kHz 的滤波器。在 10.7 MHz 频率上的晶体滤波器可以做到带宽在 15 kHz 以上，且 Q 值非常高，能够在满足系统要求的前提下大大提高系统灵敏度。

综上所述，选用方案二。

4. 自动增益控制

方案一：采用射频前端 AGC。为提高射频的带宽，射频前端的 AGC 通常采用放大器+程控衰减器的方案。由于系统输入动态范围宽，要求的信号稳定度高，且射频后端的处理模块较多，很难达到要求。

方案二：射频前段 AGC+基带 AGC。通过射频 AGC 实现信号稳定性的粗调，再利用基带 AGC 实现输出信号幅度的精确控制，这样既能提高输入信号的动态范围，又能提高输出信号的稳定性。

综上所述，选用方案二。

本系统的设计框图如图 1 所示。射频信号源的输出信号，依次经过第一级 LNA、衰减器、第二级 LNA、衰减器后，进入混频器，并与自制的本振信号源进行混频，混频后的信号通过 10.7 MHz 的晶体滤波器后，得到 10.7 MHz 的中频信号。本系统对中频信号进行两级中频放大后，再进行能量检测和 AM 检波。AM 检波后的信号，通过 300 Hz~5 kHz 的带通滤波器、基带 AGC 电路后，在 600 Ω 负载得到 1 V±0.1 V 有效值的基带信号。

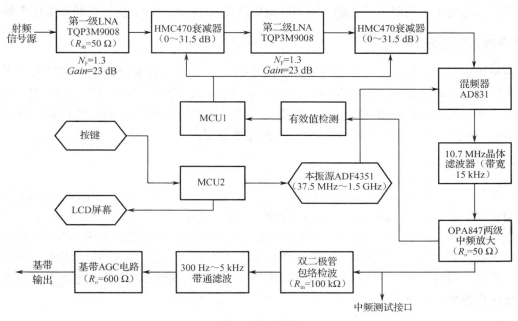

图 1 系统框图

系统采用两块微处理器，MCU1 完成该射频 AGC 功能，它根据有效值检测电路的输出，控制射频前段的程控衰减器，使中频放大器输出信号幅度能稳定在 200 mV±1 dB 内。MCU2 完成本振信号产生功能，它根据输入的指令，产生所需要的射频信号频率。

二、理论分析与计算

1. 低噪声放大器的设计

由接收机灵敏度计算公式 S_{in}（dBm）= $-174 + 10\lg$（BW）$+SNR+N_F$ 可知，放大器的噪声系数 N_F 越低，系统的灵敏度越高。本系统选用噪声系数 $N_F = 1.3$ 的射频小信号放大器 TQP3M9008 作为前级放大器，其 3 dB 频率范围为 50 MHz~4 GHz。

考虑到发挥部分的要求，设系统最小输入信号为 1 μV（对应-107 dBm）。经过测试，获知乘法器的输入信号需要-65 dBm，故前级需要 42 dB 以上增益。为此，设计两级 LNA，每级增益为 23 dB，最大可以提供 46 dB 增益。

2. 中频滤波和中频放大器的设计

中频载波信号频率为 10.7 MHz，根据 AM 信号的最高基带信号频率为 5 kHz 可得中频带宽需要大于 10 kHz。考虑到中频滤波的带外衰减能力和 Q 值，对灵敏度的影响很大，选择性能较好的带宽为 15 kHz、中心频率为 10.7 MHz 的晶体滤波器完成中频滤波功能。

考虑到晶体滤波器的输入输出阻抗为 3 000 Ω，系统设计了阻抗匹配电路，完成其与后级 50 Ω 输入阻抗的放大器的阻抗匹配。

混频器提供了 8 dB 增益，加上 LNA 的 46 dB 增益，此处可获得 54 dB 增益。考虑到 AM 检波电路的最佳工作点大于-15 dBm，在输入为 1 μV（-107 dBm）下，还需要中频提供 38 dB 增益。

系统使用 OPA847（单位增益带宽为 3.9 GHz）电压反馈运放作为中频放大器，两级级联使用，共实现 40 dB 的中频增益。满足系统要求。

3. 混频器的设计

混频器采用 AD831 实现。经测试，其输入信号范围为−65~8 dBm，最高混频频率可达 1.5 GHz。它在输入信号小于 0 dBm 时，失真度较小。本系统通过 LNA 及射频前端的程控衰减器，保证了输入给 AD831 的信号满足要求，同时所设计的本振的输出幅度设定为−10 dBm，保证混频器工作于最佳状态。

4. 基带放大器电路的设计

按照题目要求，基带信号的频率范围为 300 Hz~5 kHz，为得到比较纯净的基带信号，将其经过音频运放放大后通过 4 阶带通滤波器（通频带为 250 Hz~7 kHz），带内信号得到放大的同时，衰减了带外的杂散频率干扰，可使得系统的灵敏度进一步提高。同时基带信号通过由 AD603 构成的自动增益控制（AGC）电路，最后输出电压稳定在 1Vrms±0.1V 的幅度范围内。

5. 程控增益的设计

考虑到发挥部分，输入信号变化范围为 1 μV（−107 dBm）~1 mV（−47 dBm），动态范围为60 dB。通过两级 HMC470 串联，可实现最大 63 dB 的衰减，可满足要求。

射频信号部分的程控增益由单片机、程控衰减器、功率检测芯片三者组成闭环控制。程控衰减器插在两级低噪声放大器之间。功率检测芯片检测中频输出的信号功率值，将其与设定的信号功率阈值电压进行比较，若超出阈值，则单片机控制衰减器衰减信号功率；否则减小衰减器的衰减值，以此达到对前段高频部分的程控增益的闭环控制。

三、电路与程序设计

1. 电路设计

本系统包括低噪声放大电路、混频器及滤波电路、中频放大及有效值检测电路、AM 检波电路、基带 AGC 电路、基带带通滤波器和系统电源。

其中，低噪声放大电路采用 TQP3M9008 实现，增益为 23 dB；混频器采用 AD831 实现，滤波器采用 10.7 MHz 晶体滤波器实现，系统使用 OPA847（单位增益带宽为 3.9 GHz）电压反馈运放作为中频放大器，两级级联使用，共实现 40 dB 的中频增益；有效值检测采用 AD8362 实现；检波电路采用双二极管实现；本振采用 ADF4351 实现；采用两级 AD603 放大器实现基带 AGC 电路；采用 8 阶有源带通滤波器，实现 300 Hz~5 kHz 带通滤波，滤除带外信号。各电路原理分别如图2~图8所示。

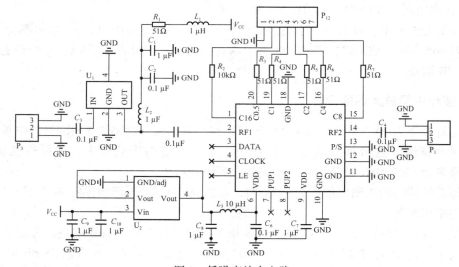

图 2　低噪声放大电路

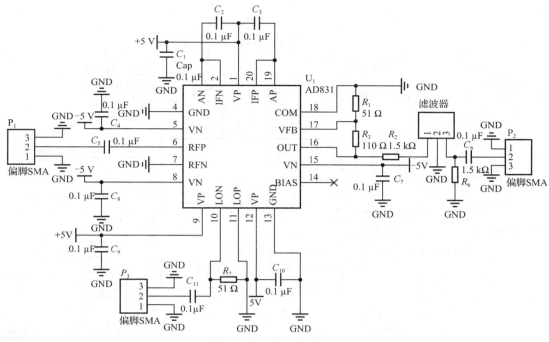

图 3　混频器及滤波电路

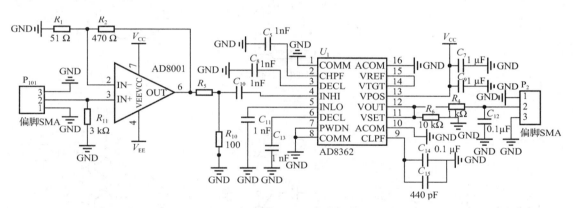

图 4　中频放大及有效值检测电路

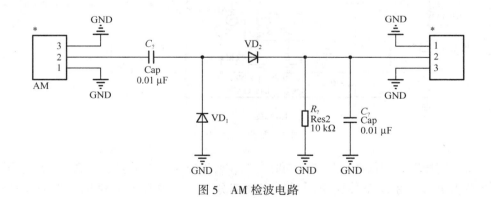

图 5　AM 检波电路

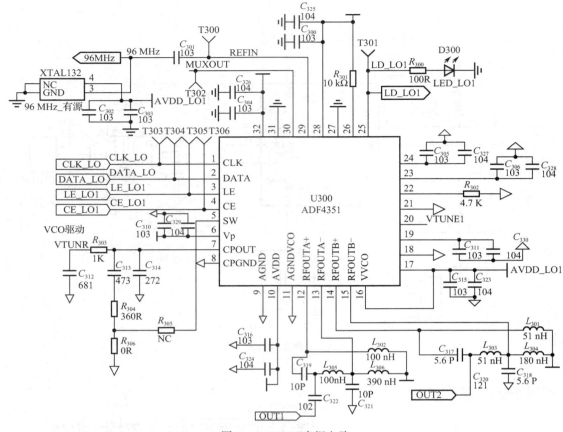

图 6   ADF4351 本振电路

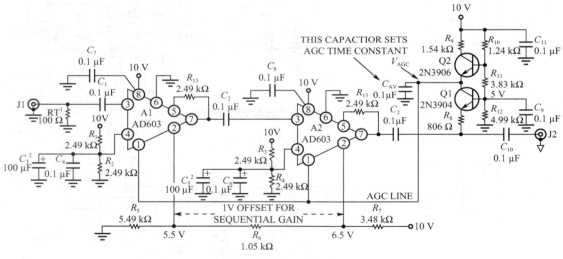

图 7   基带 AGC 电路

由于系统高频信号链路和低频信号链路同时存在，所以对于电源的要求较高。系统采用高性能低纹波大功率线性稳压电源为系统整体供电。系统高放部分采用单电源 5 V 供电，中频及检波电路采用 +5 V 双电源供电。使用电荷泵电路产生 -5 V 电压源。各模块电路通过 LC 滤波，接入电源。单片机数字地与前端模拟地相互隔离。各模块电路在电源接口处增加钽电容和铝电解电容的退耦回路。

2. 程序设计

为更高效地实现系统控制，系统采用两块 STM32 单片机完成整体控制，其中，MCU1 负责前级

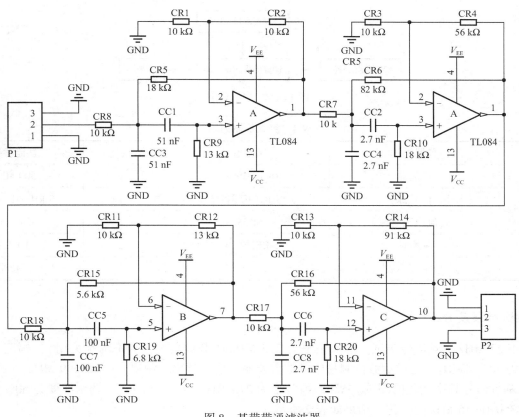

图 8　基带带通滤波器

PGA 自动增益控制，MCU2 负责本振源锁相环输出频率及幅度控制，程序功能框图分别如图 9 和图 10 所示。

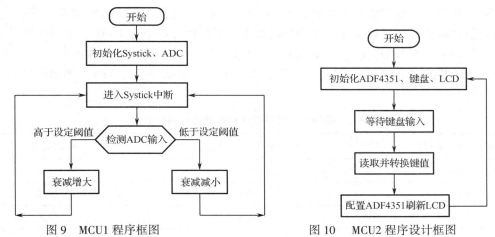

图 9　MCU1 程序框图　　　　　图 10　MCU2 程序设计框图

四、系统测试方案与测试结果及分析

1. 系统测试方案

系统测试的射频信号源产生载波频率、调制频率、调制深度等参数可变的 AM 调制信号输入到系统电路中，单片机调整本振信号频率，并在示波器上观测系统解调输出波形，其接线图如图 11 所示，测试仪器见表 1。

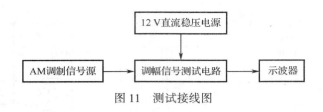

图 11　测试接线图

表 1　测试仪器列表

序号	仪器类别	仪器型号	数量	性能参数
1	示波器	RIGIOMSO4054	1	500 MHz
2	信号源	RIGIODSG815	1	9 kHz~1.5 GHz
3	直流稳压电源	SK3323	1	32V、3A
4	频率计	EE1641B1	1	1 GHz
5	数字万用表	VC9205	1	三位半

2. 测试结果及分析

（1）10.7 MHz 中频信号测试。输入频率为 275 MHz 的载波信号（AM 调制关闭），幅度为 1 mV，本振频率为 285.7 MHz，通过示波器测量中频放大器输出信号频率，测得 f = 10.699 MHz。

（2）基带信号频率变化的测试。AM 载波频率为 275 MHz，U_{irms} = 1 mV，调制深度为 50%，调制信号频率在 300 Hz~5 kHz 内变化，结果如表 2 所示。

（3）载波频率 1 MHz 步进变化测试。U_{irms} = 100 μV 调制信号的频率为 1 kHz、调制深度为 50%，载波频率步进范围为 250~300 MHz，测试结果如表 3 所示。

（4）输入信号幅值在 10 μV ~ 1 mV 范围变化测试。AM 载波频率为 275 MHz，调制信号频率为 1 kHz，调制深度为 50%，改变输入信号幅值在 10 μV ~ 1 mV 内变化，测试结果如表 4 所示。

（5）输入信号幅值和载波频率变化时的测试数据。调制信号频率为 1 kHz，调制深度为 50%，载波频率步进范围为 250~300 MHz，U_{irms} 在 10 μV ~ 1 mV 内变化，测试结果如表 4 所示。

（6）输入 AM 载波电平测试。AM 载波频率为 275 MHz，调制深度为 50%，调制信号频率为 1 kHz，测试结果见表 5。

表 2　基带信号频率变化和解调输出幅度关系

调制信号频率/Hz	解调输出信号/V$_{rms}$	有无明显失真
300	1.021	无
400	1.023	无
500	1.005	无
600	998.500	无
700	997.200	无
800	995.300	无
1 000	991.000	无
1 200	989.500	无
1 400	988.100	无
1 600	988.500	无
1 800	988.600	无

调制信号频率/Hz	解调输出信号/V$_{rms}$	有无明显失真
2 000	987. 600	无
2 500	986. 900	无
3 000	985. 400	无
4 000	986. 400	无
5 000	979. 800	无

表 3　载波频率变化和解调输出幅度关系

载波频率/MHz	本振频率/MHz	是否能解调	基带频率/kHz
250	260. 7	是	1. 011
251	261. 7	是	1. 012
252	262. 7	是	1. 001
253	263. 7	是	1. 014
270	280. 7	是	1. 022
271	281. 7	是	1. 023
272	282. 7	是	1. 015
273	283. 7	是	1. 016
298	308. 7	是	1. 018
299	309. 7	是	1. 021
300	310. 7	是	1. 011

表 4　载波频率变化、AM 信号幅度变化与解调输出幅度的关系

AM 信号幅值 U_{irms}/μV	载波频率/MHz	输出幅值 U_{orms}/V
10	250. 00	1. 019
	275. 00	1. 027
	300. 00	1. 007
50	250. 00	1. 004
	275. 00	1. 010
	300. 00	1. 028
100	250. 00	1. 015
	275. 00	1. 017
	300. 00	1. 023
1 000	250. 00	1. 006
	275. 00	1. 005
	300. 00	1. 012

表 5　AM 载波电平测试表

输入信号幅值 $U_{\text{irms}}/\mu\text{V}$	输出信号幅值 U_{orms}/V
1.00	1.045
3.00	1.042
5.00	1.032

（7）输入 AM 信号载波频率范围测试。载波信号幅值为 100 μV，调制信号频率为 1 kHz，调制深度为 50%，测试结果见表 6。

表 6　AM 载波频率范围测试表

载波信号频率/MHz	解调输出信号/mV$_{\text{rms}}$	有无明显失真
50	1 021.0	无
100	997.2	无
150	991.0	无
200	989.5	无
300	988.1	无
400	988.5	无
500	988.6	无
700	987.6	无
800	986.9	无
900	985.4	无
1 000	986.4	无
1 200	985.5	无

由测试结果可以看出，系统达到题目要求的所有指标，同时载波频率指标和 AM 输入信号幅度指标远超题目要求指标。在保证输出为 1V±0.1V 有效值的基带信号下，最小输入 AM 调制信号的幅度为 1 μV，最小频率为 50 MHz，最大频率为 1.5 GHz。

五、进一步改进的措施

（1）尽量减小整个系统的功耗。本设计中使用了多块单片机，在程序足够优化的情况下，完全可以放在一块单片机内完成，降低功耗的同时可以大幅度降低成本。

（2）进一步解决外界信号的干扰问题。高频接收机易受空气中的电磁辐射干扰，本设计中虽然使用了屏蔽罩等隔离干扰，但是由于手工制作等原因，电磁辐射干扰问题依然存在。采用定制屏蔽罩等手段可以进一步加强电磁隔离。

专 家 点 评

采用射频前端和基带相结合的自动增益控制技术，整体方案合理，实现了特别宽的载频范围。

作品 2　电子科技大学

作者：王天翊　刘思宇　潘永生

摘　要

本作品通过前端的低噪声放大器实现小信号的放大，提高电路的灵敏度；通过 STM32F407 单片机控制锁相频率合成模块，实现本振源的稳定输出，利用二级混频解调。本作品由液晶屏显示当前接收到的 AM 信号关键参数，实现了高灵敏度与宽载波频率特性；采用 FPGA 进行滤波，以除去噪声信号。

关键词：AM 解调；低噪声；高灵敏度；宽载波频率

一、系统方案

1. 方案比较与选择

1）低噪声放大器

方案一：使用固定增益放大器。采用多级固定增益放大器级联，可以获得足够的增益，但无法获得足够的动态范围，也无法精确控制增益。

方案二：使用可旁路的低噪声放大器和程控衰减器。采用程控衰减器和固定增益放大器可获得较宽的动态范围以及较好的带内幅频特性，且增益稳定、噪声系数低。

综上可知，方案二与方案一相比，增益的稳定性与精度高，动态范围大。此外，方案二采用程控衰减器，便于在系统中使用单片机进行控制，实现方法简单，满足系统需求，故选择方案二。

2）本振源

采用锁相频率合成器，利用外部输入的参考信号控制环路内部振荡信号的频率和相位，实现输出信号频率对输入信号频率的自动跟踪，输出信号的杂散低，输出频率精度高、稳定性好，可以满足题目要求。

3）混频器

方案一：一次混频。对输入信号进行一次混频，使其直接进入 10.7 MHz 的中频范围。该方案电路简单，但频率范围较小。

方案二：一次上混频、一次下混频。为了尽可能扩大输入 AM 信号的载波信号频率范围，可采用两次混频的方案。先将输入信号上混频至较高的第一中频，再将其下混频至 10.7 MHz 的第二中频。该方案电路较复杂，但是噪声小、干扰低。

综上所述，方案二可以接收的载波频率更广、噪声更低，故选择方案二。

4）AM 解调及基带放大器

方案一：相干解调。使用锁相频率合成器进行相干解调，通过锁相环提取出载波信息，将一路相干信号与输入信号相乘，从而解调出信号。此方案可以在较低信噪比下解调出信号。但是相干解调对时钟偏差很敏感，对发射端和接收端的时钟频率的相对精度有较高要求，且电路复杂、调试困难。

方案二：非相干解调。使用有效值检波芯片对 AM 信号的有效值进行检波，得到被调制前的信号。非相干解调虽然无法对幅度小的信号检波，但是电路简单，易于调试，且效果较好。另外，对有效值的检测也避免了一部分噪声的干扰。

综上，两个方案在灵敏度与精度上相差不大，且方案二电路简单、易于调试，故选择方案二。

2. 方案描述

根据以上的方案比较与选择，本系统最终系统框图如图 1 所示。

二、理论分析与计算

1. 低噪声放大器设计

低噪声放大器共两级，由增益块 PSA4-5043+ 与 ABA52563 共同组成。

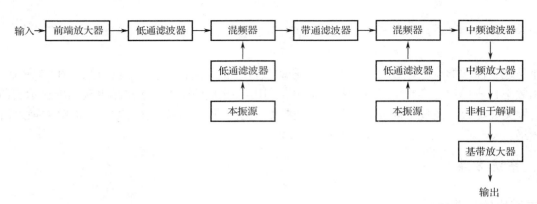

图 1　系统框图

系统的噪声系数计算公式为

$$F_{\mathrm{CASC}} = F_1 + \frac{F_2 - 1}{G_1} + \frac{F_3 - 1}{G_1 G_2} + \cdots + \frac{F_N - 1}{\prod\limits_{i=1}^{N-1} G_i}$$

系统的第一级低噪放的增益为 40 dB，噪声系数为 0.74 dB；第二级的增益为 20 dB，噪声系数为 3.3 dB。由于前两级放大器的增益很高，计算时可忽略第三项及之后的项，公式可简化为

$$F_{\mathrm{CASC}} \approx F_1 + \frac{F_2 - 1}{G_1}$$

代入数值，可知总噪声系数仅为 0.74。为了能控制增益，两级放大器均可被旁路，配合射频开关 HMC284 与数控衰减器 PE43711 实现总增益的调整。低噪声放大器的原理图如图 2 所示。

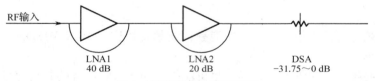

图 2　低噪声放大器原理图

2. 中频滤波器设计

由题知，中频频率为 10.7 MHz。设计使用晶体滤波器 10M15A 制作，其中频带宽为 15 kHz。为抑制低噪、提高灵敏度，中频滤波器采用四级晶体滤波器与 5 个中周制作，得到高 Q、带宽窄且稳定的滤波器，中频带宽仅 12.5 kHz，且通带平稳。

中频滤波器带宽确定后，理论上的接收灵敏度也随之确定，有

$$S_{\min} = 10\lg(P_{\mathrm{s,\,min}}) = -174 + 10\lg(BW) + N_{\mathrm{F}} + CNR_{\min}$$

式中，BW 为中频带宽；N_{F} 为噪声系数；CNR 为有把握解调的信噪比。代入数值可知，整机理论灵敏度为 -127 dBm 左右。

3. 中频放大器设计

中频放大器用来提升整个系统的动态范围。当低噪放全部使能时，其他模块的总增益为 110 dB，插损共 21 dB，系统设计最大增益为 110 dB，所以中频放大器的动态范围至少需要 21 dB。

中频放大器使用电压控制增益放大器和

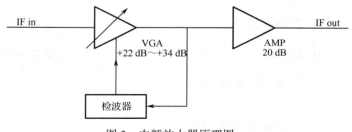

图 3　中频放大器原理图

压控增益放大器 ADL5330 和检波器 AD8318 构成自动增益控制放大器，动态范围达到 56 dB，可使输出幅度稳定。中频放大器的后半部分为固定增益放大器，增大 20 dB 增益，有利于解调电路的稳定解调。其原理图如图 3 所示。

4. 混频器设计

根据设计，信号先经过低通滤波器，其后进行第一次混频。第一级本振为 HMC832 构成的高本振，频率范围为 824 MHz ~ 1.5 GHz。后面的 823 ~ 833 MHz 声表面滤波器可去除干扰。第二级本振也是 HMC832 构成的高本振，频率为 834.7 MHz，将信号混入中频。

高本振设计将本振源的谐波混至更高频率，使其更容易去除。两级本振的频率设计使得本振的和频与差频均远离 10.7 MHz，避免镜频干扰。混频器设计电路如图 4 所示。

5. 基带放大器设计

基带放大器由固定增益放大器构成。此处的放大器可以将信号进行固定增益放大，从而提高输出幅度。

6. 程控增益的设计

本系统中，为提高电路的动态范围，单片机将对系统的总增益进行控制。前端的两级低噪声放大器均可用射频开关控制接入。中频放大器为自动增益控制放大器，当检测到其放大倍数或衰减倍数达到阈值时，程序将自动开启或关断低噪声放大器。此外，PE43711 制作的数控衰减器可以提供 −31.75 ~ 0 dB，步进为 0.25 dB 的衰减。

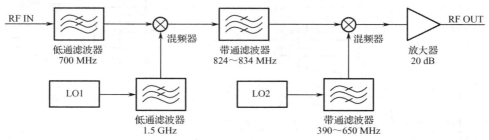

图 4　混频器设计电路

三、电路与程序设计

1. 电路设计

1）低噪声放大器电路设计

由题知前置放大器需要较高增益以及较低噪声系数，故低噪声放大器由两级放大器构成，分别可旁路以控制总增益。

2）混频器电路设计

为了尽可能扩大输入 AM 信号的载波信号频率范围，可采用两次混频的方案。先将输入信号上混频至 824 MHz 的第一中频，再将其下混频至 10.7 MHz 的第二中频进行 AM 解调。混频器使用 ADEX-10H+，具有泄漏低、隔离度高的优势。混频器部分的电路如图 5 所示。

3）中频放大器设计

中频放大器使用电压控制增益放大器和压控增益放大器 ADL5330 及检波器 AD8318 构成自动增益控制放大器，动态范围较高。其电路如图 6 所示。

4）解调电路设计

解调电路使用非相干解调，使用有效值检测芯片 AD8361 检测中频信号的有效值。该芯片的工作频

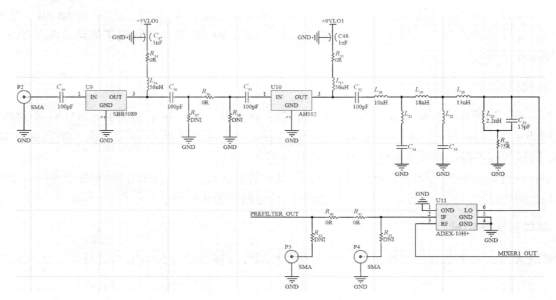

图 5　第一级混频电路图

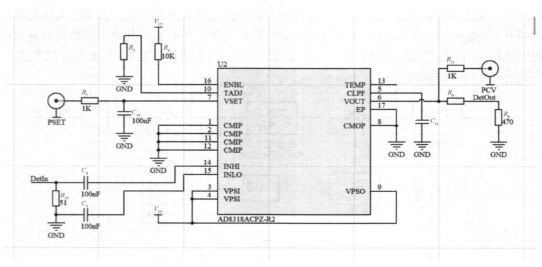

图 6　中频放大器电路

段较广，需合理设置时间常数。有效值检波的抗噪声效果较好，可以解出被调制的信号。其电路如图 7 所示。

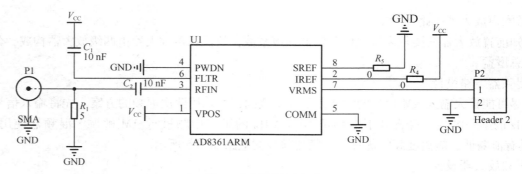

图 7　非相干解调电路

2. 程序设计

STM32F407 作为本系统主控芯片，主要完成人机交互控制、锁相环控制、测量参数显示，瑞萨 R5F523T5ADFM 单片机作为从机，可以自动控制系统的增益。人机交互部分主要通过控制 ZLG7290 键盘板与 TFT LCD 显示器完成，Xilinx Spartan6 FPGA 作为滤波器使用。

STM32 与 RENESAS 软件流程图如图 8 所示。

（1）锁相环控制界面实现了手动输入，从而控制锁相环的输出频率。

（2）参数及状态显示。参数显示界面中显示了各级放大器的状态、载波频率以及当前输入信号的大致幅度。

（3）增益控制。瑞萨 R5F523T5ADFM 单片机可以通过整机状态判断大致的输入幅度，从而自动切换总增益，使输出信号尽量稳定。

（4）滤波器。Xilinx Spartan6 FPGA 作为滤波器，可以有效降低噪声功率。

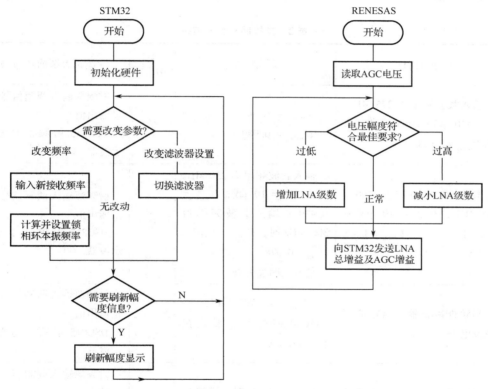

图 8　STM32 与 RENESAS 软件流程框图

四、测试方案与测试结果

本设计使用 DSG815 射频信号源和 DS2202A 示波器进行测量，测试结果见表 1～表 3。

表 1　基本要求测试结果

测量项目	题目指标	完成情况	是否达标	测试方案简述与测量仪器
1.1	中心频率 10.7 MHz	10.703 MHz	是	射频源输入单频信号 DSG815 射频信号源，DS2022A 示波器

测量项目	题目指标	完成情况	是否达标	测试方案简述与测量仪器
1.2	输入信号载波频率为 275 MHz，调制频率为 300 Hz ~5 kHz，$U_{irms}=1$ mV 时，解调 AM 信号，要求 $U_{orms}=1$ V ±0.1 V	300 Hz，$U_{orms}=1.005$ V；5 kHz，$U_{orms}=0.986$ V 信号无明显失真	是	射频源输入调制信号，示波器测量输出值 DSG815 射频信号源，DS2202A 示波器
1.3	输入信号载波频率为 250~300 MHz，步进为 1 MHz，解调 AM 信号，要求 $U_{orms}=1$ V ±0.1 V	载波频率为 300 MHz 时，$U_{orms}=0.980$ V；载波频率为 250 MHz 时，$U_{orms}=0.985$ V	是	射频源输入调制信号，示波器测量输出值 DSG815 射频信号源，DS2202A 示波器

表 2　发挥部分测试结果

测量项目	题目指标	完成情况	是否达标	测试方案简述与测量仪器
2.1	输入载波频率为 275 MHz，$U_{irms}=10$ μV ~1 mV 变动，要求 $U_{orms}=1$ V±0.1 V	$U_{irms}=10$ μV，$U_{orms}=0.989$ V	是	射频源输入调制信号，示波器测量输出值 DSG815 射频信号源，DS2202A 示波器
2.2	输入载波频率为 250~300 MHz，$U_{irms}=10$ μV~1 mV 变动，要求 $U_{orms}=1$ V±0.1 V	输入载波频率为 250 MHz 时，$U_{irms}=10$ μV，$U_{orms}=0.979$ V 输入载波频率为 300 MHz 时，$U_{irms}=10$ μV，$U_{orms}=0.978$ V 信号无明显失真	是	射频源输入调制信号，示波器测量输出值 DSG815 射频信号源，DS2202A 示波器
2.3	尽可能降低输入 AM 信号载波电平	$U_{irms}=707$ nV，即 -110 dBm 时，U_{orms} 稳定在 1 V ±0.1 V		射频源输入调制信号，示波器测量输出值 DSG815 射频信号源，DS2202A 示波器
2.4	尽可能扩大输入 AM 信号的载波信号频率范围	$U_{irms}=10$ μV 时，可接收载波频率范围为 1~700 MHz		射频源输入调制信号，示波器测量输出值 DSG815 射频信号源，DS2202A 示波器

表 3　其他部分测试结果

测量项目	完成情况
2.5a 整机灵敏度	-110 dBm
2.5b 载波频率范围	100 kHz~800 MHz

测试结果分析：本作品达到了 -110 dBm 的灵敏度和 1 ~700 MHz 的载波频率，较好地达到了设计要求。

五、结论

本作品完成了题目的所有基本要求部分和发挥部分的要求，符合题目所有指标，并且在灵敏度和载波信号频率范围等指标上超出题目要求。

本作品采用低噪声放大器对输入信号进行放大，单片机控制锁相频率合成器实现本振源输出，信号通过两次混频进入中频，进行有效值检波解调出信号。

本作品灵敏度高，整机灵敏度达到 $-110\ \mathrm{dBm}$，远超题目要求。载波频率方面，本作品可以解调载波为 $1 \sim 700\ \mathrm{MHz}$ 的信号，远超题目要求。

专 家 点 评

两级小信号放大和两级混频结构实现了宽载波范围的 AM 信号解调，灵敏度高。

作品 3　南京邮电大学（节选）

作者：朱立宇　刘雨柔　冯备备

摘　　要

本系统主要由本振信号发生模块、低噪放、混频器、中频滤波模块、AGC 模块、包络检波器、基带放大器以及自制开关稳压电源、单片机构成，实现了一个 25 MHz ~ 4 GHz 超宽带高灵敏度 AM 接收机。主要技术路线：以集成 VCO 的宽带频率合成器作为本振信号源，输出信号频率范围为 35 MHz ~ 4.4 GHz，可实现触摸屏手动输入调节，步进 1 kHz；使用超宽带无源混频器将调幅信号下变频至中频；以陶瓷滤波器作为中频滤波器，AGC 模块作为中频放大器，将放大后的信号送入包络检波器中进行 AM 解调得到基带信号；基带信号经过基带程控增益放大器得到幅度稳定的输出信号。

关键词：超宽带接收机；AGC；包络检波

一、系统方案

1. 总体系统方案

本调幅接收机系统主要由本振信号发生器、低噪放、混频器、中频滤波模块、AGC 模块、包络检波器、基带放大器以及自制开关稳压电源、单片机组成，系统框图如图 1 所示。

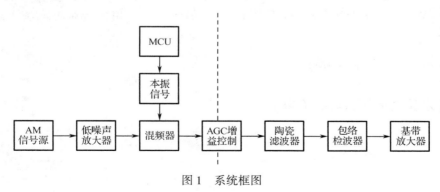

图 1　系统框图

2. 方案比较与选择

1）本振信号源方案

方案一：采用 DDS。该方案采用 DDS 作为本振信号源，DDS 的优点在于分辨率高、步进小，但是频率受限，不能满足要求，故不选择该方案。

方案二：采用基于分立元件构成的 VCO/PLL。该方案采用分立元件构成 VCO/PLL，它的优点在于信号质量好，但是电路复杂，调谐复杂，难以做到超宽带，故不选择该方案。

方案三：采用集成 VCO 的宽带频率合成器。该方案以集成 VCO 的宽带频率合成器 ADF4351 作为本振信号源，输出信号频率范围为 35 MHz~4.4 GHz，相位噪声低，故最终选择该方案。

2）混频器方案

方案一：乘法器混频。该方案采用 250 MHz 电压输出四象限乘法器 AD835 混频，但由于 AD835 频率上限为 250 MHz 且难以处理小信号，不能满足题目要求，故不选择该方案。

方案二：有源混频器混频。该方案采用有源混频器，有源混频器能够提供好的带宽特性，但是其噪声也会因此升高，线性度也比较低，因此它适用于较低的动态范围，故不选择该方案。

方案三：无源混频器混频。该方案使用无源混频器，无源混频器具有较低的噪声、线性度好、频率高，选用超宽带的无源混频器更适用于高要求的接收机设计，故最终选择该方案。

3）中频滤波器方案

方案一：使用晶体滤波器。该方案采用晶体滤波器作为中频滤波器，晶体滤波器具有通带极窄、Q 值高的优点，但由于晶体滤波器带内不平坦，引发包络失真，导致解调信号失真，故不选择该方案。

方案二：使用陶瓷滤波器。该方案使用陶瓷滤波器作为 10.7 MHz 中频滤波器，陶瓷滤波器较晶体滤波器来说通带更宽，容易带入更多噪声，但带内平坦，波动仅为 0.1 dB 左右，避免了解调信号失真，故最终选择该方案。

二、部分理论分析与计算

1. 低噪声放大器分析与计算

本系统需要在低噪声放大信号的同时产生尽可能低的噪声及失真，且带宽要求较高，因此选用宽带低噪声放大器 MAAM-011229，电路如图 2 所示。

2. 混频器分析与计算

混频器原理公式：$\cos\alpha\cos\beta = 1/2[\cos(\alpha+\beta)+\cos(\alpha-\beta)]$，其中，$\alpha$ 为 LO 信号频率，β 为 RF 信号频率，经混频器、中频滤波后得到 $\alpha-\beta$ 的频率分量，即为 IF 信号。具体电路如图 3 所示。

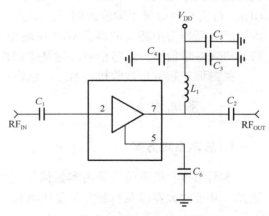

图 2　宽带低噪声放大器原理图

三、电路与程序设计（略）

四、测试方案与测试结果（略）

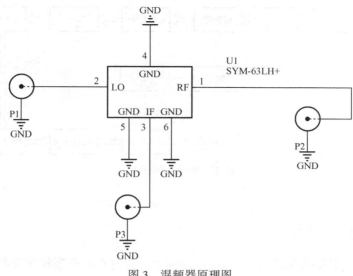

图 3 混频器原理图

作品 4 桂林电子科技大学（节选）

作者： 张德煌 盖新凯 庄良艳

一、方案设计与论证

1. 本振的论证与选择

方案一：采用 LMX2571 作为本振，通过程序控制步进，LMX2571 是一个带低噪声、高性能集成式 VCO 的频率合成器。其功耗低。

方案二：采用 PLL ADF4351。ADF4351 结合外部环路滤波器和外部参考频率使用时，可实现小数 N 分频或整数 N 分频锁相环频率合成功能。ADF4351 具有一个集成电压控制振荡器，频率输出范围为 2 200~4 400 MHz，采用 SPI 接口，且功耗较低。

通过比较，LMX2571 输出的噪声较低，所以选用了方案一。

2. AGC 的论证与选择

方案一：采用 VCA810 程控放大器作为主控芯片，后级接高速放大器 OPA690，起缓冲的作用，70 dB 的动态调整范围，频率响应较好；但噪声比较大。

方案二：采用高性能可变增益放大器 AD8367 制作 AGC，增益控制特性简单，增益控制范围为 60 dB，其典型工作频率范围在 500 MHz 以内，可通过外部电容将工作频率扩展到任意低频。

综上所述，采用方案二。

二、系统简介与各单元电路分析

1. 系统总体框图

系统主要由低噪声放大器、混频器、中频滤波器、中频放大器、AM 解调、基带放大器等构成。系统总体框图如图 1 所示。

2. 低噪声放大器设计

低噪声放大器的放大倍数为 16 dB，输入信号范围为 −87~−47 dBm，所以经过低噪声放大器后，输

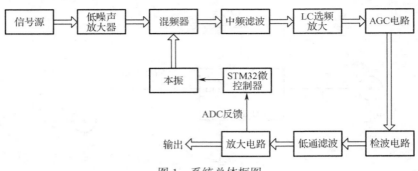

图 1　系统总体框图

出为–71～–31 dBm。

三、软件流程图

显示包括本振频率、本振频率的 10.7 MHz 镜像频率，通过自动选频模式和扫频模式找到频率。程序流程框图如图 2 所示。

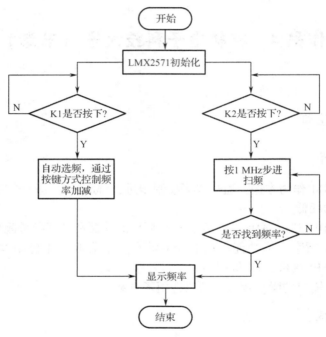

图 2　程序流程框图

四、测试方案与测试数据（略）

五、总结（略）

专 家 点 评

方案简捷，实现了较宽的载波频率范围，并具有较好的自动频率搜索功能。

H 题　远程幅频特性测试装置

一、任务

设计并制作一远程幅频特性测试装置。

二、要求

1. 基本要求

（1）制作一个信号源。输出频率范围为 $1 \sim 40$ MHz；步进为 1 MHz，且具有自动扫描功能；负载电阻为 600 Ω时，输出电压峰峰值在 $5 \sim 100$ mV 可调。

（2）制作一个放大器。要求输入阻抗为 600 Ω；带宽为 $1 \sim 40$ MHz；增益为 40 dB，要求在 $0 \sim 40$ dB 连续可调；负载电阻为 600 Ω时，输出电压峰峰值为 1 V，且波形无明显失真。

（3）制作一个用示波器显示的幅频特性测试装置，该幅频特性定义为信号的幅度随频率变化的规律。如图 1 所示，利用导线将信号源、放大器、幅频特性测试装置等三部分连接起来，由幅频特性测试装置完成放大器输出信号的幅频特性测试，并在示波器上显示放大器输出信号的幅频特性。

图 1　远程幅频特性测试装置框图（基本部分）

2. 发挥部分

（1）在电源电压为 +5 V 时，要求放大器在负载电阻为 600 Ω时，输出电压有效值为 1 V，且波形无明显失真。

（2）如图 2 所示，将信号源的频率信息、放大器的输出信号利用一条 1.5 m 长的双绞线（一根为信号传输线，另一根为地线）与幅频特性测试装置连接起来，由幅频特性测试装置完成放大器输出信号的幅频特性测试，并在示波器上显示放大器输出信号的幅频特性。

图 2　有线信道幅频特性测试装置框图（发挥部分（2））

（3）如图 3 所示，使用 Wi-Fi 路由器自主搭建局域网，将信号源的频率信息、放大器的输出信号信息与笔记本电脑连接起来，由笔记本电脑完成放大器输出信号的幅频特性测试，并以曲线方式显示放大器输出信号的幅频特性。

图 3　Wi-Fi 信道幅频特性测试装置框图（发挥部分（3））

（4）其他。

三、说明

（1）笔记本电脑和路由器自备（仅限本题）。

（2）在信号源、放大器的输出端预留测试端点。

四、评分标准

项　目		主要内容	分数
设计报告	系统方案	比较与选择 方案描述	2
	理论分析与计算	信号发生器电路设计 放大器设计 频率特性测试仪器的测试功能	8
	电路与程序设计	电路设计 程序设计	4
	测试方案与测试结果	测试方案及测试条件 测试结果完整性 测试结果分析	4
	设计报告结构及规范性	摘要 设计报告正文的结构 图表的规范性	2
	报告总分		
基本 要求	完成（1）		20
	完成（2）		17
	完成（3）		5
	完成（4）		8
	合　　计		50
发挥 部分	完成（1）		10
	完成（2）		20
	完成（3）		15
	其他		5
	合　　计		50
	总　　分		100

作品1 湖南理工学院

作者：吴远泸 朱熙宇 温 兴

摘 要

本设计作品实现了一种远程幅频特性测试装置，该装置由扫频信号源、可调增益放大器、幅频特性测试、显示模块和上位机程序五部分组成。在单片机的控制下，可通过有线和无线信道对所传输信号的幅频特性参数进行观测。

关键词：幅频特性；可调增益；有线信道；Wi-Fi；单片机

一、系统设计方案

1. 技术方案分析与比较

1）信号源设计方案的选择

方案一：采用 FPGA 芯片。用 FPGA 来模拟 DDS 进行数字频率合成，外接高速 DA 输出所需波形，成本较高。

方案二：采用 AD9958 双通道 DDS 芯片。AD9958 最高时钟频率能达到 500 MHz，且频率分辨率高，输出频率、相位和幅度均可实现程控，完全满足本题的要求。

为了确保实现设计要求，本设计采用方案二。

2）可调增益放大器设计方案的选择

方案一：采用低噪声数控增益放大器 AD8370。具有高增益和低增益两种增益控制模式，其中高增益模式可以实现 +6 ~ +34 dB 连续调节，低增益模式可以实现 -11 ~ +17 dB 连续调节，但调试的工作量较大。

方案二：采用宽带低噪声线性压控增益放大器 AD8367。AD8367 具有以 dB 为单位的线性增益特点，控制精度高，可实现增益连续可调，实现 45 dB 增益调节范围。

结合设计指标要求，本设计采用方案二。

2. 系统架构

系统要求能够实现远程幅频特性测试，根据技术指标要求，系统总体结构如图 1 所示。

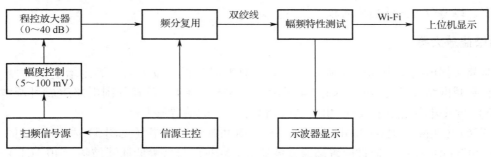

图 1 远程幅频特性测试装置系统结构

二、理论分析与计算

1. 信号源设计分析

AD9958 由两个 DDS 内核构成，通过写入频率、幅度、相位控制字，满足高分辨率信号需求。控制字与输出信号频率、相位、幅度的关系由以下方程给定，即

$$f_0 = \frac{FTW \times f_s}{2^{32}}(0 \leqslant FTW \leqslant 2^{31}), \qquad \varphi = \frac{POW}{2^{14}} \times 360°, \qquad A = \frac{ACR}{2^{10}} \times U_{max}$$

式中，FTW 为频率控制字；f_s 为片内时钟；POW 为相位控制字；ACR 为幅度控制字；U_{max} 与芯片外接电阻 R_{SET} 相关。

为了实现预定增益指标（0~40 dB），放大器采用固定增益放大器、可调增益放大器、可控衰减网络和带通滤波器。

2. 带通滤波器设计分析

在第一级固定增益放大器（缓冲级）前端设计 5 阶椭圆 LC 高通滤波器，截止频率为 1 MHz，在第二级固定增益放大器前端设计 5 阶巴特沃斯 LC 低通滤波器，截止频率为 40 MHz，构成 1~40 MHz 的带通滤波网络。

3. 幅频特性测试设计分析

1）RMS 检波电路

信号的均方根值定义为

$$U_{RMS} = \sqrt{\frac{1}{T} \int_0^T u^2(t)\, dt}$$

AD8361 能从被测信号中提取真有效值测量数据，其输出电压与输入电压的 RMS 值成正比，测量准确度为±0.25 dB（14 dB 范围内）。

2）示波器幅频特性显示处理

经幅频特性测试装置得到的信号频率和信号幅度一路送至液晶屏显示幅频特性曲线；同时，通过两路 D/A 转换示波器 X 输入和 Y 输入，在示波器中显示信号幅频特性曲线。

三、硬件电路设计

1. 信号发生器

本系统信号发生器以 AD 公司的 DDS 芯片 AD9958 为核心，如图 2 所示，STM32 单片机首先对 AD9958 进行初始化，设置所需主频。然后，AD9958 写入频率控制字、相位控制字、幅度控制字和通道选择控制字，以差分方式输出所需频率信号。

2. 可调增益放大器

可调增益放大器电路框图如图 3 所示，由前置放大器、程控放大器、固定增益放大器、主控单片机、滤波器和衰减网络等部分组成。如图 4 所示，AD8367（U4）及其外围电路组成可调增益放大器；OPA691（U3）与其外围电路组成+6 dB（放大倍数为 2）的前置放大器。

通过 AD8367（实际使用 0~30 dB 程控）、-16 dB 可控衰减网络（见图 5）和+16 dB 固定增益放大器（见图 6）相互配合完成。通过前置高通滤波器（1 MHz）与后置低通滤波器（40 MHz）组成 1~40 MHz 的带通滤波器。

3. 幅频特性测试

幅频特性测试端的框架如图 7 所示。因题目要求传输信号源的频率信息和放大器的输出信号，即实

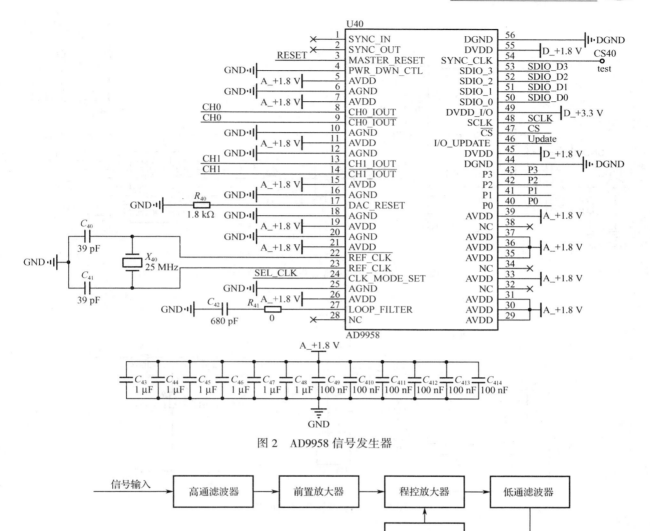

图 2　AD9958 信号发生器

信号输入 → 高通滤波器 → 前置放大器 → 程控放大器 → 低通滤波器

STM32

频分复用模块输入 ← 固定增益放大器 ← 衰减网络 ←

图 3　可调增益放大器电路框图

现模拟和数字信号的混合传输，所以在发送端使用加法器电路将数字信号与模拟信号合成，通过双绞线传输，实现频分复用。

在接收端，输入信号经高通滤波后即可还原出原来的放大器输出信号，经衰减网络/阻抗变换后输入由 AD8361 完成信号真有效值检测；同时对输入信号进行低通滤波和缓冲整形，则可得到传输的数字信号，通过协议解码则得到信号源的频率信息。

四、软件设计

本系统软件部分包括两部分：一是幅频特性测试装置，二是远程上位机幅频特性显示。STM32 单片机控制部分包括信号源主控、幅频特性测试从控和显示控制。主控单片机主要完成信号发生器点频/扫频测试，从控单片机主要完成时分复用信号切换、信号幅度有效值 A/D 变换、接收频率信息以及与示波器显示所需的 D/A 变换。

图 8 所示为信号源主控流程；图 9 所示为幅频特性测试流程；图 10 所示为上位机软件流程。

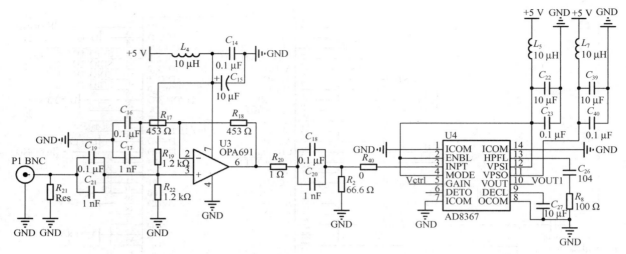

图 4　可调增益放大器（带 6 dB 前置补偿）

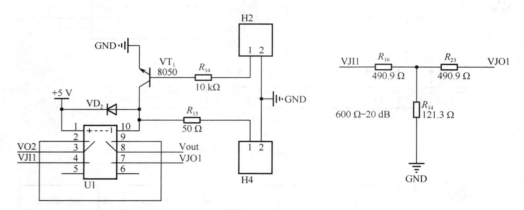

图 5　可控衰减网络（-16 dB）

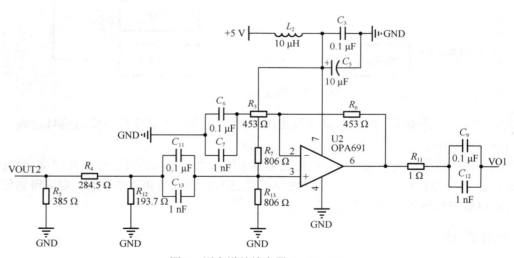

图 6　固定增益放大器（+16 dB）

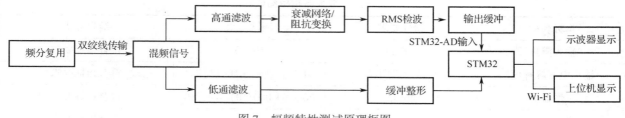

图 7　幅频特性测试原理框图

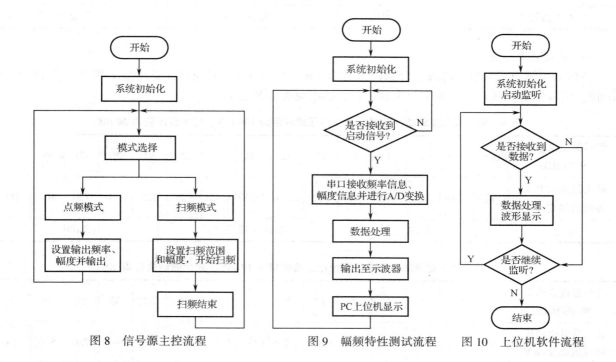

图 8　信号源主控流程　　　　图 9　幅频特性测试流程　　图 10　上位机软件流程

五、测试方案与测试结果

采用 DM3058ET 数字万用表、MSO2202A 数字示波器和 GOS6050 双踪示波器进行测试。

1. 基本要求指标测量

1）信号源指标测试

将信号源外接 600 Ω 负载，测试信号源的性能指标，结果见表 1。

表 1　信号源指标测试

指标名称	指标要求	测试结果	结果分析
输出频率范围	1~40 MHz	0.1~100 MHz	优于指标要求
步进	1 MHz 步进	是	符合指标要求
扫描输出	具有自动扫描功能	是	符合指标要求
输出电压峰峰值	5~100 mV 可调	是	符合指标要求

说明：当信号源输出电压峰峰值过小（如 5 mV）时，将信号放大 40 dB（100 倍），以便于测试。

2）放大器指标测试

将信号源输出电压峰峰值设置为 10 mV，放大器外接 600 Ω 负载，测试放大器性能指标，结果见表 2。

表2　放大器指标测试

指标名称	指标要求	测试结果	结果分析
输入阻抗	600 Ω	597 Ω	符合指标要求
输出电压峰峰值	1 V 且波形无明显失真	1 V 且波形无明显失真	符合指标要求
增益	40 dB	20lg（1 000/10）= 40 dB	符合指标要求
增益可调	0~40 dB 连续可调	是	符合指标要求
放大器带宽	1~40 MHz	见测试3)	符合指标要求

3) 放大器带宽测试

将信号源输出信号电压峰峰值分别设置为 100 mV 和 10 mV，对应放大器增益分别设置为 20 dB 和 40 dB，信号源为扫频输出，测试放大器带宽，结果见表3和表4。

表3　放大器带宽测试（信号源输出电压峰峰值为 100 mV、放大器增益为 20 dB）

信号源设定输出频率/MHz	0.1	0.5	1	4	8	12	16	20	24	28	32	36	40	45	50
放大器输出电压峰峰值幅度/mV	40	400	740	960	976	992	1 010	1 030	1 024	976	888	784	720	468	196
备注		-3 dB				平坦区（通频带）							-3 dB		

表4　放大器带宽测试（信号源输出电压峰峰值为 10 mV、放大器增益为 40 dB）

信号源设定输出频率/MHz	0.1	0.5	1	4	8	12	16	20	24	28	32	36	40	45	50
放大器输出电压峰峰值幅度/mV	56	520	745	960	976	1 000	1 016	1 040	1 056	1 000	928	840	720	510	230
备注		-3 dB				平坦区（通频带）							-3 dB		

经过上述测试，可知放大器的带宽满足题目要求。

4) 幅频特性测试装置测试及显示结果

将放大器输出信号送到幅频特性测试装置进行幅频特性测试，通过示波器显示放大器输出信号的幅频特性曲线，幅频特性测试结果符合指标要求。

2. 发挥部分指标测量

1) 放大器指标测试

设定电源电压为+5 V，放大器负载电阻为 600 Ω，信号源输出电压峰峰值为 28.3 mV，放大器增益为 40 dB，此时在带宽范围内测得放大器输出电压有效值为 1 V 左右，结果见表5，通过示波器观察放大器输出信号波形，波形无明显失真，符合指标要求。

表5　放大器带内输出电压有效值测试（信号源输出电压峰峰值为 28.3 mV、放大器增益为 40 dB）

信号源设定输出频率/MHz	0.1	0.5	1	4	8	12	16	20	24	28	32	36	40	45	50
放大器输出电压峰峰值幅度/mV	508	1 520	1 120	2 840	2 860	2 900	2 900	2 940	2 900	2 760	2 560	2 240	1 940	1 620	1 420
备注		-3 dB				平坦区（通频带）							-3 dB		

2) 经有线信道传输后放大器输出信号的幅频特性测试

将放大器输出信号通过 1.5 m 长的双绞线与幅频特性测试装置连接，由幅频特性测试装置测试放大器输出信号的幅频特性，并在示波器上显示幅频特性曲线，幅频特性测试结果符合指标要求。

3）经局域网传输后上位机对放大器输出信号的幅频特性测试

将放大器输出信号通过自主搭建的局域网传输至上位机，利用上位机完成对放大器输出信号的幅频特性测试，并显示幅频特性曲线，幅频特性测试结果符合指标要求。

专 家 点 评

方案讨论较详细，有一定的参考价值，双绞线传输最好用时分复用，本题采用的频分复用。

作品 2　西安电子科技大学

作者：王春亮　王凯隆　谢也佳

摘　　要

本系统以 STM32F103 单片机为控制核心，以 AD9854 为信号源发生模块，结合增益控制功能的可变增益放大器 AD8368、AD8367 构成可控增益放大器模块，并采用后级单电源轨对轨放大器 LMH6612、后级对数检波器 AD8317，配合双绞线和 Wi-Fi 模块实现了远程幅频特性测试。

关键词：幅频特性；远程测量；压控；无线传输

一、方案论证与比较

1. 方案比较与选择

1）信号源方案比较与选择

方案一：采用高速 DA 产生。通过 DDS 算法产生信号。如 DAC5672，其更新速率高达 275M。其缺点是输出频率较高的正弦信号时，波形失真严重。本题要求输出频率范围为 1~40 MHz，输出信号的频率较高。因此，该方案不适合本题使用。

方案二：采用集成 DDS 芯片产生。采用集成 DDS 芯片产生信号，如 AD9854。使用集成 DDS 芯片的优点是不仅保证了题目要求的输出频率范围，还保证了输出电压峰峰值在 5~100 mV 可调。其使用灵活，配置更加简便。使用单片机控制 DDS 芯片产生所需的信号，能够更有效地保证输出信号的准确性。

考虑到本题要求的频率范围、电压峰峰值范围，本设计选用方案二。

2）可变增益放大器方案比较与选择

方案一：切换电阻衰减网络。采用固定增益放大，切换衰减网络。首先由放大器级联实现固定增益放大，再由继电器切换衰减网络（如 π 形或 T 形）实现增益控制。该方案中的衰减网络由纯电阻搭建，其优点是噪声小、成本低；但缺点是增益调节精度受限于电阻值精度，且引入电子开关，电路复杂，挡位数量有限，无法实现题目要求的增益连续可调。

方案二：采用压控增益放大器 VGA。选用宽带、线性 dB VGA，通过滑动变阻器调节控制电压，从而改变增益。例如，AD8368 的带宽高达 800 MHz，增益调节范围为 −12~22 dB，线性 dB 调整比例为 37.5 dB/V。其优点是增益控制简单灵活，带宽高，并且可连续调节。

考虑到本题的带宽要求、增益范围和连续调节，本设计采用方案二。

2. 系统总体方案

系统主要由信号源、放大器、信号测量电路、信号传输电路、单片机控制电路及显示模块 5 个部分组成。整个系统由+5 V 单电源供电。系统总体框图如图 1 所示。

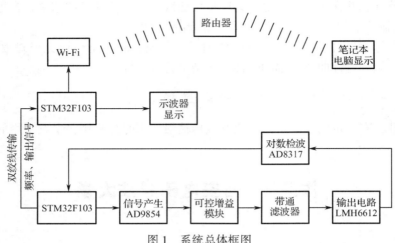

图 1　系统总体框图

由单片机控制 DDS 产生信号输入到放大器中。可控增益模块由 AD8368 和 AD8367 级联而成。放大器输出后接对数检波，把幅值信息传递给单片机。两单片机通过双绞线通信，并通过 Wi-Fi 模块实现与笔记本电脑的通信，显示波形信息。

二、理论分析与参数计算

1. 放大器设计

为了满足题目要求 0~40 dB 连续可调，选择宽带模拟线性 dB 增益控制功能的可变增益放大器 AD8368（−12~22 dB 可调）和 AD8367（−2.5~42.5 dB 可调），两级级联可实现 79 dB 增益调节动态范围。考虑到题目要求放大器输入阻抗为 600 Ω，且要求放大器带宽为 1~40 MHz，滤波器和前后级阻抗匹配引入了多级衰减。该设计可完全满足题目要求动态可调范围。放大器最终的增益调节范围为 −10~55 dB，如图 2 所示。

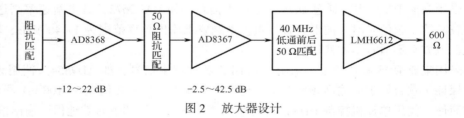

图 2　放大器设计

2. 滤波电路计算

由于题目要求运放带宽为 1~40 MHz，故需要在放大器设计中加入带通滤波器。本设计的低通特性由 6 阶无源低通巴特沃斯滤波器产生，截止频率为 40 MHz。高通特性由末级运放 LMH6612 搭建的二阶 RC 滤波器提供。

3. 末级放大电路计算

本题要求末级输出 1 V 有效值，供电电源为+5 V 单电源供电。因此，选择的运放需要具有轨到轨、压摆率大的特性。由于前级输出最大为 1.5 V_{PP}，并且考虑到阻抗匹配，要达到 1 V 有效值的输出，设置放大器放大倍数为 4 倍。

三、硬件电路设计

1. 可变增益放大电路设计

依据数据手册，AD8368 增益调节范围为 $-12\sim+22$ dB，AD8367 增益调节范围为 $-2.5\sim+42.5$ dB，AD8368 与 AD8367 级联理论上可实现 $-14.5\sim64.5$ dB 的增益范围调节，动态范围为 79 dB，完全满足题目要求。其增益调节滑动变阻器通过分压控制，具体电路如图 3 所示。电容值按照手册选取。

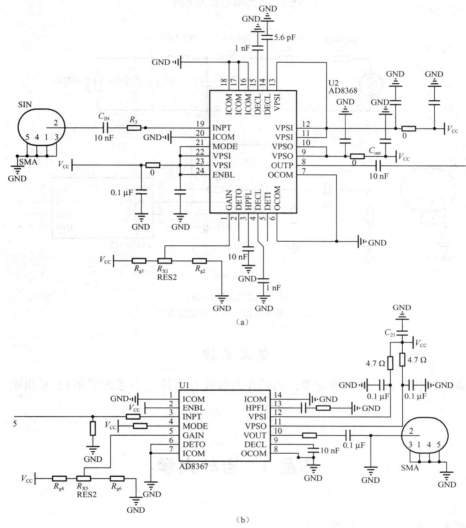

图 3　可变增益放大电路

（a）AD8368 电路；（b）AD8367 电路

2. 放大器末级电路设计

前级最大输出为 1.5 V_{PP}，为了达到题目要求的 1 V 有效值，并且考虑到两级间的阻抗匹配，设计放大器的放大倍数为 4 倍。根据手册，选取 $R_F=750$ Ω，$R_g=250$ Ω，见图 4。

3. 滤波电路设计

设计截止频率为 40 MHz 的 6 阶巴特沃斯低通 LC 滤波器（见图 5（a））与截止频率为 1 MHz 的 2 阶有源高通滤波器（见图 5（b））级联形成带通滤波器。

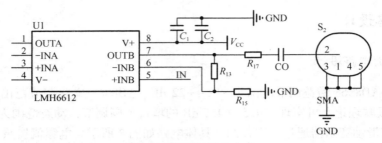

图4 可控增益放大电路

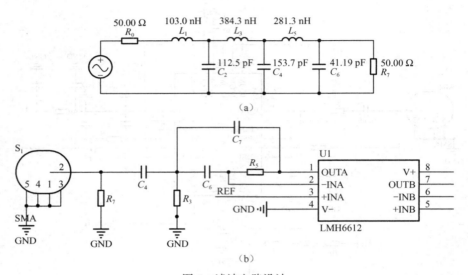

（a）

（b）

图5 滤波电路设计
（a）低通滤波器；（b）高通滤波器

专 家 点 评

方案设计满足出题要求，测试较完美，尤其在末级放大器设计中考虑了单+5 V供电，要求输出有效值1 V。

作品3 吉林大学

作者：王鹏飞 王郁霖 于思佳

一、方案设计与论证

1. 信号源产生模块的论证与选择

方案一：采用模拟正弦波反馈型 *LC* 振荡电路。使用分立元件搭建虽然制作简单，但不便于调试，频率稳定度差，失真度高，难以达到高精度调节的要求，不适于快速调试的场合。

方案二：利用 AD9910 芯片。该 DDS 芯片内置 14 位 DAC，支持高达 1GS/s 的采样率，频率分辨率低于 0.23 Hz，动态性能卓越，可编程调节输出电压幅度。

经综合比较，基于成本和调试难易程度等因素，选择方案二。

2. 放大器电路的设计与选择

方案一：采用 AD8009 运算放大器芯片。AD8009 是一款高速电流反馈型放大器，压摆率达到 5 500 V/μs，上升时间仅为 545 ps，因而非常适合用作高频信号放大器。但电流反馈型运算放大器的带宽与反馈电阻有关，不便于设计制作可变增益放大器。

方案二：采用 AD8367 芯片。AD8367 具有优异的增益控制特性。该芯片内置可变增益衰减器、固定增益放大器和均方根检波器，可以实现单片 VGA 应用，并可以在任意低频到 500 MHz 的频率范围内稳定工作，具有增益控制特性选择和功耗关断控制功能。

经综合比较，基于稳定性、增益和系统复杂度等因素，选择方案二。

3. 检波电路的论证与选择

方案一：利用二极管构成包络检波器。二极管包络检波器主要由二极管和 RC 低通滤波器电路组成。输入信号使二极管导通和截止，不断重复至电容充放电达到平衡，输出信号跟踪输入信号，实现包络检波。但二极管包络检波器易产生惰性失真和负峰切割失真。

方案二：采用 AD8361 集成检波芯片。AD8361 是真有效值响应功率检波器，适用于高频信号检波，检波范围为 LF~2.5 GHz。最大非线性失真度仅有 ±0.25 dB，具有能够测量任何复杂波形有效值而不必考虑波形失真度的优势，可单电源供电，功耗低。

经综合考虑检波灵敏度和检波线性度，选择方案二。

二、系统理论分析与计算

1. 信号发生器部分的理论分析

信号源发生的正弦波由 DDS 生成。DDS 的相位累加器的输出为线性增加的阶梯信号，经波形查询表后将相位信息转化成相应的正弦波幅度信息，经数/模转换器后输出近似正弦波的波形，最后经过低通滤波器滤除干扰频率分量，得到平滑正弦波。正弦波频率为 $f_0 = f_c/2^N$，f_0 为 DDS 输出频率，f_c 为内部参考时钟频率，N 为相位累加器长度。

2. 有效值检波器设计

电压的有效值定义为

$$U_{\mathrm{rms}} = \sqrt{\frac{1}{T}\int_0^T U^2(t)\,\mathrm{d}t}$$

因此，为了获得均方根响应，必须具有平方律检波的伏安特性。该幅频特性测试装置使用集成检波芯片进行检波，输出为代表输入信号有效值的直流电压，根据正弦波的波峰系数换算为输入信号的峰峰值 $U_{\mathrm{pp}} = 2.828U_{\mathrm{rms}}$。

三、电路与程序设计

1. 系统总体框图

系统总体框图如图 1 所示。对于基本要求部分的幅频特性测试装置，信号源输出的信号进入压控放大器，在可调增益放大器的作用下，实现输入信号幅度的放大。在基本要求下，使用导线实现信号源与幅频特性测试装置的串口通信；使用双绞线时，将信号源频率信息与放大器输出信号传输至幅频特性测试装置，解调后送入单片机进行分析；使用 Wi-Fi 时，在局域网下将单片机采集的数据发送至上位机，绘制幅频特性曲线。

2. 可调增益放大器电路设计

可调增益放大器电路如图 2 所示。使用 AD8367 制作压控增益放大电路，并两级级联。将信号源输出信号进行两级放大，单级增益可达 20 dB，级联后稳定增益达到 40 dB。

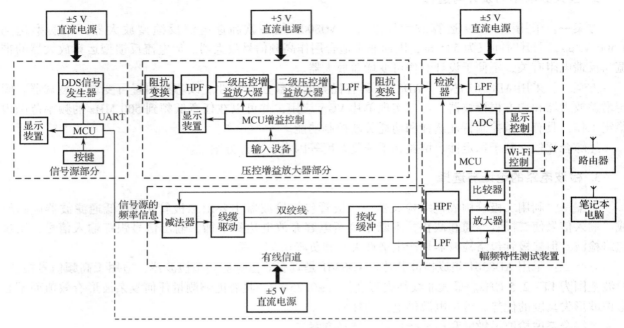

图 1 系统总体框图

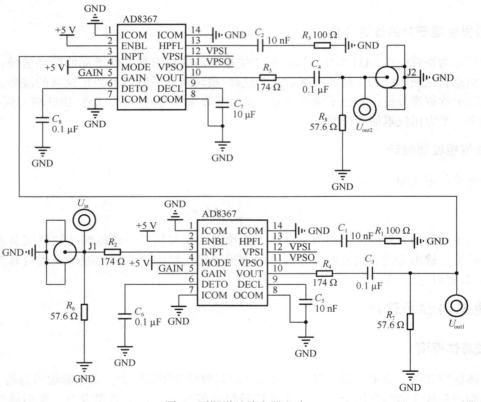

图 2 可调增益放大器电路

3. AD8361 检波器电路设计

有效值检波电路如图 3 所示。为避免负载变动影响前级放大器的输出特性，检波器输入使用 ADA4817 进行缓冲。在 AD8361 检波器的输出端接入一阶 RC 抗混叠滤波电路，检波器的输出值送入 ADC 进行电压采集。

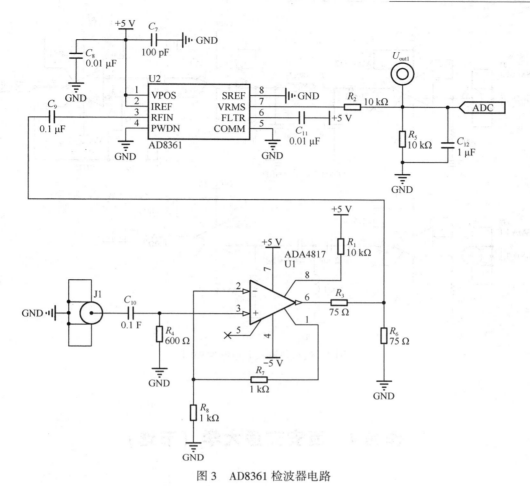

图 3　AD8361 检波器电路

4. 有线信道信号传输电路设计

为实现使用一根双绞线同时传输信号源的频率信息和放大器的输出信号，避免有用信号成分频谱重叠，使用减法器将低码率的串行数字信号和放大器输出信号叠加，并增加一级运算放大器作为双绞线的传输线驱动，并且实现传输线阻抗与线缆驱动电路的阻抗匹配。同时在线缆终端使用运算放大器作为输入缓冲，将接收到的信号送入后级进行解调。考虑到串口通信的波特率与运算放大器传输信号的频谱范围，使用截止频率为 100 kHz 的 3 阶 LC 低通滤波器、放大器和比较器恢复信道内传输的数字信号；使用截止频率为 900 kHz 的 3 阶 LC 高通滤波器，滤除信道内的数字信号频谱，并利用电压跟随器实现输入输出级阻抗匹配。线缆终端接收电路原理图如图 4 所示。

5. 程序设计（略）

四、测试方案与测试结果（略）

五、测试分析与结论（略）

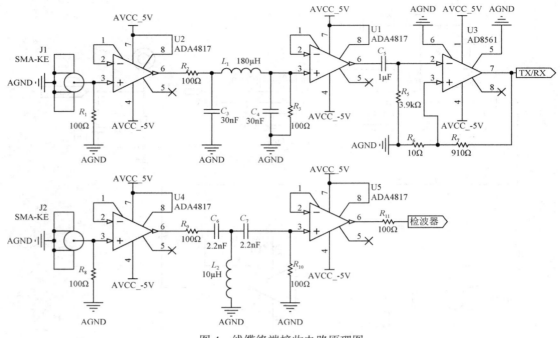

图 4　线缆终端接收电路原理图

作品 4　西安交通大学（节选）

作者：卢晓辉　吴新亮　周世运

一、系统结构方案设计

本系统主要由信号源发生模块、可变增益放大器模块、峰值检波模块、有线信道模块、幅频特性测试装置模块、Wi-Fi 传输模块组成。

1. 信号源方案的论证与选择

方案一：采用 DDS 芯片，如 AD9854，其功能十分强大，系统时钟最高为 300 MHz，理论最大输出正弦为 150 MHz，但该芯片引脚较多，配置复杂，设计周期长。

方案二：采用单片机+FPGA+DAC，以 STM32F103 为控制核心，控制 CYCLONE IV FPGA 的 NCO 做 DDS，FPGA 具有极高的主频，并且极具灵活性，可以产生 1~40 MHz 幅度可变可扫频的正弦信号。

综合以上方案，选择方案二，因为工作量小可以轻松实现。

2. 可变增益放大电路方案的论证与选择

方案一：采用数控增益放大器，如 LMH6518，最大带宽为 900 MHz 且通过 SPI 在线可调，数字控制增益范围为-1.16~38.8 dB，共 40 dB，但增益调整步进为 2 dB，无法满足题目中连续可调的要求。

方案二：采用压控增益放大器 VCA821，其最大带宽为 710 MHz，最大增益由外部电阻配置，实际增益由外部所加的电压控制，有超过 40 dB 的线性范围，最大增益为 32 dB，需搭配前级低噪放。

方案三：采用压控增益放大器 AD8367，其带宽为 500 MHz，单电源供电，增益范围为-2.5~42.5 dB线性可调。

由于 VCA821 单电源供电的最低电压为 7 V，不满足题中单+5 V 供电要求，综合以上 3 种方案，为实现单电源下增益连续控制，选用方案三。

3. 检波电路方案的论证与选择

方案一：采用二极管检波，电路简单，使用元件少、成本低，但检波效率低，检波输出存在不可避免的失真，自身也存在导通压降，正向压降会随温度变化而变化，不容易矫正，频率较高时对二极管的开关速度的要求也高。

方案二：采用集成检波芯片 AD8361，单电源供电，频响高达 2.5 GHz，采用双平方单元闭环比较转换技术，是具有高精度的真有效值功率检测器，外部配置元件少，电路简单，输出是与输入信号的有效值成正比的直流电压，经过单片机计算可精确测得输入端信号的有效值。

综合考虑高频稳定性和检波精确度，本系统采用方案二。

4. 有线信道模块的设计与选择

方案一：将放大器输出的高频信号（模拟信号）与信号源发出的信号（数字信号）经过加法器叠加后在双绞线中传输，输出端用两路分别提取还原出高频信号和频率信息。

方案二：将放大器输出的高频信号（模拟）经过检波电路，输出的直流信号再用另一个单片机进行 A/D 采样，同时，信号源发出的频率信息也给此单片机，单片机将接收到的这两路信号转换成数字信号在双绞线中传输，输出端信号用频率特性测试装置接收并处理。

综上所述，方案一依靠硬件电路实现，稍显复杂，而且较高频率的正弦波在双绞线中传输容易受到干扰，使信噪比恶化，而方案二将信号完全数字化，在双绞线中进行数字传输，更加稳定且易实现，因此采用方案二。

5. 幅频特性检测方案设计

方案：采用 ADC+单片机+示波器。用 ADC 采样检波器输出的直流电平，在单片机中进行数据处理，计算出放大器输出信号幅度，同时串口接收到信号源发过来的频率信息，实时控制示波器，用 XY 模式逐点绘制幅度—频率曲线显示。

二、系统理论分析与计算

1. 幅频特性测试原理分析

幅频特性测量的常用方法有点频测量法和扫频测量法。点频测量法是线性系统频率特性的经典测量法，每次只能将加到被测线性系统信号源的频率调节到某一个频点，依次设置调谐到各指定频点上，分别测出各点处的参数，再将各点数据连成完整的曲线，从而得到频率特性测量结果。扫频测量法信号源的输出能够在测量所需的范围内连续扫描，因此可以连续测出各频点上的频率特性结果，并立即显示特性曲线。

本系统信号源结构如图 1 所示，输出 1~40 MHz，步进 1 MHz，循环扫描，用点频来模拟扫频，同时测量每一点处输出信号的幅度，绘制幅频特性曲线。阶梯变化的扫频信号类似于线性频率调制信号，当扫频速率比较慢时，调制信号带宽也在 1~40 MHz 内。

图 1　信号发生器结构

2. 信号发生器电路设计

单片机和 FPGA 通过 SPI 进行通信，将相位控制字 K 发送给 FPGA，调用 NCO 的 IP 核，FPGA 内部

的 NCO 将数据以 150 MHz 的时钟送给 12 位高速 DAC，进而输出正弦波。相位控制字和输出频率的关系为

$$f_{out} = \frac{K \times 150\ \text{MHz}}{2^{32}}$$

3. 放大器设计

放大器结构如图 2 所示，放大器增益分配见表 1，噪声曲线如图 3 所示。

图 2　可变增益放大器结构

表 1　增益分配

指标	OPA820	AD8367	滤波器	AD8367
	前级	中间级		末级
增益/dB	0	−2.5~42.5	−10	−2.5~42.5

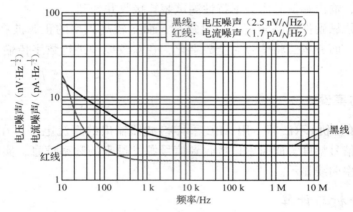

图 3　OPA820 噪声分布

通过三级级联的方式，可以使放大器的增益动态范围达到 −15~75 dB，远大于题目要求的 0~40 dB，同时，中间级和末级之间加入 RC 滤波，将 3 dB 带宽限制在 1~40 MHz 内。

第一级采用 OPA820 宽带运放进行同相跟随。OPA820 为电压反馈型运放，噪声系数小，噪声电压、电流分布见图 3，而 AD8367 在最大增益下其噪声系数为 6.2 dB，比较大，因为级联系统第一级的噪声系数对系统的影响最大，将 OPA820 放在第一级，此举可以有效改善信噪比。

$$NF = NF_1 + \frac{NF_2 - 1}{G_1} + \frac{NF_3 - 1}{G_1 G_2} + \cdots + \frac{NF_n - 1}{G_1 G_2 G_3 \cdots G_{n-1}}$$

滤波器采用 RC 高通加低通滤波器实现 1~40 MHz 带通，截止频率计算公式为 $f_c = \frac{1}{2\pi RC}$。

AD8367 增益控制曲线如图 4 所示。增益由增益控制引脚控制，外部提供电压 50~950 mV，增益范围为 −2.5~42.5 dB，线性度很好。

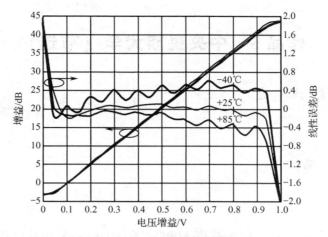

图 4　AD8367 增益控制曲线

4. 幅频特性测试仪器（略）

三、电路与程序设计

本系统有 3 种工作方式，系统框图分别如图 5~图 7 所示。

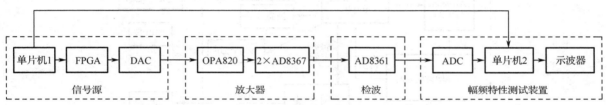

图 5　远程幅频特性测试装置框图（基本要求部分）

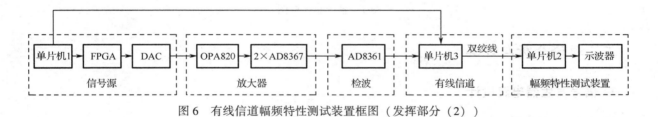

图 6　有线信道幅频特性测试装置框图（发挥部分（2））

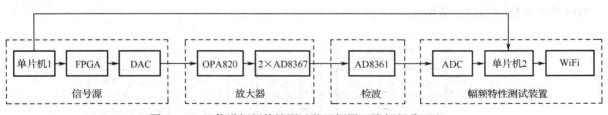

图 7　Wi-Fi 信道幅频特性测试装置框图（发挥部分（3））

四、测试方案与测试结果（略）

作品 5 中央民族大学（节选）

作者：黄 俊 周 鑫 罗 艳

一、系统方案

1. 方案比较与选择（略）

2. 方案描述

系统总体框图如图 1 所示。采用 DDS 芯片 AD9854 及 STC15W4K 单片机作为控制单元产生扫频信号，辅以按键控制实现 1~40 MHz、步进 1 MHz 范围内的连续扫频输出和点频测量。放大器用作被测网络，经检波电路和放大电路获得代表幅度的直流信号，经 ADC 转换后送入单片机，在单片机内进行数据处理。将频率信息和幅度信号经导线或者双绞线发送到幅频特性测试装置上，通过示波器 *XY* 模式显示。也可通过 Wi-Fi 将放大器输出信息发送到笔记本电脑上显示。

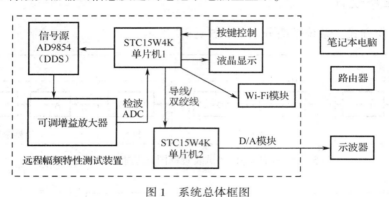

图 1　系统总体框图

二、理论分析与计算

1. 信号发生器电路设计

1）DDS 电路分析

DDS 基本结构框图如图 2 所示。

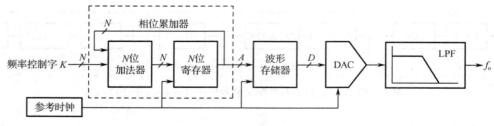

图 2　DDS 基本结构框图

DDS 频率合成原理：根据时域采样定理理论，对于一个带宽在 $(0, f_c/2)$ 范围内的波形以 $1/f_c$ 的时间间隔采样，采样得到的为该信号的阶梯波形，然后将该阶梯波形通过一个理想低通滤波器（Low Pass Filter，LPF）平滑滤波，得到所需要的信号波形。

2）衰减网络分析

信号源频率 1~40 MHz 较高，为了不受频率响应范围的影响，采用纯电阻电路，其中 L 形电路和 π

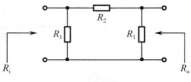

图 3　π 形衰减网络

形电路设计简单，便于计算。而实际测量比较中发现 π 形电路的频率
特性较好，所以纯电阻电路选用 π 形电路，如图 3 所示。

2. 放大器设计

与传统电路相比，AD8367 在实现功能时可省去耦合器、检波器、
直流放大、驱动级等电路。AD8367 将输出信号电平与内置参考电平相
比较，通过内置检波器和一个外置电容共同产生一个控制电压 U，可以直接送给 5 脚去控制放大器的增
益。当放大器输出信号电平与内置参考电平相等时，此时增益计算公式为

$$Gain（dB）= 45 \sim 50\ V（dB）$$

3. 检波电路分析

检波电路如图 4 所示。放大器输出信号经过检波电路，可变成律动的直流。检波输出电压波形如图
5 所示。

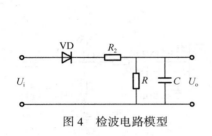

图 4　检波电路模型

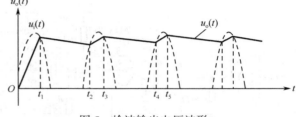

图 5　检波输出电压波形

三、电路与程序设计

1. 电路设计

1）DDS 信号源

采用 AD9854 数字合成器，与电源转换电路、低通滤波器和衰减网络电路构成的自制 DDS 电路板
与 STC15W4K 作为控制单元共同实现频信号源。自制 DDS 电路板框图如图 6 所示，衰减网络电路如图
7 所示。

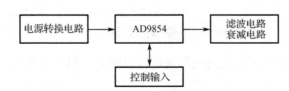

图 6　自制 DDS 电路板框图

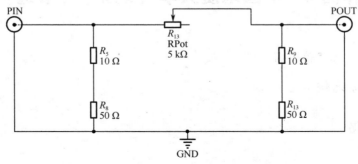

图 7　衰减网络电路

2）放大电路

可增益放大电路如图 8 所示，检波放大电路如图 9 所示。

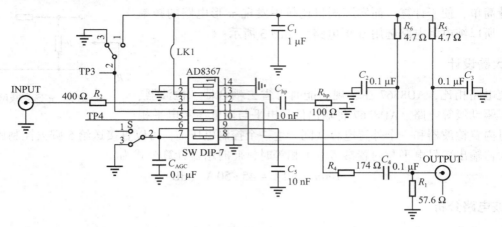

图 8　可调增益放大电路

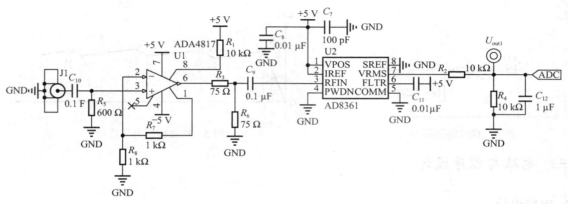

图 9　AD8361 检波器电路

2. 程序设计（略）

四、测试方案与测试结果（略）

专 家 点 评

方案选择正确，设计计算无误，经测试均满足题目要求，但末级放大欠考虑。

作品 6　中国地质大学（北京）（节选）

作者：段妮妮　阳　琴　蒋杨丽

一、方案论证与比较

1. 方案比较与选择

1）信号源部分

方案一：采用 FPGA 为核心的直接数字合成技术。因为要求达到 40 MHz，所以对后级的 D/A 芯片速度有很高的要求，一般价格较高。

方案二：采用专用的 DDS 芯片作为信号产生器，输出频率高，稳定度高。频率、幅值、相位均可控，而且能在自动扫描模式下保证速度和连续性。

综上所述，采用方案二制作信号源。

2）放大器部分

方案一：用分立元件实现宽带放大器。利用高频三极管构成多极放大电路以满足增益 40 dB 的要求，同时用二极管在输出端检波产生电压反馈，实现自动增益控制的目的。

方案二：采用高速运算放大器。组建两级放大电路，通过控制第二级信号输入调节放大倍数。

方案一需采用多级高频放大电路，受电路分布参数的影响，调试难度较大。方案二采用高速集成运放 OPA695，高带宽，电路易于调节。故放大电路采用方案二。

3）主控部分

方案一：采用 STC15 系列单片机控制。该芯片集成了晶振及 AD 芯片，接口丰富，只需要简单的外围电路就能达到要求，且控制简单。

方案二：用 FPGA 作为主控。FPGA 负责数据处理、采集存储控制及显示逻辑控制等功能。

对于方案二，软件调试周期长，且更适用于复杂系统的控制；考虑到成本和制作难易程度等因素，故最终采用方案一。

2. 总体方案描述

本方案采用单片机 STC15L2K60S2 作为数据处理的核心，将设计任务分解为正弦信号发生器、放大器、幅频特性测量、幅频特性曲线显示等模块。

正弦波发生器采用 DDS 技术，选用 AD9959 芯片，用单片机控制，可通过键盘和 LCD 屏进行人机交互。放大电路选用二级放大器级联，设置增益为 0～40 dB 可调。幅度采用无源峰值检波，频率通过单片机控制 AD9959 扫频得到。幅频特性有两种显示方式：一是通过 1.5 m 长的双绞线传输到示波器上显示；二是通过 Wi-Fi 模块无线发送到上位机 LabVIEW 程序端显示。整个系统的框图如图 1 所示。

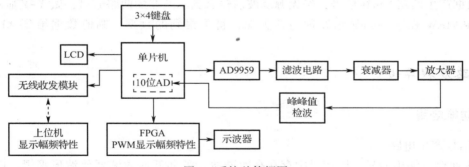

图 1　系统总体框图

二、理论分析与计算

1. 信号发生器

选用 AD9959 芯片。AD9959 有源晶振频率为 25 MHz，内部 20 倍频，即工作频率 f_s = 500 MHz，频率控制字为 32 位。在参考时钟 f_s 一定的情况下，只要改变 AD9959 频率控制字 FTW 就可以得到要求输出频率的 f_0，它们之间的关系是

$$f_0 = FTW \times f_s / 2^{32} \qquad (2^0 \leqslant FTW \leqslant 2^{32} - 1)$$

DDS 输出频率 f_0 的范围为 $0.032\ \text{Hz} \leqslant f_0 \leqslant 500\ \text{MHz}$。本设计输出频率范围完全能够满足要求。下面分析 AD9959 实现准确频偏调频的计算过程。

1 Hz 频偏控制字 ΔFSW 为

$$2^{32}/(500 \times 10^6) \approx 8.589\ 9$$

改变 FTW 的值，最终合成信号的频率 F 为

$$F = FTW \times \Delta FSW \approx FTW \times 8.589\ 9(\text{Hz})$$

DDS 设计电路产生的波形存在高次谐波，为使波形平滑采用了高阶低通电路。

DDS 输出信号在幅度较小时波形易失真。为满足信号源负载为 600 Ω，输出电压峰峰值在 5 ~ 100 mV，将 DDS 输出信号幅值调整到合适的值后，经过信号衰减电路，即用滑阻分压，使满足输出信号峰峰值要求的波形不失真。

2. 放大器

采用高速运放 OPA695，电路如图 2 所示，通过两级级联以达到增益为 40 dB。放大器的放大倍数为

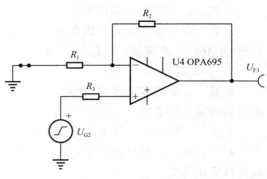

图 2　放大器简单电路

$$A_u = 1 + \frac{R_2}{R_1}$$

第一级放大器的增益是 13 倍，第二级的增益是 14.3 倍，根据上式，第一级电路 R_1 取 49.9 Ω，R_2 取 620 Ω。第二级电路 R_1 取 150 Ω，R_2 取 2 kΩ。

在第一级放大器输出后，利用滑阻分压，改变第二级放大器的输入信号幅值。这样通过"放大—衰减—放大"过程即可达到放大倍数为 0~40 dB 可调。

3. 频率特性测试仪器

为了显示放大器输出信号峰值，必须对其进行检测。采用峰值检波电路取出放大器输出信号峰值，然后经 A/D 转换后由单片机处理。

本设计中有两种幅频特性测试仪器，即示波器和上位机的 LabVIEW 程序端。FPGA 根据采集到的频率、幅值数据产生两路 PWM 信号，经无源滤波后输入到示波器的两路通道，做 X-Y 显示，即可显示幅频特性。LabVIEW 程序端的显示原理与此类似，将采集到的频率、幅值数据给到 XY 图的坐标轴即可。

三、电路及程序设计

1. 主要功能电路

1）正弦信号产生电路

选用 DDS 通道三输出信号。因信号中存在高次谐波，需加低通滤波器使波形平滑。因此，采用了高阶低通电路，如图 3 所示。

2）放大器

采用高速运放 OPA695，通过两级级联以达到增益为 40 dB（见图 4）。在第一级放大器输出后，利用滑阻分压，改变第二级放大器的输入信号幅值。这样通过"放大—衰减—放大"过程即可达到放大倍数为 0~40 dB 可调。

2. 主要程序设计

1）系统程序流程图

本系统主程序采用结构化程序设计方法，功能模块各自独立。系统软件流程图如图 5 所示。

2）程序功能描述

根据题目要求，软件部分主要实现电路的测量与控制、信息显示和人机交互等功能。键盘实现功能选择手动输入或自动扫描模式；在手动模式下输入正弦信号的频率和幅值。显示部分显示键盘输入的频率、幅值及提示信息。电路测量采集放大器输出信号的幅度，并进行校准、补偿。

3）无线控制单片机程序设计

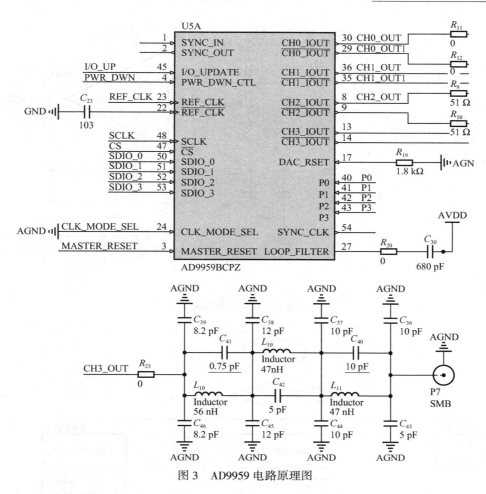

图 3　AD9959 电路原理图

该程序实现的功能是通过无线装置将手机与单片机连接，利用 Android Studio 开发平台在手机上实现人机交互，代替单片机按键控制实现系统的功能，并在手机上能显示幅频特性。

四、测试结果与分析（略）

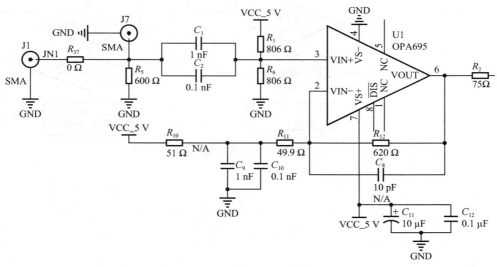

图 4　级联放大器

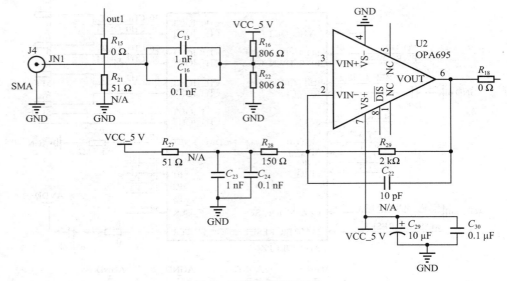

图 4 级联放大器（续）

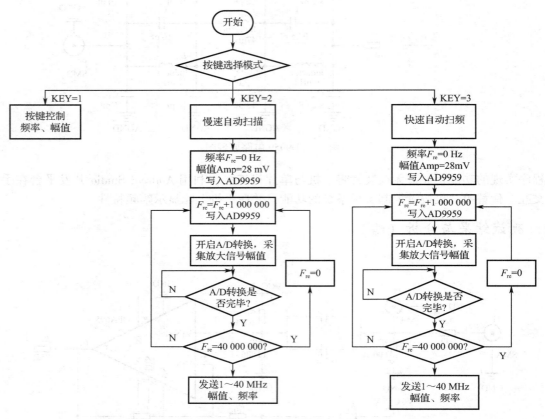

图 5 软件流程图

I题　可见光室内定位装置

一、任务

设计并制作可见光室内定位装置，其构成示意图如图 1 所示。参赛者自行搭建不小于 80 cm×80 cm×80 cm 的立方空间（包含顶部、底部和 3 个侧面）。顶部平面放置 3 个白光 LED，其位置和角度自行设置，由 LED 控制电路进行控制和驱动；底部平面绘制纵横坐标线（间隔 5 cm），并分为 A、B、C、D、E 等 5 个区域，如图 2 所示。要求在 3 个 LED 正常照明（无明显闪烁）的情况下，测量电路根据传感器检测的信号判定传感器的位置。

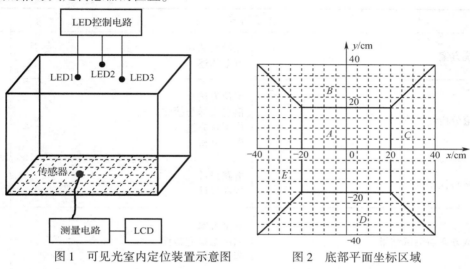

图 1　可见光室内定位装置示意图　　　图 2　底部平面坐标区域

二、要求

1. 基本要求

（1）传感器位于 B、D 区域，测量电路能正确区分其位于横坐标轴的上、下区域。

（2）传感器位于 C、E 区域，测量电路能正确区分其位于纵坐标轴的左、右区域。

（3）传感器位于 A 区域，测量显示其位置坐标值，绝对误差不大于 10 cm。

（4）传感器位于 B、C、D、E 区域，测量显示其位置坐标值，绝对误差不大于 10 cm。

（5）测量电路 LCD 显示坐标值，显示分辨率为 0.1 cm。

2. 发挥部分

（1）传感器位于底部平面任意区域，测量显示其位置坐标值，绝对误差不大于 3 cm。

（2）LED 控制电路可由键盘输入阿拉伯数字，在正常照明和定位（误差满足基本要求（3）或（4））的情况下，测量电路能接收并显示 3 个 LED 发送的数字信息。

（3）LED 控制电路外接 3 路音频信号源，在正常照明和定位的情况下，测量电路能从 3 个 LED 发送的语音信号中选择任意一路进行播放，且接收的语音信号均无明显失真。

（4）LED 控制电路采用+12 V 单电源供电，供电功率不大于 5 W。

（5）其他。

三、说明

（1）LED 控制电路和测量电路相互独立。

（2）顶部平面不可放置摄像头等传感器件。

（3）传感器部件体积不大于 5 cm×5 cm×3 cm，用"十"表示检测中心位置。

（4）信号发生器或 MP3 的信号可作为音频信号源。

（5）在 LED 控制电路的 3 个音频输入端、测量电路的扬声器输入端和供电电路端预留测试端口。

（6）位置绝对误差为：

$$e = \sqrt{(x - x_0)^2 + (y - y_0)^2}$$

式中，x、y 为测得坐标值；x_0、y_0 为实际坐标值。

（7）每次位置测量开始后，要求 5 s 内将测得的坐标值锁定显示。

（8）测试环境：关闭照明灯，打开窗帘，自然采光，避免阳光直射。

四、评分标准

项 目	主要内容		满分
设计报告	系统方案	比较与选择 方案描述	4
	理论分析与计算	定位方法 信息发送与接收方法 抗干扰方法 误差分析	6
	电路与程序设计	电路设计 程序设计	4
	测试方案与测试结果	测试方案 测试结果完整性 测试结果分析	4
	设计报告结构及规范性	摘要 正文结构 图表规范性	2
	合　　计		20
基本要求	完成第（1）项		10
	完成第（2）项		10
	完成第（3）项		10
	完成第（4）项		16
	完成第（5）项		4
	合　　计		50
发挥部分	完成第（1）项		12
	完成第（2）项		10
	完成第（3）项		18
	完成第（4）项		5
	其他		5
	合　　计		50
总　　分			120

作品1　上海第二工业大学

作者：彭小坤　徐建邦　杨　替

摘　要

为实现室内可见光定位以及可见光数据传输功能，装置中设计了可见光定位模块、数据发送模块、数据接收模块以及附加音频功放模块和显示模块。系统以 MK60 单片机为处理器件，在达到光定位精度的同时实现了可见光传输信息，探讨了传输方式的稳定性、有效性，结合图像识别、模/数转换、数/模转换，完成可见光定位的同时实现了音频的传输以及还原，论证了可见光定位技术以及可见光信息传输技术的可行性。

关键词：光定位；可见光数据传输；MK60 单片机；图像识别

一、要求分析

1. 定位部分

传感器位于底部坐标网格中，测量电路能够感知传感器相对于坐标轴的位置，能够显示其所在坐标，且绝对误差不大于 3 cm。

2. 传输部分

（1）通过顶部 LED 发送按键输入的阿拉伯数字，在满足定位要求的同时，传感器能够接收并显示 3 个 LED 灯发送的数字。

（2）通过顶部 LED 发送外接的三路音频信号源，在正常照明和定位的情况下，测量电路能从 3 个 LED 发送的语音信号中选择任意一路进行播放，且接收的语音信号均无明显失真。

3. 其他要求

LED 控制电路采用+12 V 单电源供电，供电功率不大于 5 W。

二、系统设计

系统总体框图如图 1 所示。

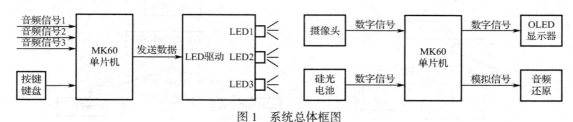

图 1　系统总体框图

1. 定位方式设计

1）定位传感器的选择
本装置选用 OV7620 摄像头作为接收传感器的定位信息接收元件。
根据题意，装置顶部放置 3 个白色发光 LED 灯，则可利用 3 个 LED 灯分布的相对位置对传感器件进行定位，如果直接利用光线进行相对位置的获取，则由于光信号中携带信息，在数据传输过程中可能对定位精度造成一定影响，故将定位与传输二者分离开，使定位传感器具有能够捕捉灯位置而不被光携带信息所影响的特性，因此选择数字摄像头作为定位传感器件。另外，由于该器件在题目所允许的器件范围内，且该器件的硬件参数符合题中的要求，以及该摄像头为数字摄像头，便于精确快速直接地获取信息，省去了模拟信号器件模/数转换的过程。所以直接通过图像处理实现定位，可以在一定程度上避免定位与信息传输两者的干扰，采用数字摄像头可以直接通过图像查找到 LED 灯的位置，提高了模块的独立性和稳定性。

2）定位数据处理方式

采用图像识别技术，通过对图像数据的处理分析，提取出图像中 LED 灯的位置信息，完成定位。

定位处理的步骤依次为：降低分辨率→采集图像→二值化处理→3 个 LED 位置提取→中点坐标计算→定位坐标换算→输出结果，如图 2 所示。其中，降低分辨率算法采用隔行隔列采集法，由于单片机硬件条件限制，每行像素最多只能采集 320 个，为了图像的完整性以及定位的准确，故而采取该方式采集，将分辨率定为 320×240，由理论计算可知，该分辨率满足定位需求，且该分辨率为单片机能够达到的最佳分辨率。二值化处理采用的是固定阈值法，由于提取的目标为顶部发光 LED 灯，且测试现场并无剧烈光线变化，因此选用该方法比较理想。

图 2　定位处理流程框图

3）定位结果理论分析

（1）定位精度计算。图像分辨率为 320×240，底部建立的坐标系 XY 的取值范围皆为 [-40 cm，40 cm]，由此可得，X 的最小刻度为 0.25 cm；Y 的最小刻度为 0.33 cm，绝对误差为 0.41 cm，满足定位所需绝对误差小于 3 cm 的需求。

（2）误差分析及解决办法。由于摄像头镜头存在畸变，因此需要对畸变做矫正处理，本装置采用的摄像头镜头存在桶形畸变。该类畸变为线性畸变，因此，装置采用线性补偿算法进行矫正。该方法通过获取图像中的位置坐标，再结合初始的机械零点，乘以系数进行换算，得到一个较为准确的位置坐标。该方法使用简单，参数便于调节，且后期运输过程中，如若出现硬件的挤压变形，造成定位零点的漂移，也可在现场进行参数的校准。

定位程序主流程图如图 3 所示。

2. 传输方案设计

传输方案设计流程图如图 4 所示。

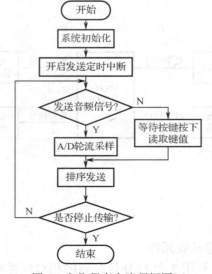

图 3　定位程序主流程框图

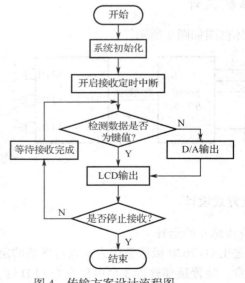

图 4　传输方案设计流程图

1）光信号器件的选择

硅光电池相对于其他光敏器件而言，具有较大的光接收面积，较高的灵敏度，响应时间可达1 μs，因此选择硅光电池作为光信号接收器件。

2）传输模式的选择

采用数字信号传输。为实现三路信号高效率传输，便于对数据的打包解包操作，因此选择易于处理的时分法传输方式，该方式仅需将三路音频信号转换为数字信号，再通过LED控制电路中的可见光发送、接收传感器接收，再配合外围电路将信号还原。选择数字信号传输方式是为了兼容键值发送和音频发送，如果采用模拟信号传输，则需要针对键值发送做特殊处理，使得系统变得烦琐，且耗费更多时间，采用数字信号传输的方式可以很好地将二者结合，提高系统的兼容性，便于快速实现，因此选择数字信号方式传输数据。

（1）音频传输的步骤：接收音频信号→A/D转换→数据排序→发送模块→接收模块→数字信号还原→单片机解读→D/A转换→音频输出。

（2）数值传输的步骤：接收键值→添加标记→数据排序→发送模块→接收模块→信号还原→单片机解读→OLED输出数字。

3）传输模块设计

（1）发射模块。通过I/O口输出信号、场效应晶体管控制LED电路发送信号，为了使得LED灯在正常发光状态下工作，故需给LED灯一个基础电压，以满足正常发光的需求。

（2）接收模块。光信号接收传感器接收光信号，转换为电平信号，再配合相应的放大电路（见图5），将原始信号还原，送入单片机解码。

（3）信号解读。接收部分将信号还原后，处理器以时分法对接收到的信号进行解读，解读到的频率与发射频率一致，达到收发同步的目的。

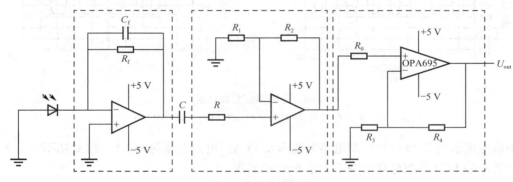

图5　放大电路原理

4）理论计算

三路音频采用时分法传输，每次发送的数据包由3 B音频数据和1 B包头组成。由于题目要求传输音频效果满足无明显失真即可，因此为了提高传输效率，将每路音频的采集速率定为8 kHz，采样精度为8位。那么传输一个数据包接收端响应频率应达到256 kHz，设计的接收模块可响应频率在300 kHz以内的信号，故该方式满足实际实施要求。

三、系统测试

定位模块实验数据见表1，传输部分实验结果如图5所示。

表1　定位模块实验数据

次数\坐标轴名	1	2	3	4	5	6	7	8
实际 $X+$	5.00	10.00	15.00	20.00	25.00	30.00	35.00	40.00

续表

坐标轴名＼次数	1	2	3	4	5	6	7	8
测量 X+	5.99	11.80	18.00	23.70	22.80	28.30	38.70	40.00
实际 X-	-5.00	-10.00	-15.00	-20.00	-25.00	-30.00	-35.00	-40.00
测量 X-	-5.23	-10.50	-15.83	-22.10	-27.95	-31.90	-36.20	-40.00
实际 Y+	5.00	10.00	15.00	20.00	25.00	30.00	35.00	40.00
测量 Y+	6.42	12.80	18.50	24.60	29.20	30.50	35.00	40.00
实际 Y-	-5.00	-10.00	-15.00	-20.00	-25.00	-30.00	-35.00	-40.00
测量 Y-	-6.90	-11.40	-16.80	-23.70	-29.00	-33.80	-35.80	-39.60

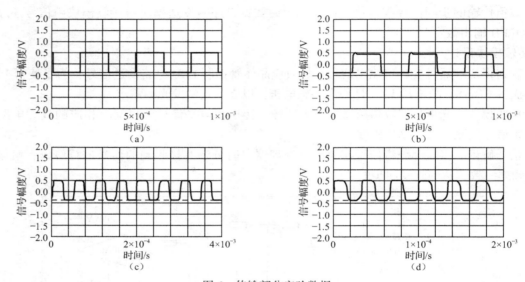

图 6　传输部分实验数据

（a）3 kHZ；（b）30 kHz；（c）200 kHz；（d）300 kHz

通过串联电流表得到 LED 灯控制电路电流为 0.15 A，电源电压为 +12 V，因此功率为 1.8 W，系统功耗符合所要求的 LED 控制电路功率不大于 5 W 的要求。

四、结论

利用 3 个 LED 灯的位置特性结合图像处理技术完成了定位的目标，又利用光线承载信息，完成了音频、键值的传输，三路音频的传输效果基本达到了题目要求。论证了数字摄像头结合图像处理技术定位的可行性以及可见光通信的可行性。

专 家 点 评

采用图像传感器获取顶部 LED 相对位置，进而实现定位；采用光电传感器，通过时分复用方式实现数据传输。

作品2 中原工学院

作者：杨智伟 魏浩楠 李长健

摘 要

本系统根据可见光通信原理，基于STM32单片机，设计了一种可见光室内定位装置，在实现定位的同时，可进行音频信号及数值信息的传输。硬件部分主要分为发送与接收两部分。在发送端，通过产生三路不同频率的PWM波，将要传输的信息通过调幅电路调制在一定频率的方波上，驱动三路LED灯，发出带有所要携带信息的白光，在高速率传输信息的同时，为人们提供正常的照明。在接收端，采用光敏传感器接收光信号，经过放大、滤波及检波电路解调送给音频功放，另外将滤波后的三路电压信号送入单片机进行A/D转换，根据光强与距离的关系，再利用三边定位算法进行定位。测试结果表明，该系统可实现高精度室内定位，同时可进行音频及数字信息的传输，达到了预期目标。

关键词：可见光；白光LED；三边定位；STM32

一、系统设计方案

本系统主要由单片机主控模块、白光LED、光电传感器、信号调制与解调等电路模块组成，下面分别论证这几个模块的选择。

1. 主控模块的论证与选择

方案一：采用增强型单片机，如STC12C5A60S2。传统的51单片机片内资源少，满足不了本次设计所需的资源。STC公司出品的单片机STC12C5A60S2与传统的单片机相比，虽然运行速度明显加快，但其片内资源仍然很少，满足不了本设计中三路PWM输出的要求。

方案二：采用STM32单片机。STM32系列单片机有着强大的库函数，相较于传统的51单片机以及AVR单片机，它可以通过调用强大的库来轻松地配置各种寄存器，并且STM32单片机接口种类众多，自带多种片内资源，12位的A/D精度可满足本次设计。

通过比较，选择方案二。

2. 光电传感器的选择

方案一：采用光敏电阻。光敏电阻价格便宜，光谱特性好，但其光电效应受温度影响较大，并且响应频率低，不适合高速率信息传输。

方案二：采用光敏二极管（硅光电池）。光敏二极管具有灵敏度高、快速响应、低暗电流的特性，并且光谱范围宽，性能稳定可靠。

通过比较，选择方案二。

3. 白光LED光源的选择

方案一：采用小功率白光LED。本次设计的要求为供电功率不大于5W，因此选择小功率白光LED灯符合电路设计要求，但经过测试发现，小功率白光LED灯传播的距离不够远，并且很容易受外界因素的干扰，满足不了系统要求。

方案二：采用大功率LED灯。与小功率LED灯相比，大功率LED灯具有抗干扰能力强，并能够产生系统所需要的足够的光源，且传播距离远等优点。

通过比较，选择方案二。

4. 信号调制方案的选择

方案一：利用单片机将三路音频模拟信号 A/D 转化成数字信号，采用数字编码的方式进行调制。

方案二：通过调幅的方式，将音频信号调制在 PWM 载波上来驱动 LED 进行信息发送。

方案一是数字调制的方式，需要对三路音频信号进行 A/D 采集，并且系统还需要进行数值信息发送，软件复杂度太高。而方案二电路简单易行，并能满足设计要求，故选择方案二。

5. 信号解调方案的选择

方案一：采用同步检波电路。在接收端采用一个与发射端载波同频、同相的信号，将调制波解调出来。

方案二：采用包络检波电路。包络检波电路利用普通调幅信号的包络反映调制信号波形变化这一特点，将包络提取出来，基本不失真地恢复出原来的调制信号，而不需要采用额外的信号来解调。

通过比较，选择方案二。

二、理论分析与计算

1. 定位原理

三边定位法是一种基于距离信息实施定位的方法。其基本思想是已知 3 个发送端的坐标和发送端到待测点间的距离，就可以唯一确定待测点的坐标。三边定位法的公式为

$$d_1^2 = (x_1-x)^2+(y_1-y)^2+(z_1-z)^2 \tag{1}$$
$$d_2^2 = (x_2-x)^2+(y_2-y)^2+(z_2-z)^2 \tag{2}$$
$$d_3^2 = (x_3-x)^2+(y_3-y)^2+(z_3-z)^2 \tag{3}$$

其中，(x_1, y_1, z_1)、(x_2, y_2, z_2)、(x_3, y_3, z_3) 分别为 3 个 LED 灯的位置坐标，d_1、d_2、d_3 分别为待测点 S 到发送端的距离，(x, y, z) 为待测点 S 的坐标。由于室内定位的发送端都分布在室内定位空间的顶层，即有 $z_1=z_2=z_3=H$（H 为房屋的高度），接收端在底层，$z=0$；通过求解上述方程组，可求得待测点 S 的坐标 (x, y)，将式（1）化简整理成矩阵形式为

$$AX=B$$

其中 $X = \begin{bmatrix} x \\ y \end{bmatrix}$，$X$ 为未知向量；$A = \begin{bmatrix} x_2-x_1 & y_2-y_1 \\ x_3-x_1 & y_3-y_1 \\ x_3-x_2 & y_3-y_2 \end{bmatrix}$，

$$B = \begin{bmatrix} (d_1^2 - d_2^2 + x_2^2 + y_2^2 - x_1^2 - y_1^2)/2 \\ (d_1^2 - d_3^2 + x_3^2 + y_3^2 - x_1^2 - y_1^2)/2 \\ (d_2^2 - d_3^2 + x_3^2 + y_3^2 - x_2^2 - y_2^2)/2 \end{bmatrix}$$

A 和 B 是由已知参数确定的已知向量，一般用最小二乘法求解矩阵方程，可以得到 X 的最小二乘法解为

$$X = (A^TA)^{-1}A^TB$$

对于三边定位法，只要 3 个 LED 不在同一条直线上，方程组就存在唯一的解。

2. 信息发送接收方法

在本方案中，发射端采用调幅的方式将音频信号调制在 PWM 载波上，从而驱动 LED。而数值信息的发送则是通过数字编码的方式形成编码波形控制 LED 灯的亮灭，从而进行数值信息的发送。而在接收端，主要采用检波及 A/D 采集的方式进行信息接收，通过三路滤波选频电路将 3 种不同频率的波形筛选出来送给包络检波电路进行解调，再送给功放进行音频播放。同时将三路光信号转换的电压信号送给单片机进行 A/D 转换，从而根据光强与距离及转化的电压信号的关系进行软件定位。

3. 抗干扰方法

因为本设计主要是利用可见光进行信息传输，而外界环境中存在自然光，会对信息传输造成干扰。所以在满足系统功耗的要求下适当提高了 LED 灯的发光功率并用较高频率的载波进行调制，从而有效减少外界的干扰。

4. 误差分析

本系统的误差主要是指定位误差，在定位计算时有个数据是利用光强与距离的关系，但在实际中由于 LED 灯的性能差异，发出的光线并非是均匀的线性变化，同时又存在外界的自然光干扰，所以在这里进行数据计算难免会出现误差，根据实际测试分析，但定位绝对误差不超过 5 cm。

三、系统硬件与软件设计

1. 系统硬件设计方案

本系统采用调幅方式将信息调制在 PWM 载波进行传输，有利于提高信息的抗干扰能力。LED 控制电路采用 12 V 单电源供电，经过 LM2596 直流降压模块将 12 V 的电压降成 5 V 给单片机供电。由于 STM32 片内资源丰富，故以其为主控模块，本装置控制电路主要由大功率白光 LED、音频放大模块、LED 驱动模块构成，接收部分主要由光电传感器、信号放大电路、滤波选频网络、检波电路、A/D 采集模块及功率放大电路组成，如图 1 和图 2 所示。

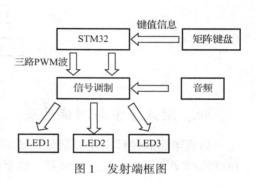

图 1　发射端框图

本装置以白光（即可见光）为通信介质，利用三边定位算法进行定位，由 STM32 为主控模块产生三路不同频率的 PWM 波，再把音频信号通过调幅送给 LED 驱动电路。在接收部分，信号首先经信号放大电路，然后经由滤波选频网络筛选出具有特定频率的信号，接着对信号进行包络检波及 A/D 采集，从而达到信息传输的目的。

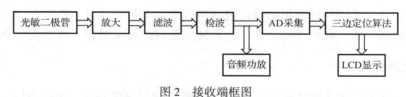

图 2　接收端框图

2. 系统软件设计方案

根据要求，设计的系统能实现三路 PWM 波产生、坐标定位、键盘输入阿拉伯数字在接收端显示的功能。

1）发送端流程

首先对 32 位单片机内部 PWM 模块进行初始化，配置相关的寄存器模块，使其同时产生三路不同频率而占空比为 50% 的 PWM 波。用扫描法读取矩阵键盘的输入值，通过数字编码——起始码+二进制 01 码+校验码+结束码，产生一段携带有键值信息的编码波形。编码波形控制着 LED 高速亮灭，就这样键值信息以可见光的形式发送出去。发送端流程如图 3 所示。

2）接收端流程

配置单片机工作在 A/D 采集模式，硅光电池将光信号转换

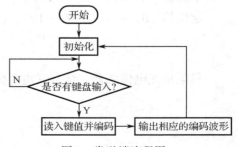

图 3　发送端流程图

成电信号，获取电压值，通过阈值判断将其转换成高、低电平，然后通过定时器来记录高、低电平持续的时间，解码部分一直在判断 A/D 转换结果是否为所需键值信息，如果是，则进行解码并将解码正确的信息送给 LED12864 显示模块进行显示。对于定位，将上述 A/D 转换结果送给三边定位算法，从而计算出传感器所在坐标，通过显示屏进行显示。接收端流程如图 4 所示。

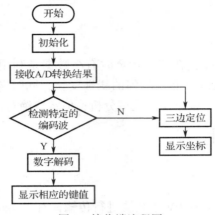

图 4　接收端流程图

四、测试方案与测试结果

仿真电路和硬件电路必须与系统原理图完全相同，并且检查无误，硬件电路保证无虚焊。使用高精度的数字毫伏表、模拟示波器、数字示波器、数字万用表及指针式万用表进行测试。

1. 测试方案

（1）硬件测试。利用函数信号发生器和示波器来进行硬件测试。用信号发生器产生所需的 PWM 载波送入电路，并插入音频信号。然后用示波器检测每一部分电路输出的信号是否正常。其中重点要检测的是包络检波后解调出来的包络波是否和原发送波波形吻合以及送入单片机 A/D 采集端的电压信号是否随距离光源的距离变化而变化，且变化范围应在单片 A/D 检测范围之内。

（2）软件仿真测试。采用软件模拟的数据进行测试来检测程序的可靠性。

（3）硬件软件联调。硬件和软件组合在一起后按照题目的要求对每一项功能分别进行测定。

2. 测试结果及分析

经过测试发现，该装置在系统要求的距离范围内能正确识别坐标轴中的不同区域，并能实现较高精度的定位，定位的绝对误差保持在 3 cm 以内。在正常照明和定位的情况下，能接收并显示 3 个 LED 发送的 0~9 阿拉伯数字信息，对于发送的音频信号也能基本不失真地解调并播放出来，满足系统设计要求。

原点及 4 个象限部分坐标实测的坐标定位值为

坐标值（0，0）、（10，-10）、（-15，-15）、（-20，20）、（30，30）；

定位值（0，-2）、（10，-10）、（-15，-15）、（-20，18）、（30，30）。

专 家 点 评

只采用光电传感器，结合三边定位算法实现定位，结合频分和每路调幅方式实现数据传输。

作品3 大连海事大学 (节选)

作者： 耿 标 刘俊宏 殷 豪

一、系统方案

1. 方案比较与选择

1）定位方法选取

目前主流的可见光定位方法有几何测量法、场景测量法（指纹测量法）、近似感知法和图像传感器法。其中，几何测量法主要是通过目标位置与光源 LED 之间的几何距离或者角度来定位，方法简单、易于操作。场景测量法主要是通过对目标位置的各项参数如光强等建立数据库，然后通过比对当前值与数据库中的参数来定位，需要大量数据，较适合于小范围定位。近似感知法类似于无线通信中的蜂窝通信方法，需要大量的 LED 灯来实现对场景的蜂窝划分，因而不太适合于本题。图像传感器法偏向于通过图像处理来实现定位，而且本题对接收端的大小有限制，因而图像传感器法不太符合题目的要求。

至此，适合本题目且易于操作的是几何测量法和场景测量法，本设计中受到外界白光的影响和接收端的电路影响可能会比较大，小组分别设计了这两种定位方法，最终发现基于 K 近邻分类算法（KNN）的场景测量法精度更高。

2）信道复用方法选取

在这里主要考虑 3 种通信模型，分别是模拟频分复用通信系统、数字频分通信系统和数字时分通信系统。

对于模拟频分复用通信系统，信道中传输的是模拟信号，在进行语音通信时，系统提供了极大的便利性，但是本题目中要求需要传输数字字符信息，因而模拟通信系统较难实现。

对于数字频分通信系统来说，因为发送端不用考虑太过复杂的帧结构，接收端也并非通过控制帧结构来进行信息的接收，发送端和接收端的控制部分都相应的较为简单，即软件部分的难度大大降低。但是发送端产生 3 种不同频率的载波，同时需要增设 3 种不同的调制设备，接收端也对应地需要 3 种不同频率的滤波器电路以及 3 种解调设备，整体的硬件复杂度大大提高，因此考虑到成本以及时间因素，放弃这种方案。

对于数字时分通信系统来说，可以通过设计帧结构，来分时测量目标位置与 3 个 LED 的几何距离来实现定位。系统的可操作性强、成本低，非常适合本次题目的要求。

因此通过 3 种方案的分析和各方因素的衡量，采取数字时分通信系统。

2. 方案描述

本系统采用 STM32 作为收发端控制芯片，分别测试了改进的 RSS 测量算法以及基于 K 近邻算法的指纹库测量法的定位效果，最终通过建立近 300 个点的指纹数据库，将目标位置的 A/D 值与库中 A/D 值进行比对，找到 3 个邻近的点坐标，取其平均之后得到目标位置坐标。通过设计数据帧结构，实现定位功能之后，开始传送三路音频信号的 A/D 采样值，通过接收端的跨阻放大加偏置以及比较器整形输出并且接到功放电路，播放之后可以实现数据音频等信号的传输。

二、理论分析与计算

1. 信息发送

系统整体采用时分复用方法进行信息发送。对于发送端的控制电路来说，先让 LED1 发送 100 帧数据，然后对 100 帧数据进行 A/D 采样，将采样后的 A/D 值取平均，作为目标位置相对于 LED1 的光强值。同理，LED1 发完数据帧之后，LED1 便暂时不发数据帧，LED2 与 LED3 依次类推再发 100 帧数据。发送数据的帧结构如图 1 所示。

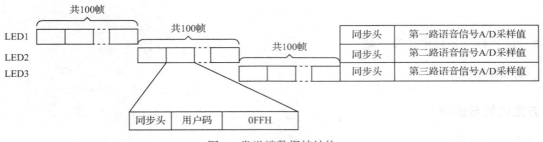

图 1　发送端数据帧结构

可以在发送端对 STM32 进行编程实现上述的帧结构发送。待定位帧发完并实现定位之后，发送端 3 个 LED 开始发送语音信号的 A/D 数据。

2. 信息接收

在信息接收端，根据同步头对各个 LED 灯的 0FFH 进行 A/D 采样后求平均，然后根据事先得到的距离 R 与光强 A/D 值 x 之间的关系得到目标位置距离 3 个圆心的 R_1、R_2 和 R_3 值。代入 P 点坐标之内，得到定位点坐标 P，再进行音频信号的采集、放大、滤波，最后输出给功放电路进行选择播放。

三、电路与程序设计（略）

四、测试方案与测试结果（略）

专 家 点 评

该作品比较了改进的 RSS 算法和基于 K 近邻算法的指纹库定位方法，并选择时分复用方案传输信号，方案论证充分，方法介绍较详细。

作品 4　电子科技大学成都学院（节选）

作者：王钰钧　罗天林　伍　川

摘　要

可见光室内定位技术是基于可见光通信的室内定位技术，这种技术相对于传统室内定位技术具有定位精度高、附加模块少、保密性好、兼顾通信与照明等优点。在一些没有无线信号覆盖的场合，现有的无线通信室内定位系统无法工作。基于白光 LED 照明和通信双重作用，构建了一种短距离白光 LED 可见光音频传输系统。因此，利用可见光来实现通信与定位是一个有效的方案。在本可见光室内定位装置中，利用图像传感器成像来进行定位，利用光传输数字和音频信号。采用图像传感器成像并进行图像处理的方法，大大地提高定位的准确度；采用 AGC 电路和限幅放大电路提高系统的动态范围，保证语音信息输出稳定；采用阵列接收方式扩大接收角，提高系统灵敏度。

关键词：LED 室内定位；光传输；图像处理；音频传输

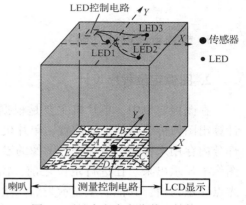

图 1 可见光室内定位装置结构

一、系统方案（略）

二、理论分析与计算

本设计的装置结构如图 1 所示，在一个有五面遮挡了的立方体中，顶部有 3 个白光 LED 和控制电路，3 个 LED 任意放置，底部有光电传感器和图像传感器，装置外部放有测量控制电路、LCD 显示屏和喇叭。

可见光定位

1）图像二值化处理分析与计算

将图像传感器拍摄的图像进行二值化处理，即转换成二值图像，这里定义 255 为白，0 为黑。n_0 和 n_b 分别是目标和背景的像素数，$n_0(g)$ 和 $n_b(g)$ 分别是在某一度灰值 g 下的像素数，而 min、max 为灰度值的最小值点和最大值点。如果取一个阈值 T，则应保证式（1）的值成立。

$$\frac{\sum_{T}^{\max} n_0(g) \times g}{n_0} = \sum_{\min}^{T} n_b(g) \times \frac{g}{n_b} \tag{1}$$

2）图像传感器的定位分析与计算

本设计中 3 个 LED 灯的位置是任意的，传感器位于坐标原点，拍下 3 个 LED 灯位置的图像，单片机通过白色光点像素加权的算法计算出 3 个 LED 灯几何中心点的像素坐标，如式（2）所示，并将此像素坐标作为基准像素坐标存储，如图 2 所示。

$$P(x_{中}, y_{中}, z_{中}) = \sum_{n=1}^{3} P_0(x_n, y_n, z_n) \tag{2}$$

移动图像传感器后，根据传感器拍摄的图像中的 3 个 LED 的几何中心点的像素位置和基准坐标的相对位置，来计算传感器移动的方向和距离，从而得出传感器的绝对位置。图 3 中 I 为顶部 3 个 LED 灯的几何中心点，i 为 LED 灯所成的像，C 为图像传感器透镜的中心，f_c 为图像传感器透镜的焦距，(x_I, y_I, z_I) 是 LED 在图像传感器坐标系中的坐标，(x_i, y_i, z_i) 是 LED 所成的像在摄像头坐标系中的坐标。

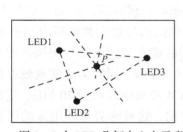

图 2 3 个 LED 几何中心点示意图

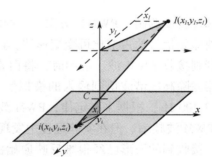

图 3 几何中心点所成的像示意图

f_c 可以从图像传感器的生产手册中知道，x_i、y_i、z_i 这 3 个值可以根据图像传感器拍下的图像光点集的像素位置求得，z_I 也等于 LED 灯放置的高度，即为 80 cm。

$$-\frac{x_I}{x_i} = \frac{z_I - f_c}{f_c} \tag{3}$$

$$-\frac{y_I}{y_i} = \frac{z_I - f_c}{f_c} \tag{4}$$

由此，根据式（3）和式（4）联合求出 x_I 和 y_I，进而可以求出图像传感器的绝对位置为（a –

x_I，$b - y_I$）。

三、电路与程序设计

1. 模块电路设计（略）

2. 图像定位程序设计

在图像定位中，单片机主要是根据 LED 在图片中的像和本身的相对位置来计算出图像传感器的绝对位置。单片机在成功初始化所有的外设之后，会申请一部分内存用来存储图像和设置图像的输出大小，以保证顶部的边缘和角都能够在图像中显示出来。在进行定位之前，需要对图像进行绝对的二值化，让 LED 的光点显示为白，其他的全显示为黑。然后需要计算图像中 3 个 LED 白色光点的几何中心点的像素位置，再求出与绝对位置的坐标比例。根据这个比例即可求出图像传感器在任一位置时的绝对坐标。具体流程图如图 4 所示。

四、测试方案与测试结果（略）

专 家 点 评

利用图像传感器获取 LED 的相对位置，进而实现定位，理论分析较全面。

图 4　图像定位程序流程图

流程图：存储基准图像 → While(1) → 传入图像 → 图像二值化处理 → 与基准图像对比 → 用定位算法求出坐标 → LCD 显示区域和坐标

作品 5　杭州电子科技大学（节选）

作者： 王　健　宋江胜　岳振东

一、系统方案设计与论证

1. 调制与解调方案的设计与论证

方案一：脉冲宽度调制（PWM）方案。PWM 调制的实现方法是把模拟信号与高频三角波信号进行比较，得到反映原始信号的占空比可变矩形波，该矩形波经驱动管缓冲后，推动白光发光管发射 PWM 波，白光接收管则接收 PWM 波。解调时，将白光接收管收到的信号放大整形后得到原始的 PWM 波，再经低通滤波器滤除高次谐波得到输入的模拟信号。该方案的优点是，调制与解调实现方便。语音信号带宽为 300~3 400 Hz，根据采样定律，PWM 波频率至少为 8 kHz，同时为了实现较好的语音传输质量，更要增加 PWM 波频率。但在实验过程中发现，随着 PWM 波频率升高到 20 kHz，受白光接收管响应速度的限制，接收到的波形已经很难反映原始波形的占空比，这意味着解调出来的语音信号质量不高，因此该方案存在缺陷。

方案二：频率调制（FM）方案。虽然受白光接收管上升速度的限制，随着频率的增加，接收到的信号已无法还原占空比信息，但是这个信号依然保留着频率特性，故可以考虑采用 FM 调制。FM 调制是使载波的频率跟随输入信号的幅度大小成等比例变化。在发射端将语音信号和 2ASK 调制后的串口数据通过加法器经过 FM 调制后推动白光发光管发射 FM 信号，白光接收管收到信号的频率特性依然会保留。因此在解调还原时，可以得到高质量的语音信号。此外 FM 调制还具有抗干扰能力强、接收信号幅度大小与距离无关的优点，但难点是调制与解调的实现。

综合以上考虑，为了更高的指标，选择方案二。

2. 信道复用方案的设计与论证

由于需要同时传输语音信号与数字信号，所以需要考虑信道复用的问题。对以下两种复用方式进行选择。

方案一：时分复用。时分复用（TDM）是采用同一物理连接的不同时段来传输不同的信号，以时间作为信号分割的参量，故三路信号在时间轴上互不重叠，即给三路信号分配一个时间周期，以一定的频率传输单个信号，方法简单，易于实现，但是对于语音信号其频率跟不上，无法传输语音。

方案二：频分复用。语音信号频宽为 300 ~ 3 400 Hz。所以可以将数字信号调制到高频或调制至低频，再将该信号和语音信号相加，一起通过 FM 调制发射。该方案的优点是，很好地利用了信道的频带资源，无须增加一路实际信道，加大了信道利用率；缺点是电路相对复杂。

综合考虑题意和通信效率，选择方案二。

3. 数字通信协议方案的设计与论证

方案一：基于 UART 串口通信的通信协议。单片机将待发送的一个字节数据存入缓存区，单片机会将这一字节的数据按一定波特率发出，接收端根据相同比特率接收数据。基于 UART 可以设计一个简单的通信协议，该数据帧将由若干个字节组成各个字节表示一定含义，通过这样的信道编码，可以保证数据的可靠性。

方案二：基于脉宽调制的通信协议。不同的数据用不同宽度的脉冲波表示。由于红外发光管的特性，导致脉冲调制波的频率较低，又出于信道复用的考虑，其发射频率低于 200 Hz，与语音信号的下限较接近，加大了硬件电路的设计难度。

综合考虑信息传送速率和电路设计，选择方案一。

4. 系统总体方案

系统总体框图如图 1 所示。

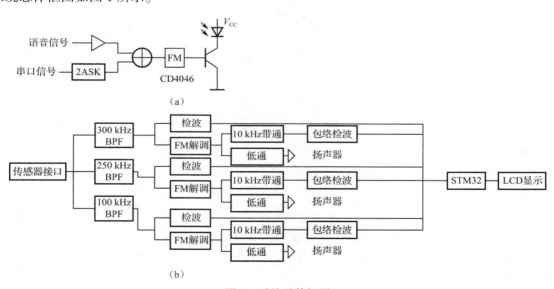

（a）

（b）

图 1　系统总体框图
（a）发射模块；（b）接收模块

发射模块的发射频率为 100 kHz、250 kHz 和 300 kHz。

二、理论分析与计算（略）

三、电路与程序设计（略）

四、测试方案与测试结果（略）

五、结论（略）

专 家 点 评

该作品方案论证充分、合理，选择的方案可行，作品采用频分复用方式传输三路信号，介绍详细、完整。

K题　单相用电器分析监测装置

一、任务

设计并制作一个可根据电源线的电参数信息分析用电器类别和工作状态的装置。该装置具有学习和分析监测两种工作模式。在学习模式下，测试并存储各单件电器在各种状态下用于识别电器及其工作状态的特征参量；在分析监测模式下，实时指示用电器的类别和工作状态，如图1所示。

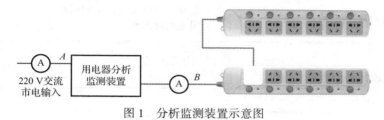

图1　分析监测装置示意图

二、要求

1. 基本要求

（1）电器电流范围为 0.005 ~ 10.0 A，可包括但不限于以下电器：LED 灯、节能灯、USB 充电器（带负载）、无线路由器、机顶盒、电风扇和热水壶等。

（2）可识别的电器工作状态总数不低于7，电流不大于 50 mA 的工作状态数不低于5，同时显示所有可识别电器的工作状态。自定义可识别的电器种类，包括一件最小电流电器和一件电流大于 8 A 的电器，并完成其学习过程。

（3）实时指示用电器的工作状态并显示电源线上的电特征参数，响应时间不大于 2 s。特征参量包括电流和其他参量，自定义其他特征参量的种类、性质、数量。电器的种类及其工作状态、参量种类可用序号表示。

（4）随机增减用电器或改变使用状态，能实时指示用电器的类别和状态。

（5）用电阻自制一件可识别的最小电流电器。

2. 发挥部分

（1）具有学习功能。清除作品存储的所有特征参数，重新测试并存储指定电器的特征参数。一种电器一种工作状态的学习时间不大于 1min。

（2）随机增减用电器或改变使用状态，能实时指示用电器的类别和状态。

（3）提高识别电流相同、其他特性不同电器的能力和大小电流电器共用时识别小电流电器的能力。

（4）装置在监测模式下的工作电流不大于 15 mA，可以选用通过无线传输到便携终端上显示的方式，显示终端可为任何符合竞赛要求的通用或专用的便携设备，便携显示终端功耗不计入装置的功耗。

（5）其他。

三、说明

在图1中 A 点和 B 点预留装置电流和用电器电流测量插入接口。测试基本要求的电器自带，并安全连接电源插头。具有多种工作状态的要带多件，以便所有工作状态同时出现。最小电流电器序号为1；序号 1~5 电器电流不大于 50 mA；最大电流电器序号为7，可由赛区提供（如 1 800 W 热水壶）。交作品之前完成学习过程，赛区测试时直接演示基本要求的功能。

四、评分意见

项　目		主要内容	满分
设计报告	系统方案	比较与选择，方案描述	2
	理论分析与计算	检测电路设计 特征参量设计和实验，筛选	7
	电路与程序设计	电路设计与程序设计	7
	测试结果	测试数据完整性，测试结果分析	2
	设计报告结构及规范性	摘要，设计报告正文的结构 图表的规范性	2
	合　计		20
基本要求	实际制作完成情况合计		50
发挥部分	完成第（1）项		10
	完成第（2）（3）项		20
	完成第（4）项		15
	其他		5
	合　计		50
总　分			120

说明：设计报告正文中应包括系统总体框图、电路原理图、主要流程框图、主要的测试结果。

作品 1　电子科技大学

作者：宋　月　陈春雪　毛馨玉

摘　要

本作品采用 STM32F407 为主控芯片，通过 ADS1274 采样电源线上的电信号，经过频域分析获得当前电信号参数。数据处理后的识别结果经无线串口传输到便携终端上显示。设计实现了两种模式：学习模式，对各用电器的特征参数进行测量和存储，进而比对当前电源线上的电信号参数和已学习的单电器特征参数；监测模式，对已学习用电器种类和工作状态进行实时监测和识别。监测系统响应时间小于 2 s，工作电流仅有 8.2 mA。

关键词：采样；频域分析；无线传输；低功耗

一、系统方案

1. 方案比较与选择

1）电流、电压的采样

本装置需市电电压及其负载电压进行测量，直接测量并不可取，故必须进行采样。

方案一：电阻直接采样。使用电阻直接采样装置中的电压与电流。采样与信号调理电路简单，但采样所得电压、电流精度较低，电阻温漂变化会带来很大误差，幅度受市电影响较大，且强电与弱电的隔离度差，可靠性相对较差。

方案二：使用电压、电流互感器采样。LCTV3JCF-220 V 电压传感器的输入电压为 0~220 V，精度为 0.1%，TA25CL 电流传感器可识别电流范围为 1 mA~10 A，符合题目要求。同时，经互感器采样后精度相对更高。此外，使用电压与电流互感器有较好的隔离度。因此，能够极大提升最小可识别电流指标。

综合以上两种方案，方案二电路简单且性能优异，故选择方案二。

2）采样信号调理电路

考虑需处理较高动态范围的输入信号，为了达到更高精度，需要对输入信号幅度进行调整，使其达到适合 ADC 输入端的幅度大小。

方案一：可切换的多级放大器。由运算放大器和模拟开关控制的电阻网络组成。实现方法简单，但电路规模太大，系统冗余。

方案二：电压控制增益放大器。可实现增益连续可调。但增益稳定性较差且噪声系数较高。对幅度测量精度影响较大。

方案三：固定增益放大器。由输入轨到轨的精密运算放大器对采样信号进行缓冲并放大。调节至合适的放大倍数，能够使系统动态范围满足题目要求，且系统简单，增益稳定。

综上可知，方案三的增益稳定性与精度更高、噪声系数更低。此外，方案三可采用差分输入方式，电路简单、满足题目要求，故选择方案三。

3）模/数转换电路

方案一：选用 STM32F407 内置 ADC。单片机内置 ADC 是具有 12 位、SAR 型（逐次逼近寄存器型）ADC，能使系统设计更简单且功耗较低。

方案二：选用高精度多通道 ADC 芯片 ADS1274。ADS1274 是一个斩波稳零输入、$\Delta\Sigma$ 型的 24 位 ADC，具有较大的动态范围和极高的奈奎斯特混叠带抑制性及高线性度。

综上可知，方案二抗噪声性能远优于方案一，且适合进行增量测试。

4）数据处理方案

方案一：MCU 方案。采用 STM32F407 单片机，该单片机主频时钟达到 168 MHz，同时内置浮点运算单元，能够完成大量数据的高速处理，具有较高的性能及较高效的图形处理能力且功耗低。同时，单片机的串行处理方式适合本作品的检测模式。

方案二：FPGA 方案。采用 Xilinx Spartan 6 FPGA。FPGA 具有并行的高速信号处理能力，但其功耗较大，实现控制和算法较复杂，且对于图形化人机界面的控制实现难度较大，不适于快速开发。

综合以上两种方案，方案一更易于实现，且适合题目对于功耗的要求。单片机的串行工作形式也更适合本作品的检测模式，所以采用方案一。

2. 方案描述

根据以上的方案比较与选择，最终的系统框图如图 1 所示。

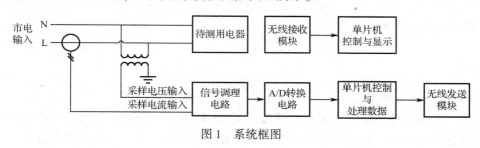

图 1　系统框图

二、理论分析与计算

1. 检测电路设计

1）采样信号调理电路

电流传感器电流转换比例为 1 000:1。依题意，传感器电流输入范围为 5 mA~10 A，则输出为

5 μA~10 mA。ADC 输入范围为±2.5 V，考虑测量余量、噪声容限和波形畸变程度，实际设计最大输入范围为±1.5 V。所以 I-U 变换电路增益为 100 V/A，输出为 0.5 mV~1Vrms，即最大为±1.5 V。

电压传感器电压转换比例为 220：0.5。市电电压有效值为 210~230 V，则传感器输出电压在0.47~0.52 V 内。经运算放大器放大至 0.94~1.04 Vrms，即最大为±1.5 V。

2）模/数转换电路

由于需要在大小功率负载接入情况下测量小功率负载接入情况，所以无法简单使用切挡方式提高精度。最大可能接入为 10 A，题目要求最小负载接入电流小于 5 mA，所以量化至少需要 $Q = I_{max}/I_{min} = 10\ A/5\ mA = 2\ 000$，实际上同时需要对最小电流谐波及电流相位做分析，故按照本设计所需算法需要额外 6 位以上量化位数。

$$Q_{bit} = \log_2(2\ 000 \times 2^6) = 16.9$$

另外，考虑到采样信号调理电路对输入信号存在余量，同时设计选型问题，实际采用 24 位的 ADS1274 为核心器件，查阅手册，实际有效无噪声输出位数约 19 位。

2. 特征参量设计和实验、筛选

单片机经频谱分析测得用电器的电特征参数，包括基波和 20 次以内奇次谐波的幅值、相角。为识别待测用电器是否为某一目标用电器，且最大化利用得到的信息，设计判别函数为

$$D_i = \sum_{n=0}^{8} A_n(\Delta R_{2n+1} - R_{i(2n+1)})^2 + \sum_{n=0}^{8} B_n(\Delta X_{2n+1} - X_{i(2n+1)})^2$$

判别函数表征待测用电器与第 i 件已知用电器的相近程度。ΔR_{2n+1} 为待测用电器 2n+1 次电流谐波变化量与基波电压幅值计算得到的谐波等效电导变化量，ΔX_{2n+1} 为待测用电器第 2n+1 次电流谐波变化量与基波电压幅值计算得到的谐波等效电抗变化量。$R_{i(2n+1)}$、$X_{i(2n+1)}$ 为仅有第 i 件已知用电器工作时 2n+1 次谐波的电导、电抗。该电导、电抗计算公式为

$$R = \frac{U}{I_{2n+1}} \times \cos(\theta_{2n+1})$$

$$X = \frac{U}{I_{2n+1}} \times \sin(\theta_{2n+1})$$

式中，θ_{2n+1} 为第 2n+1 次谐波电流相对于基波电压的相角；A_n、B_n 为权重。

为达到最好的判别效果，需要保证在用电器电流正常波动时，对同一待测用电器计算得到的 D_1~D_7 的平均值 $\overline{D_1}$ ~ $\overline{D_7}$ 的方差最大，且 D_i 的方差最小。为此需要选择合适的权重 A_{2n+1}、B_{2n+1}。利用 Excel 采集并整理分析大量数据，选择较为合适的权重。

判别函数计算结果 D_i 反映了第 i 件用电器与第 2n+1 个已知用电器电参数的相近程度，当 ΔR_{2n+1}、ΔX_{2n+1} 变化量足够大时，则对 D 进行判断，得到用电器类别和状态。

三、电路与程序设计

1. 电路设计

1）电压采样信号调理电路

电压采样信号经由轨到轨输入、精密运算放大器 OPA192 放大两倍，再由全差分放大器 LMH6552 完成单端转差分输出至 ADC。电路转换增益在理论计算中已说明。其电路图如图 2 所示。

2）电流采样信号调理电路

电流采样信号经由轨到轨输入、精密运算放大器 OPA192 完成 I-U 变换，再由全差分放大器 LMH6552 单端转差分输出至 ADC。电路转换增益在理论计算中已说明。其电路如图 3 所示。

3）模/数转换电路

采用 ADS1274 将模拟的电流、电压采样信号进行变换，提供给后级数字部分处理。由于 ADS1274 为 Sigma-Delta II 阶过采样型 ADC，第一采样混叠频率在过采样时钟频率附近 12 MHz，所以滤波仅适用

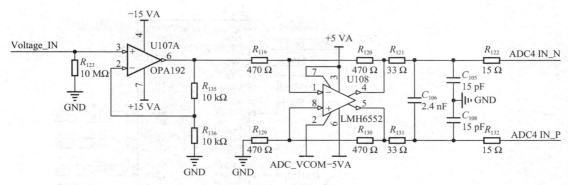

图 2　电压采样信号调理电路原理

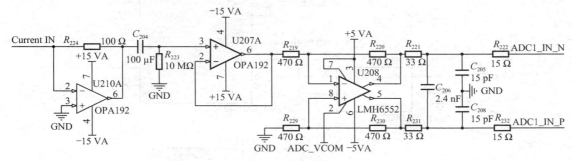

图 3　电流采样信号调理电路原理

一阶 RC 进行简单滤波，RC 截止频率在 6 MHz 附近，其电路如图 4 所示。

2. 程序设计

本系统实现了两种主要模式的实现，即监测模式和学习模式。其中监测模式下能同时完成对高达 8 种用电器的实时监测工作和电传输线的电特征参数的监测和显示。在学习模式下能同时完成对高达 8 种用电器的学习工作并在监测模式中对其监测。

本系统使用两块 STM32F407 作为主控芯片，分别完成对分析监测装置和便携终端的控制。同时本系统的分析监测模块和控制显示模块实现了无线数据传输功能。

1）监测模式

在本模式下，系统通过模/数转换模块对供电线上的电信号进行采集，继而通过加窗和快速傅里叶变换对采样信号进行数据处理获得供电线上电信号的电特征参数。在电特征信号突变后，对突变前后的电特征信号进行分析和处理以获得突变特征数据值，并将其与预先学习并存储的各用电器的特征参数进行比较，进而识别出各用电器的使用状态。

2）学习模式

在本模式下，系统清空预存的 8 种用电器的电特征参数并进行重新学习。在学习过程中，系统通过对用电线上的电信号进行采样，并对其进行频域分析和特征参数计算。在计算完成后将该用电器的电特征信号存储至内部存储器中以待监测时进行比较。

在该模式下，本系统最高可完成高达 8 种用电器的学习工作。

四、测试方案与测试结果（略）

五、结论（略）

专 家 点 评

本文介绍的方案详细、具体，分析计算完整。此方案实现难度较高。

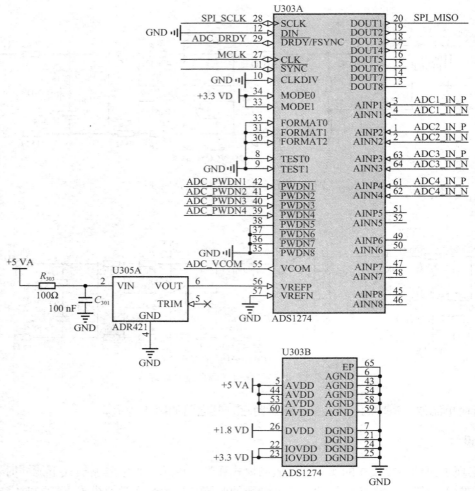

图 4　模/数转换电路原理

作品 2　北京邮电大学

作者：张天栋　赵　辰　周　游

摘　　要

本设计基于 MSP4430G5529 单片机、单相电计量芯片 RN820X、无线传输模块 E62-TTL-100 完成单个用电器多状态的电气参数信息采集及分析，多个用电器接入情况判断，用电器自主学习，远距离无线接收显示等功能。将采集并计算得到的用电器的电压有效值、电流有效值、有功功率作为每个用电器的特征参数，采用树形结构的方式完成对每种用电器每种工作状态的学习存储。利用差值检测和状态匹配的方式完成对接入系统的用电器的识别。

关键词：MSP4430G5529；单相电计量芯片；功率因数

一、系统方案的选择与论证

1. 用电器特征参数的采集论证与选择

方案一：利用电压互感器和电流互感器读取每个用电器接入系统时的电压和电流波形，再通过双路 ADC 采样，实时提取其相位差及幅度信息等。

方案二：利用单相电计量芯片 RN820X 完成电流、电压检测，RN820X 具有双路 ADC，可进行电压检测、电流检测、功率检测，并可通过 SPI/UART 通信将其数字信息传送到单片机中，使用简单方便。

综上所述，选择方案二。

2. 用电器判别的论证与选择

方案一：根据流过零线及火线的交流电流有效值和系统学习存储的每个用电器的交流电流有效值的关系判断有哪些用电器接入了系统。由于用电器的感性和容性特征，总电流和每个用电器的电流关系并不是线性叠加，计算比较复杂，故不利用其特性指标判断。

方案二：根据测得的每个用电器的电压、电流可得到用电器的功率因数，利用其可得到每个用电器的有功功率、无功功率和功率因数，其中有功功率可线性叠加，通过总功率和每个用电器功率的关系即可得到用电器的接入情况。

与方案一相比，方案二计算简单、精度高，故选择方案二。

3. 无线传输方案的论证与选择

使用 E62-TTL-100 作为无线传输模块。E62-TTL-100 是一款点对点传输的全双工无线数传模块（UART 接口），发射功率为 100 mW，透明传输方式，工作在 425~450 MHz 频段（默认为 433 MHz）。可双向同时进行数据收发，即在接收数据的同时，可以发送数据，无须等待接收完成。

二、理论分析与计算（略）

三、电路与程序设计

1. 电路设计

降压稳压模块利用单相桥式整流电路和 7805 稳压芯片将交流 220 V 转换成直流 5 V，电流计量模块利用单相电计量芯片 RN820X 采集各用电器电压电流有效值、有功功率、功率因数等参数。电路总体设计框图如图 1 所示，电压转换电路如图 2 所示，电流计量电路如图 3 所示。

图 1　电路总体设计框图

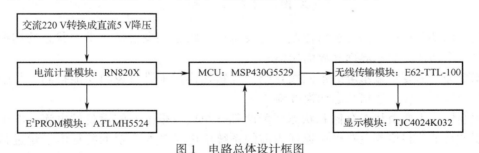

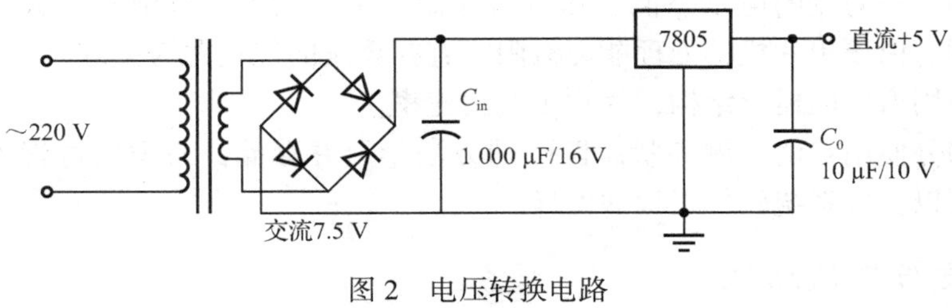

图 2　电压转换电路

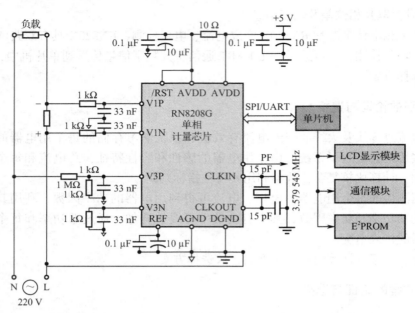

图 3　电流计量电路

2. 程序设计

总体程序框图如图 4 所示。

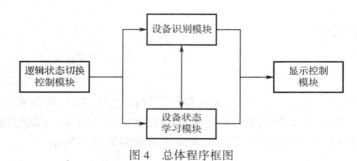

图 4　总体程序框图

系统功能由两部分组成，需要逻辑控制进行设备识别状态和设备接入学习状态的切换，在显示屏上也相应做了两个功能的显示界面和界面切换。

逻辑控制部分，需要由显示屏的不同按钮结合逻辑切换需求进行逻辑功能控制。其中尤其需要注意单片机时序的控制，保证逻辑状态切换准确。

设备识别模块，主要由状态存储和状态匹配两部分组成。根据不同设备的电流、电压和有功功率作为设备识别的特征。将检测电路模块返回当前的系统中电学量与存储的特征电学量进行比对，并将比对结果输出到显示控制模块进行输出，为了进一步提高识别精度，引入差值检测法，即在插入设备的时刻做前一时刻和后一时刻的电学差值，然后与存储的单一设备特征值相比较，并按照合理的误差冗余，保证检测精度。由于单片机的处理能力有限，查找算法的优化尤为关键。

在状态存储时使用增序的树形结构，优化了查找速率。

设备状态学习部分使用差值检测和状态匹配的方法学习并存储，与识别过程大致相同，在保证显示正确的基础上，可以完成系统软件工程的设计。

四、测试方案与测试结果

1. 基本要求

利用功率分析仪 TektronixPA3000，在 7 件用电器（其中 5 件用电器电流有效值小于 50 mA，1 件用电器电流大于 8 A，1 件用电器有多个状态）随机排列组合的情况下，实时判断接入用电器的状态。测试结果见表 1 与表 2。

表 1　7 件用电器分别接入时的特性参数

序号	实际电压 /Vrms	测量电压 /Vrms	实际电流 /mArms	测量单流 /mArms	实际有功 功率/W	测量有功 功率/W	实际功率 因数	测量功率 因数
1	212.1	212.3	18.8	19	2.3	2	0.5334	0.524
2	210.9	213.9	27.1	27	1.2	1	0.183	0.175
3	214.5	218.7	33.1	32	4.4	4	0.603	0.592
4	213.3	219.0	40.6	41	8.9	8	0.922	0.924
5	212.4	220.1	46.1	45	5.1	5	0.545	0.524
6（1）	211.8	217.0	136.1	135	15.5	15	0.529	0.548
6（2）	219.1	220.9	162.2	160	20.1	19	0.522	0.558
7	219.1	219.2	8 423.1	8 577	1 799	1 806	0.997	1

表 2　7 件用电器随机排列组合时的状态检测情况

序号	实际组合	测量组合	正确性
1	②	②	正确
2	⑥（1）	⑥（1）	正确
3	③④⑤	③④⑤	正确
4	①②③④	①②③④	正确
5	①②③④⑤	①②③④⑤	正确

经检验，该系统可成功检测到 5 mA 电流用电器，在 8 A 用电器接入时，系统可正常工作。

2. 发挥部分

该装置还满足以下功能。

（1）装置在学习模式下可分别记录每个用电器的电压有效值、电流有效值、有功功率、功率因数等信息。

（2）实时监测用电器状态的情况同基本要求部分。

（3）在接入 8.4 A 热水壶的情况下，最小识别电流为 20 mA。

（4）可实现无线远端终端实时显示。

在空载和所有用电器全部接入的情况下，系统的负载电流情况见表 3。

表 3　在空载和所有用电器全部接入的情况下系统的负载电流情况

序号	系统状态	输入电流/mArms	负载电流/mArms	系统工作电流/mArms
1	空载	5.6	0.1	5.5
2	全部接入	8 778.2	8 769.1	9.1

专 家 点 评

本文介绍的作品实测识别率较高。

作品3　西安电子科技大学（节选）

作者： 曾羡霖　吴格荣　朱　繁

摘　要

本设计基于离散傅里叶变换（DFT）对信号电参量进行测量，系统由电量传感器电路、信号调理电路、信号采集电路、单片机处理电路和供电电路五部分构成。实现了实时测量并显示用电器的电压有效值、电流有效值、功率、功率因数、阻抗等一系列电参量，并可识别7种不同用电器的不同工作状态，同时具有对任意5种用电器自身电特征参数学习的扩展功能。采用低电流霍尔传感器降低了功耗、提高了保真度，采用频率跟踪算法与电源电压频率同步，减小了杂散、提高了精度，单片机使用微功耗设计实现人机交互，使用了模式识别与匹配法对用电器工作状态进行判别。经过最终的级联和调试，本系统已实现了题目的基本要求部分和发挥部分的所有功能；系统的工作电流、可识别最小电流、判别结果的稳定时间、用电器工作状态学习时间等指标均超出题目要求。

关键词： 离散傅里叶变换（DFT）；模式识别与匹配；学习功能

一、方案论证

1. 方案比较与选择

1）电参数测量方案

方案一：基于电参量专用芯片，如 ADE7754 实现对各个电参量进行测量。该方案难度较低，但需要额外增加电路板，调试较为复杂，灵活性低。

方案二：基于硬件电路进行 RMS 检波，得到交流电压、电流信号的有效值，通过采集电路、信号处理电路进行计算和识别。该方案难度较大、电路复杂，不利于快速构建。

方案三：DFT 信号分析法，对采集到的信号进行 DFT 分析，得到信号的有效值、功率、相角、阻抗、各次谐波等。本方案硬件电路简单，软件算法方便快捷，易于调试。

综合考虑 3 个方案，本设计选择方案三。

2）信号处理平台

方案一：采用 DSP 芯片作为信号处理平台，DSP 运算性能优越、灵活性较高、外设丰富，可以实现较为复杂的算法。但是 DSP 开发周期长，功耗较大。

方案二：采用 FPGA 作为信号处理平台。FPGA 处理速度最高，但灵活性较低，同时功耗也较大。

方案三：采用单片机作为信号处理平台。单片机具有体积小、功耗低、外设资源丰富、算法灵活等优点。其运算性能也满足在本系统中应用。

从运算性能、系统功耗和灵活性的角度，综合考虑，选用方案三。

3）用电器状态识别方法

方案一：采用电流法识别。通过每个用电器不同的工作电流，建立各个用电器在不同工作状态下的电流模型，最终比对得到用电器当前的工作状态。此方案无法识别功率因数不同、电流相同的两种用电器。

方案二：采用功率法识别。通过测量不同用电器的功率，建立各个用电器在不同工作状态下的功率模型，最终比对得到用电器当前的工作状态。因为电网电压波动的存在，大功率用电器的功率如果略有变化，将会影响系统对小功率器件的判决。

方案三：采用电特征参量三维模型综合识别法。按照用电器的功率因数、谐波和视在功率建立 3 个维度，在对应的维度建立各自的参考模型，测量时在3个维度同时对比建立的参考模型，得到用电器当前的工作状态。此方案3个维度的判别结果可以互相参考，既避免了一个用电器淹没另一个用电器的情况，同时也增加判别结果的可信度。

考虑到本题用电器的功率范围比较大，故本设计选择方案三。

2. 系统总体方案

系统主要由5个模块组成，即传感器电路、信号调理电路、信号采集电路和单片机处理模块及供电电路。整个系统由220 V交流电源供电。系统总体框图如图1所示。

传感器模块实现了将大电流、大电压转换成易于测量的小电流，供电模块采用隔离式开关电源，信号调理电路实现信号的*I-U*变换和滤波等信号调理，信号采样模块通过ADC采集数据，单片机处理模块主要利用DFT变换对输入的信号进行频谱分析等参数测量，利用分析得到的数据建立参考模型，来判别用电器的工作状态。

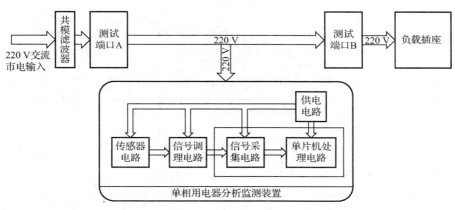

图1 系统总体方案

二、理论分析与计算（略）

三、电路与程序设计（略）

四、测试方案与测试结果（略）

五、进一步改进的措施（略）

六、总结（略）

作品4 内江师范学院（节选）

作者：白 鹏 郭 恒 岳婷玉

摘 要

本设计采用24 bit高精度ADC、低功耗电能计量专用芯片RN8302B负责采集用电器实时电流、电压等电参数，通过其高速SPI接口将数据传输给高速低功耗32 bit单片机STM32F407VET6处理，计算出每一种用电器的实时电压、电流、功率因数、谐波电流、视在功率、有功功率、无功功率等基本参数。在学习模式下，将以上每种用电器参数进行记忆，同时考虑接入用电器初期和断开时主要特征参数的特点来区别不同的用电器。在分析监测模式下，只要输入电源（电压和频率）维持不变，在不同用电器接入、断开时，找出相应的数量关系即可判断出已经学习的用电器名称和种类。所有参数通过LCD12864 液晶显示器显示出来。由于采用了 RN8302B 和 STM32F407VET6，不但省去了信号调理电路的设计，同时大幅度提高了系统数据处理速度，并大大减小了系统的功耗，系统总静态功耗小于6 mA。

关键词： 电流互感器 LCTA2DCC；电压互感器 TV16；电能计量芯片 RN8302B；单片机TM32F406VET6

一、系统方案

本设计由单片机主控模块、用电器监测模块、显示模块及电源转换模块组成，系统框图如图 1所示。

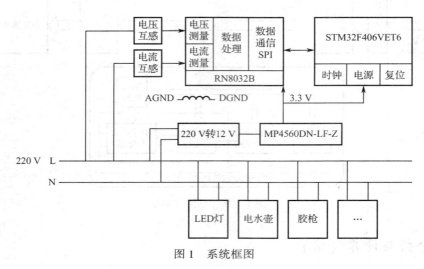

图 1　系统框图

二、系统理论分析与计算

1. 传感器电路设计

传感器电路原理图如图 2 所示。由高精度电流互感器 LCTA2DCC（L_1）作为电流检测器件进行电流检测，高精度电压互感器 TV16（T1）作为电压检测器件进行电压检测。检测到的电压和电流变化信号经过插座 J2 送入 RN8302B 进行采样处理，再将处理后的数据传输到单片机进行判断及处理。

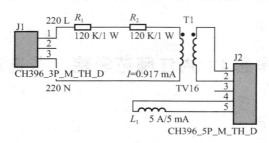

图 2　传感器电路原理图

电流互感器额定输入电流为 5 A，额定输出电流为 2.5 mA，输出比例为 2 000 : 1，线性范围不小于1.5 倍额定值。本题目要求用电器电流范围为 0.005～10.0 A，当输入电流为 10.0 A 时，输出电流 $I_{out}=$10.0×1/2 000 A，满足线性范围要求。

电压互感器匝数比为 1 000∶1 000，最大不失真电压为 1 V。

2. 特征参量的设计及计算（略）

三、硬件电路设计

1. 主控模块

采用 STM32F407VET6 单片机。STM32F407VET6 单片机是 STM32 系列的 32 位单片机，自带 18 通道 ADC（12 位）、两通道 DAC（8 位或 12 位可选），其中，18 通道 ADC 可测量 16 通道外部、2 通道内部信号源（温度传感器和内部参考电压）。在处理运算时，STM32 的速度略快于 MSP430，在做浮点运算时，速度远远快于 MSP430，在需要复杂运算的环境中，STM32 具有极大优势。将 STM32F407VET6 单片机作为本设计的主控芯片，满足最小系统即可，时钟输入为 8 MHz。

2. 检测电路

采用 RN8302B 作为 A/D 采样芯片。RN8302B 芯片采用+3.3 V 电源供电，具有电源监控功能，由内置模拟 3.3 V 电源监测电路，连续对 AVCC 引脚电压进行监控。RN8302B 测量时提供电压线频率，测量误差小于 0.02%；提供相电压、电流相角，测量误差小于 0.02°；提供七路过零检测，过零阈值可设置；提供失压指示，失压阈值可设置；提供灵活的电压、电流波形缓存数据；提供电压暂降检测；提供过压、过流检测等功能。

由于 RN8302B 芯片有七路 A/D 采样通道，其中三路用于相线电流采样，一路用于零相电流采样，三路用于电压采样。并且 ADC 采用全差分方式输入，电流、电压通道最大差分信号输入幅度为峰值 800 mVpp，可以同时监控其电压、电流的变化，并将采集到的数据存放至内置的波形存储单元中，通过 SDO 端口将数据串行输出到 STM32F407VET6 单片机的第 31 端口。电路原理图如图 3、图 4 所示。

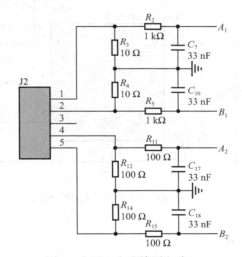

图 3　电压、电流检测电路

3. DC-DC 模块

在主要电路板中使用 MP4560DN-LF-Z 芯片作为 DC-DC 芯片，将 12 V 的输入电压转换为 3.3 V 的电压。给其他电路模块供应电源，使其他电路模块正常工作。MP4560DN-LF-Z 是一个高频率的降压器件，内部集成了高开关稳压器侧高压功率管 MOSFET。它提供 2 A 电流模式控制环路的快速输出响应且易于补偿。其电路如图 5 所示。

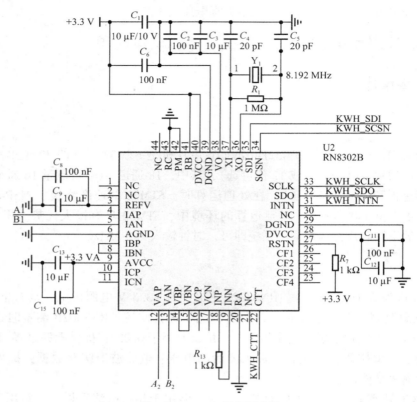

图 4　RN8302B 及外围电路

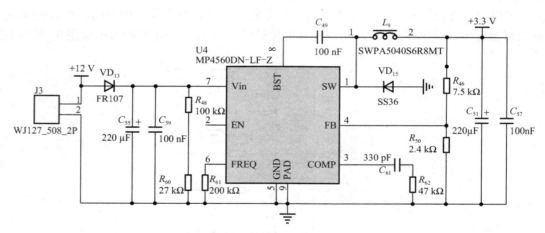

图 5　12 V 转 3.3V DC-DC 电路

4. 无线传输模块及手持设备

手持电路模块本质上是一个遥控模块，由单片机（STM32F103VET6）、LDO 电路（LM1117IMPX_ 3.3）、天线、液晶组成。它可以通过天线与基本电路模块中的 433 MHz 无线模块之间进行无线通信，将主板上的显示内容输出到遥控模块上进行显示，同时也可以控制基本电路模块的工作状态与方式，实现远距离传输。

四、软件设计（略）

五、测试方案与测试结果（略）

专家点评

本文硬件设计部分比较详细。

作品5　桂林电子科技大学（节选）

作者：罗　捷　廖金保　吴彬彬

摘　　要

本系统采用带零线电流测量的单相多功能计量芯片 ADE7953 对用电器的电气参数进行采集，参数采样方式为在线测量。根据学习用电器的个数及其特征值建立两个数组，一个数组是存放用电器编号的组合，另一个是存放用电器组合后的二维特征表，该表由不同用电器组合的有功功率和无功功率构成。然后用微处理器 STM32F103 作为采集模块的控制中心，学习和判断用电器的种类和工作状态。经测试，本系统可识别出电流相同的不同用电器和多种用电器组合，完成题目所有指标。

一、方案论证

1. 电气参数采集模块的论证与选择

方案一：直接采用 A/D 转换芯片对电压、电流进行采样。用 A/D 转换芯片对调理电路出来的电压、电流进行采样；利用单片机对电流与电压做 FFT 计算得出有用功率、基波分量、谐波分量等特性参数，但对 A/D 转换芯片精度要求高，硬件电路复杂，而且后期的软件处理算法复杂，运算量大，耗时长，功耗大，无法满足题目要求。

方案二：采用带零线电流测量的单相多功能计量芯片 ADE7953。ADE7953 带零线电流测量的单相多功能计量芯片可在片内完成信号采样、计算和误差校正等，可以精确测量和计算多种电气参数，通过串行接口输出，获取有功功率、无功功率、电流有效值、电压有效值等特性参数。

综合以上两种方案，方案二具有外围电路简单、精度高、稳定性强、功耗低、能在片内完成多种参数的采集和计算等优点，故选用方案二。

2. 负载识别算法的论证与选择

方案一：穷举法。将用电器的各种特征参量存储起来，然后对所要解决的问题进行地毯式搜索，找出最优的答案。该方案的算法实现较简单，但当问题所涉及的情况比较多时，搜索耗时长，效率低，无法满足题目要求的响应时间不大于 2 s 的要求，而且不利于权衡各种参数的综合影响。

方案二：基于单一参数的负载识别。储存各负载用电器的有功功率、电流值或者电压值等参数，将实时采集的参数与各用电器预存的参数对比判断，找出相似度最高的电器编号。该方案算法简单，有利于单个负载的识别，但是对于多个负载和不同种类的负载难以识别。

方案三：基于实时特征表和历史特征二维表查表的负载识别。根据学习的用电器的个数建立两个数组，一个数组是存放用电器编号的组合，另一个是存放用电器组合后的二维特征表，二维特征表由有功功率和无功功率构成，通过查表找出相似度最接近的组合，可以识别出相同电流不同相位角的用电器。该方案识别准确率高，满足题目要求的具有相同电流的不同用电器识别。

综合以上 3 种方案，方案三考虑到影响识别负载所需的各种因素，有利于多负载叠加时和多种负载识别，且能识别出相同电流的不同负载，符合题目要求，故选择方案三。

系统总体框图如图 1 所示。

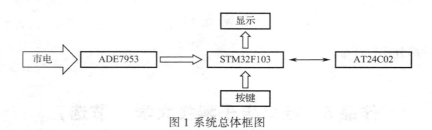

图 1 系统总体框图

二、系统理论分析与计算

1. 功耗控制

由于要求装置在监测模式下的工作电流不大于 15 mA，所以要求检测装置最大功耗为 $P = UI_{max} =$ 220 V×15 mA = 3.3 W。

本系统采用直接显示的方式，STM32F103 在 5 V 供电下电流为 30 mA，其功耗为 $P_1 = 150$ mW；ADE7953 最大工耗为 $P_2 = 17.5$ mW；屏幕功耗为 5 V@ 400 μA，$P_3 = 2$ mW。所以整个检测装置总功耗为 $P = P_1 + P_2 + P_3 = 150$ mW + 17.5 mW + 2 mW = 169.5 mW。

远小于题目要求的 3.3 W，满足题目要求。

2. 学习的基本原理

通过连续多次采样当前用电的有用功和无用功，并取前后变化量最小的为当前用电器的标称值。把这个标称值存在外部存储芯片，这个过程称为"学习"。

3. 识别算法的基本原理

每个用电器都可以用一个矢量表示，而这个矢量的长度就是该用电器的视在功率，而这个矢量与水平轴的夹角就是这个用电器的电压和电流的相位角。

用电器按照类别来分，有容性、感性、纯电阻。容性用电器的相位角是小于 0° 的，感性用电器的相位角是大于 0° 的。而纯电阻的用电器是相位角为 0°。

用电器的相似度计算，其实就是用一个变动范围小的值减去一个标称值，然后再除以标称值，最终得到的数值越小，说明这个变动范围的值越接近标称值，也就是通常所说的，与标称值越"相似"。

三、电路设计

1. ADE7953 计量电路控制电路

本系统采用带零线电流测量的单相多功能计量芯片 ADE7953 和微处理器作为电能参量计量核心，ADE7953 集成度高，外围电路简单，采用 STM32F103 对其进行配置和参数转换计算，其通信协议采用串口通信协议。其电路如图 2 所示。

2. 数据处理电路

本系统采用 32 位 ARM 微控制器 STM32F103 来实现控制显示，数据处理电路由按键电路、LCD 显示屏组成，由微处理器对参数进行分类和负载识别。其电路如图 3 所示。

3. 电源电路

电源为整个系统提供 5 V 电压，确保电路的正常稳定工作。对这部分电路题目没有做出具体要求，所以选用 220 V 转 5 V 适配器作为系统供电电源，这里不做详述。

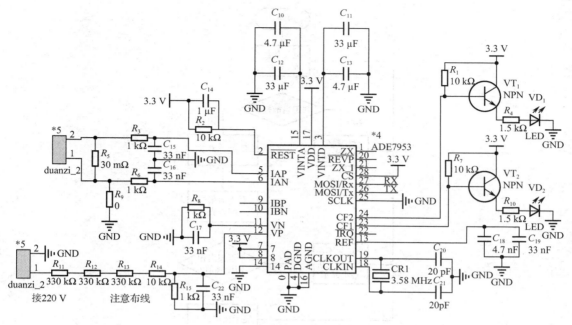

图 2　ADE7953 模块电路

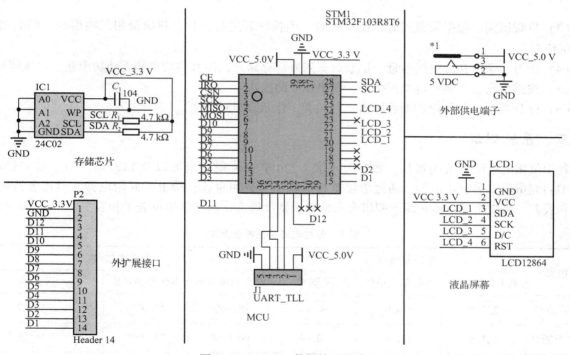

图 3　STM32F103 数据处理电路

四、程序设计

程序部分主要包括 ADE7953 的控制、电气参数的转换计算、负载识别、学习、按键检测、LCD 显示功能，其流程图如图 4 所示，各部分功能描述如下。

（1）ADE7953 的控制。STM32F103 与 ADE7953 进行串口协议串行通信，配置相关寄存器、参数读取设备功能。

（2）电气参数的转换计算。根据芯片手册给出的相关公式进行计算，进行参数归零校准与系数校准，得出负载的各种电气特征参量。

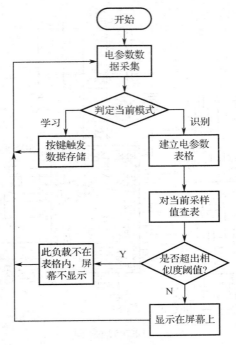

图4 主控中心程序流程图

（3）负载识别。根据采集到的特征参量对二维特征表进行查找，找出最相似的组合，即为当前用电器的组合。

（4）学习。学习各种电气参量，记录数据到外部存储器，用有功功率和无功功率建立二维特征表。

（5）按键检测。检测按键是否按下，做出相应的操作。

（6）LCD 显示。将用电器的特征值、种类和工作状态显示出来。

五、系统测试

利用单相电特征参数测量仪、数字万用表、220 V 交流稳压电源以及 LED 灯、节能灯、热水壶、200 kΩ 自制电阻等各种用电器，通过串接单相电特征参数测量仪，接上不同用电器，对比各特征参数的值和误差。将 7 个用电器利用不同组合来检验识别准确度，测试结果见表1和表2。

表1　各用电器特征参数测试

用电器	电压有效值/V			功率因数/%		
	电力测量仪值	本作品测量值	误差/%	电力测量仪值	本作品测量值	误差/%
3 W LED 灯	225.1	224.0	-0.49	18.00%	15.00%	-16.67
12 W 节能灯	221.5	221.8	0.14	80.00%	71.00%	-11.25
台灯	224.0	223.7	-0.13	20.00%	16.00%	-20.00
200 kΩ 电阻	224.1	224.6	0.22	96.00%	76.00%	-20.38
USB 充电器	222.8	222.6	-0.09	62.00%	64.00%	3.23
机顶盒	220.1	220.8	0.32	86.00%	72.00%	-16.28
风扇	222.8	223.1	0.13	100.00%	95.00%	-5.00
热水壶	212.1	210.7	-0.66	100.00%	100.00%	0.00

续表

用电器	电压有效值/V			功率因数/%		
	电力测量仪值	本作品测量值	误差/%	电力测量仪值	本作品测量值	误差/%
3 W LED 灯	2.80	2.5	-10.71	56.0	58.0	3.57
12 W 节能灯	10.10	10.1	0.00	64.0	61.0	-4.69
台灯	1.80	1.7	-5.56	70.0	73.0	4.29
200 kΩ 电阻	0.24	0.3	25.00	1.1	1.2	9.09
USB 充电器	7.10	6.9	-2.82	47.0	46.0	-2.13
机顶盒	4.70	4.8	2.13	29.0	28.0	-3.45
风扇	33.40	33.6	0.60	145.0	142.0	-2.07
热水壶	1 666.40	1 652.2	-0.85	6 544.0	6 511.0	-0.50

表2　各用电器组合的识别测试

同时通电的用电器数	测试次数	正确显示次数	正确率/%
1	7	7	100.00
2	42	42	100.00
3	35	34	97.14
4	35	33	94.29
5	42	40	95.24
6	7	6	85.71
7	1	0	0.00

专 家 点 评

本文介绍的作品实例识别率较高。

高职组

L题 自动泊车系统

一、任务

设计并制作一个自动泊车系统，要求电动小车能自动驶入指定的停车位，停车后能自动驶出停车场。停车场平面示意图如图1所示。停车位有两种规格：01~04称为垂直式停车位；05、06称为平行式停车位。图中"⊗"为LED灯。

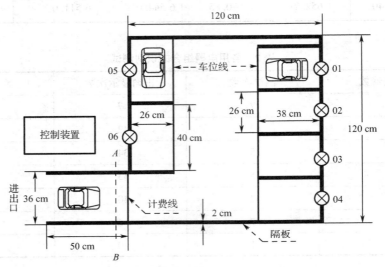

图1 停车场平面示意图

二、要求

1. 基本要求

（1）停车场中的控制装置能通过键盘设定一个空车位，同时点亮对应空车位的LED灯。

（2）控制装置设定为某一个垂直式空车位。电动小车能自动驶入指定的停车位；驶入停车位后停车5 s，停车期间发出声光信息；然后再从停车位驶出停车场。要求泊车时间（指一进一出时间及停车时间）越短越好。

（3）停车场控制装置具有自动计时计费功能，实时显示计费时间和停车费。为了测评方便，计费按5元/30 s计算（未满30 s按5元收费）。

2. 发挥部分

（1）电动小车具有检测并实时显示在泊车过程中碰撞隔板次数的功能，要求电动小车周边任何位置碰撞隔板都能检测到。

（2）电动小车能自动驶入指定的平行式停车位；驶入停车位后停车5 s，停车期间发出声光信息；然后从停车位驶出停车场。要求泊车时间越短越好。

（3）要求碰撞隔板的次数越少越好。

（4）其他。

三、说明

（1）测试时要求使用参赛队自制的停车场地装置。上交作品时，需要把控制装置与电动小车一起封存。

（2）停车场地可采用木工板制作。板上的隔板也可采用木工板，其宽度为 2 cm，高度为 20 cm；计费线和车位线的宽度为 1 cm，可以涂墨或粘黑色胶带。示意图中的虚线、电动小车模型和尺寸标注线不要绘制在板上。为了长途携带方便，建议在图 1 中虚线 AB 处将停车场地分为两块，测试时再拼接在一起。

（3）允许在隔板表面安装相关器件，但不允许在停车场地面设置引导标志。

（4）电动小车为四轮电动小车，其地面投影为长方形，外围尺寸（含车体上附加装置）的限制为：长度不小于 26 cm，宽度不小于 16 cm，高度不大于 20 cm，行驶过程中不允许人工遥控。要求在电动小车顶部明显标出电动小车的中心点位置，即横向与纵向两条中心线的交点。

（5）当电动小车运行前部第一次通过计费线时开始计时，小车运行前部再次通过计费线时停止计时。

（6）若电动小车泊车时间超过 4 min 即结束本次测试，已完成的测试内容（含计时和计费的测试内容）仍有效，但发挥部分（3）的测试成绩计 0 分。

四、评分标准

项 目		主要内容	满分
设计报告	系统方案	比较与选择 方案描述	2
	理论分析与计算	自动泊车原理分析 电动小车的设计 计时、计费功能的实现 碰撞检测功能的实现	8
	电路与程序设计	电路设计 程序设计	4
	测试方案与测试结果	测试方案及测试条件 测试结果完整性 测试结果分析	4
	设计报告结构及规范性	摘要 设计报告正文的结构 图表的规范性	2
	合　计		20
基本要求	完成第（1）项		10
	完成第（2）项		30
	完成第（3）项		10
	合　计		50
发挥部分	完成第（1）项		10
	完成第（2）项		25
	完成第（3）项		10
	其他		5
	合　计		50
总　分			120

作品1 湖南铁道职业技术学院

作者：江 丰 刘亮君 李敬良

摘 要

本控制系统实现小车自动泊车功能。系统由小车控制平台和车库控制装置两部分组成。小车及车库控制装置均选用 STM32F103 作为主控。工作时，车库控制装置以无线通信的方式将小车停靠车位发送至小车，并点亮对应车位的 LED。小车综合分析陀螺仪的角度数据与超声波模块的距离数据后，使用 PWM 对 4 个直流电机的动作进行控制，从而实现高质量停车入库的目的。此外，在小车四周安装微动开关，当小车发生碰撞时，主控芯片将进入外部中断服务函数，记录碰撞次数，并通过车载 TFT 屏显示。车库控制装置除了能够指定停车位外，还能够记录小车在车库的停留时间，并依此计算停车费用。当小车进入车库时，控制装置将通过摄像头对小车进行拍照，并在控制装置的 TFT 屏显示。

关键词：STM32F103；陀螺仪；自动泊车

一、方案论证与比较

1. 整体方案设计

本系统主要由微控制器（MCU）、TFT 屏、电机驱动模块、超声波模块、陀螺仪、无线通信模块等 11 个部分组成，其总体系统框图如图 1 所示。

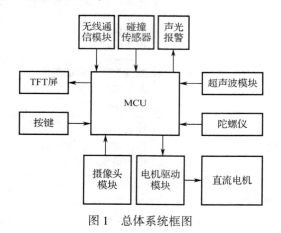

图 1 总体系统框图

2. 模块方案的对比选择

1）单片机的选型

方案一：采用传统 51 内核单片机。此方案的优点是成本低，运用广泛，资料丰富。但 51 单片机片上资源有限，难以满足要求。

方案二：使用 STM32F103 单片机。该系列单片机使用大量先进技术，主频高、速度快、外设丰富，且芯片性价比高，市场占有率稳步攀升。

综合考虑，由于需要使用到的传感器信号较多，处理的嵌套中断较为复杂，又因为小车平台对实时性要求较高，如果使用传统 51 内核单片机作为主控，则难以满足系统的需求。因此，选择方案二，使用 STM32F103 作控制芯片。STM32F103 原理图如图 2 所示。

2）距离检测方案

方案一：激光测距。激光测距指向性好，测量精度高。但是激光测距传感器成本高，且通常测量距离量程相对较短。

方案二：超声波测距。超声波测距是测距方案中非常成熟的方案，广泛应用于各种测距场景。其成本低廉、测量精度能够满足大多数场景的需求是该方案的主要优点。

根据实际应用需求分析，需要较大的测量量程，且能够容忍一定的测量误差。综合成本及通用性考虑，选择方案二作为距离检测方案。

3）转角检测方案

方案一：采用陀螺仪检测转角，陀螺仪可检测空间三维位置的变换，可通过 UART 输出变化的数据量，转换时间短、精度高。

方案二：采用在车轮上安装码盘的方式，通过记录码盘脉冲数，对比脉冲数差值，计算出转角角度。

对比分析上述两个方案，方案一成本高，同时也有较高的检测精度；方案二成本低廉，能够适合对检测要求不高的场合。在本设计中，由于车轮存在打滑的可能，使用码盘的方式将极大影响检测精度，故最终选择方案一。

4）电机选择

方案一：4 个舵机+4 个直流电机方案。使用该方案组装小车后，小车能够向任意角度运动。但 4 个舵机和 4 个直流电机同时工作时，所需的电流很大，很容易引起电源保护。此外，机构复杂，难以保证系统的稳定可靠。

方案二：4 个直流电机方案。根据方案一中存在的问题，简化驱动方式，得到方案二。直接使用 4 个直流电机后，小车的机动性下降。小车需要使用两侧电机转速不同的方式完成转弯。但是，使用该方案能够显著降低电源的供电压力，降低机构复杂度，从而使得机构有更好的可靠性和稳定性。

综上所述，在电机方案上，选择了方案二。

二、系统理论分析

1. 自动泊车原理

小车的自动泊车系统是通过使用多种传感器对外在环境进行判断，并针对该环境实现特定功能的系统。在本系统中，由于小车所处的环境是相对固定的，所以本系统根据特定环境做出固定方案。小车通过检测自身位置点，执行该点特定动作完成所需功能。

在小车进入车库时，控制装置将通过无线通信方式指定小车需要停靠的停车位。在收到相应的指令后进行对应的运动。

2. 电动小车的设计

小车使用机器人开发积木搭建，使用 4 个配有 38∶1 减速齿的 12 V 直流电机，电机转矩大，能够满足课题需求。为了满足自动泊车的需求，小车还装有超声波测距模块、陀螺仪角度检测模块和碰撞检测模块等。

3. 计时、计费功能的实现

根据设定，停车场的计费标准为"5 元/30 s，不满 30 s 按 30 s 计算"。在车库入口处，安装有红外对管对小车入库动作进行检测。检测到小车入库信号后，将费用初始化为 5 元。此后，使用 STM32F103 单片机中的定时计数器 TIM2 对小车在车库中停留的时间进行计时。每满 30 s，计费增加 5 元。直至小车离开车库停止。

4. 碰撞检测功能的实现

碰撞通过微动开关检测。在小车四周安装微动开关，并使用硬质杆连接。当碰撞点不在微动开关安装点时，由于碰撞会挤压微动开关上的硬质杆，碰撞信号仍然会被微动开关检测到，从而完成对碰撞信号的检测。

三、电路与程序设计

1. 硬件电路设计

1）MCU 控制电路设计

系统中使用的主控制器最小系统原理如图 2 所示。采用 ST 公司生产的 STM32F103 系列芯片，该芯片有多达 100 个引脚，充分满足系统的控制要求，外加 8 MHz 晶振与复位按键。I/O 口接排线座，采用模块化的设计，使用排线连接，便于快速调试与查找。

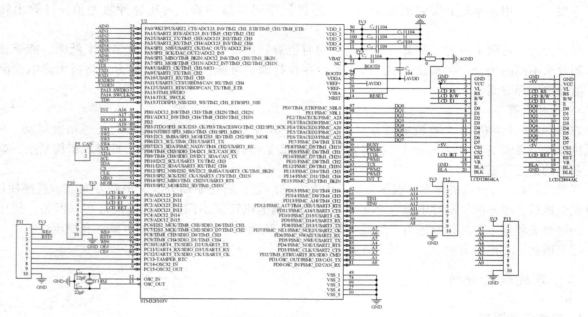

图 2　系统中使用的主控制器最小系统原理图

2）人机交互模块

使用 4 个按键和 TFT 彩屏作为人机交互，其中，4 个独立按键单独接入 MCU，以确保按键的稳定性，其电路原理如图 3 所示。TFT 彩屏亮度好、对比度高、层次感强、颜色鲜艳，因此选用该器件。

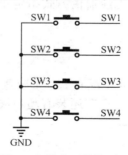

图 3　人机交互模块原理

3）小车电机驱动电路模块

小车电机驱动电路模块如图 4 所示，该模块使用 L298N 电机驱动芯片驱动电机，该驱动芯片具有驱动能力强、发热量低、抗干扰能力强的优点。模块的 4 个输出端口，可驱动四路电机，在本系统中电机以两个为一组，两路可控制一组电机正反转。

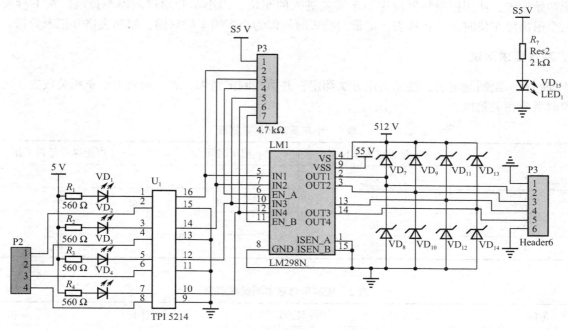

图 4　电机驱动电路模块

2. 程序设计

本系统使用嵌入式控制芯片 STM32F103，遂使用美国 Keil Software 公司出品的 Keil5 编写系统程序。该软件是常见的 C 语言编程软件，页面设计简单明了，软件功能强大，在使用时有较大的便利性。

对于该控制系统，程序量较大，结构梳理、程序模块化设计是利于程序实现和调试的重要因素。图 5 是小车主程序流程框图，图 6 所示为控制装置程序流程框图。

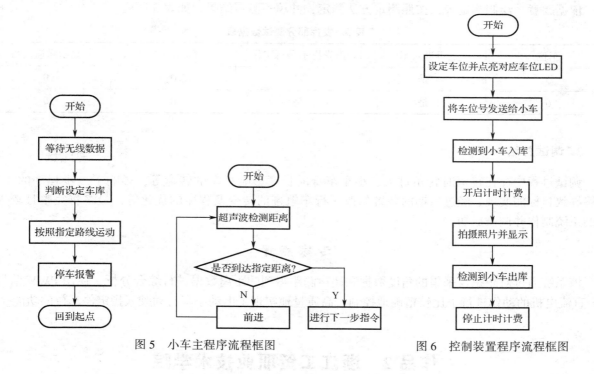

图 5　小车主程序流程框图　　　　图 6　控制装置程序流程框图

四、系统测试与结果

根据各部分测试要求，使用秒表作为测试时间的参考标准，用于检测泊车时间。测试方法：将小车置于初始位置，使用控制装置设定小车需要进入的车位，当小车开始进入停车位时，按下秒表；当小车完全退出停车位时，停止秒表。记录的秒表时间即为小车泊车的时间，绘制表格并记录数据。

1. 基本要求测试

依据题意，绘制测定表，按照测定方法测定，并填写测定结果，表 1 所列为小车相关数据，表 2 所列为控制系统相关数据。

表 1　小车基本测试数据表

车位	是否进入车位	泊车时间/s	声光提示是否工作
1	是	29	是
2	是	26	是
3	是	22	是
4	是	12	是

表 2　控制平台基本测试数据表

车位	是否点亮 LED	实际计费时间/s	显示计费时间/s	停车费显示
1	是	29	29	5
2	是	26	26	5
3	是	22	22	5
4	是	12	12	5

2. 发挥部分测试

依据题意，绘制测定表，按照测定方法测定，并填写测定结果，如表 3 所列。

表 3　发挥部分测试数据表

车位	是否进入车位	声光提示是否工作	实际碰撞次数	显示碰撞次数
5	是	是	0	0
6	是	是	0	0

3. 调试总结

调试过程中存在转弯时转角过大、小车车身的长度影响小车的转弯等，影响下一步程序的运行，最终导致目标的实现。经过后期的装置修改、行车轨迹的转变及程序的优化等，最终将完整且较为稳定的系统制作并调试成功。

专 家 点 评

该系统通过对陀螺仪采集的角度数据和超声测距得到的距离数据进行综合分析，使用 PWM 信号对 4 个直流电机的动作进行了比较精确地控制，高质量地实现了电动小车自动驶入指定停车位的功能。

作品 2　浙江工贸职业技术学院

作者：陈银通　陈苏阳　金丽华

摘　要

系统采用STM32（STM32F103RCT6）作为停车场控制系统和小车控制系统的核心，控制装置通过按钮选择小车停车位并通过无线模块发送给小车，实现小车自动驶入停车位。控制装置通过摄像头检测小车位置及角度并发送给小车。小车通过控制装置的反馈来调整自己的位置，并运用PID运算控制小车速度，同时利用麦克纳姆轮的水平位移，让小车更精准、快速到达停车位。系统还另有声光提示电路、电机驱动电路、电源电路等组成电路。

一、方案比较与选择

1. 主控制器的选择与论证

方案一：使用51系列单片机。STC51系列单片机具有价格低廉、使用简单、中文资料较多等特点，但其运算速度相对较低，片内外设不够丰富。

方案二：使用STM32处理器。基于ARM Cortex-M3内核的STM32F103RCT6嵌入式处理器内部资源丰富、功耗低、时钟频率高、拥有51个GPIO口，3个通用功能的16位定时器可实现硬件PWM信号产生，具有比51系列单片机更大的RAM和ROM，并且主频更高，外设I/O口配置更灵活。

由于系统需要PWM调速来控制4个驱动电机，需要大量字符串操作以及液晶屏显示，并需要对小车位置进行快速、实时调整，经综合比较，采用方案二。

2. 小车位置检测装置的选择与论证

方案一：选用超声波定位装置。在小车上设置一个固定频率的超声波源，并在场地四角分别设置4个超声波接收装置，超声波发射与接收装置之间通过无线通信，小车需要定位时通过比较4个超声波接收装置收到超声波脉冲的时间差来计算小车位置，这种方法不受环境光线影响，但容易受到外界震动以及噪声影响，制作调试复杂。

方案二：选用摄像头定位装置。在场地上方设置支架，使用摄像头以俯视的角度拍下场地图像，同时在小车车顶设置特殊图案，通过色块定位或其他图像识别方法来确定小车位置。这种方案根据具体实行细节与方法不同又有较大差异，使用单片机做图像处理，由于单片机性能有限，无法实现复杂算法，并且工作量大，图像处理分辨率以及帧率都较低。使用OpenMV图像处理模块时，由于OpenMV是一个开源、低成本、功能强大的机器视觉模块，可以在单片机中运行，提供Python编程接口，常用算法有相关库提供支持，底层功能无须自己实现，适合快速开发。

经综合考虑，最终采用方案二中的OpenMV模块。

3. 通信方式的选择与论证

方案一：采用蓝牙通信。使用基于蓝牙通信协议的蓝牙串口模块，该方案相对成熟，且对蓝牙协议本身做了透明化，方便单片机调用，但在实际使用中蓝牙通信易受干扰，且需要一段相对较长的连接配对时间。

方案二：采用红外通信。因小车与控制器主要以单向通信为主，可以使用红外通信的方法，该方法不易受到周边电磁射频环境的干扰。但做双向通信时较为复杂。

方案三：其他无线通信模块。使用NRF24L01模块、C1101模块等通信模块，其方案相对成熟，且大部分模块连接迅速、稳定性好。

经综合考虑，最终采用方案三。

4. 电机驱动的选择与论证

方案一：采用L298模块驱动。使用L298模块驱动的好处是，只要在输入端加简单的控制信号，就能实现电机的调速，但工作电流大，模块将产生很大的损耗，需大散热片进行散热。

方案二：采用 TB6612FNG 模块驱动。TB6612FNG 是基于 MOSFET 的 H 桥集成电路，效率远高于晶体管 H 桥驱动器。与 L298 模块相比较，它无须外加散热片，外围电路简单，只需外接电源滤波电容就可以直接驱动电机，利于减小系统尺寸。

经综合比较，选择方案二。

二、系统硬件设计与实现

1. 方案描述及泊车原理分析

本系统以 STM32 微控制器为核心，通过摄像头检测小车位置和小车 Z 轴旋转角度，并将数据发送给 STM32 控制装置。STM32 控制装置通过无线模块发送给 STM32 执行装置，STM32 通过矢量合成算法来处理并计算得出小车各个轮胎所需求的转速，再由 PID 算法控制 PWM 的占空比，从而调整转速，实现小车的转向和前进。按键可进行停车位的选择，液晶显示屏可观察停车时间和停车费用。

2. 电动小车设计

为了使小车转弯更加灵活，使用四轮四驱的总体方案，初期使用普通橡胶轮胎，经过测试，在 1、2、3、4 号停车位表现良好，但在 5、6 号停车位表现欠佳，主要表现在进入车位以及退出车位的运动窗口过小，导致失败概率过大，并在停车位内无法进行良好的姿态调整。

经过与组员讨论，为了解决转向不足以及姿态调整问题，并尽可能地达到快速进入退出停车位。最终决定采用麦克纳姆轮作为车轮，并使用对应的麦克纳姆轮控制算法对小车进行运动控制，使小车具有任意角度运动能力以及原地旋转能力。

由于用于小车定位的 OpenMV 模块的处理能力有限，只能处理 160×120 分辨率的图像，而小车定位需要对 AprilTag 图像进行识别，所以为了提高识别准确率，降低丢失目标概率，有两种改善方案。

方案一：加大 AprilTag 图像面积，使其在摄像头画面中的面积增加。

方案二：升高 AprilTag 高度，将其设置在距离摄像头更近的位置。

如果使用方案一，会导致车身面积大幅增加，从而直接影响运动难度，并增加碰撞的可能。由于题目对小车最高高度的限制为不超过 20 cm，而原小车本身高度不到 10 cm。这给方案二创造了条件，最终使用了方案二，通过在小车底盘上加装铜柱，铜柱上固定泡沫板的方式加高 AprilTag 图像高度。

3. 计时、计费功能的实现

计时、计费功能的核心为对电动小车通过计费线时刻的识别。由此使用现有的八路激光循迹模块，安装至计费线所对应的隔板上，并调整其灵敏度，使其在小车经过时输出信号至单片机，单片机中使用该信号作为定时器的触发计时信号，并在小车第二次经过计费线，单片机第二次收到信号时停止计时，由此可得出两次信号的间隔时间，并通过相关公式达成计费功能。

单片机得出时间及费用后，根据题目要求在显示屏中显示，并同时将时间与金额通过串口传入语音生成模块，生成语音提示。

4. 碰撞检测功能的实现

由于本参赛组小车的长、宽最大尺寸均为小车车顶粘贴 AprilTag 图像的固定板尺寸，所以，碰撞检测功能本质是对 AprilTag 图像固定板与隔板之间的接触检测。由此本参赛组经讨论得出以下两套方案。

方案一：使用超声波等测距手段进行判断。

方案二：使用铜胶带等材料使隔板具有导电特性的手段进行判断。

由于隔板安装并非理想状态，且小车运动轨迹也并非理想状态，所以如要使用测距手段对碰撞进行检测，将需要进行大量的测试以收集数据。

而方案二则是让隔板以及小车共同形成一个类似按钮的效果，小车周圈贴有两圈不同高度的铜胶带，正常情况下两圈铜胶带并不接触。但如果在隔板上对应高度也贴上无间隔的铜胶带，当车撞击或刮碰隔板时，便会使小车上两圈贴好的铜胶带导通，可根据这一特性设置相关触发处理电路并通过单片机进行碰撞次数计数。

三、系统与程序设计

系统总体组成框图如图 1 所示。

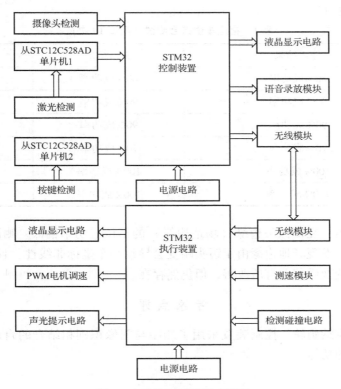

图 1 自动泊车系统组成框图

由于使用了两块 STM32 以及两块 51 单片机，故在程序编写上采用了多人分工同时进行。由一人负责两块 STM32 的程序编写，程序功能范围主要在小车运动控制、摄像头数据转发等方面，另一人负责 51 单片机编程，可实现题目中基本要求（1）的内容，并将车位数据发送给控制装置中的 STM32，从而大大减少编程时间，增加人员利用率，提高总体效率。

本系统的控制主体为小车，小车的程序流程框图如图 2 所示。

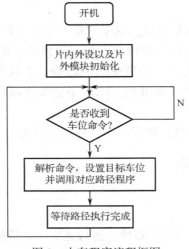

图 2 小车程序流程框图

小车的控制由 OpenMV 模块拍摄的图像作为反馈，达到了对小车进行位置控制以及小车 Z 轴旋转角度控制。并通过控制小车运动逐一到达程序所设定的路径点，来分步完成停车位的停入以及驶出操作。

四、测试方案与测试结果

在小车电池满电以及场地表面洁净无灰尘、环境灯光良好的状态下进行测试，使用正常操作流程进行操作，测试结果见表 1。

表 1　指定车位综合测试（测试 10 次）

车位	停入结果	驶出结果	平均时间/s
1	80%成功率	80%成功率	24
2	90%成功率	90%成功率	23
3	90%成功率	90%成功率	21
4	70%成功率	70%成功率	20
5	100%成功率	100%成功率	23
6	100%成功率	100%成功率	21

从测试结果可以看出，在摄像头边缘（场地边缘）的车位成功率偏低。测试后进一步通过观察摄像头图像以及小车坐标，发现场地边缘由于镜头畸变会导致小车坐标非线性，且 Z 轴旋转角度有偏差，在 OpenMV 中使用桶形变换后偏差有所改善，但仍然存在。

专 家 点 评

电动小车采用了麦克纳姆轮，控制装置采用了测距与图像识别相结合的自动纠偏方法，准确而又快速地实现了自动泊车的功能。

作品 3　郑州铁路职业技术学院（节选）

作者：王进让　刘志航　刘　浩

摘　要

本设计主要由控制系统、智能小车组成。其中智能小车由 OLED 显示模块、STM32F103ZET6 单片机最小系统、MPU6050 模块、光敏电阻接收模块、超声波模块、电机驱动模块、舵机等组成。该智能小车采用舵机与直流减速电机，构成了一套特殊机械结构，不仅可以横向运动，而且可以正常运动。该智能小车可以准确完成入库，停车时间准确，出库不会发生碰撞，并且具有累计碰撞次数的功能，完成自动泊车系统的所有功能。

关键词：STM32F103ZET6；单片机；智能小车；超声波模块

一、系统方案的比较与选择

1. 主控器件比较与选择

方案一：采用 STC12C5A60S2 作为主控器件，运行速度快，价格便宜，但是该单片机没有丰富的外部接口，自带的库函数较少，不易于发挥部分功能的实施。

方案二：采用 STM32 （STM32F103ZET6） 作为核心控制，STM32F103ZET6 具有功耗低、速度高、稳定性强等特点，既可以满足作品要求，同时也简化了外部电路。

综上所述，为简化外围电路设计，完成发挥部分的功能，选择方案二。

2. 界面显示方案的选择

方案一：采用 LCD1602 液晶屏显示。控制相对来说也比较容易，但是不能显示字符和数字，在本系统中需要显示字符和数字完成功能。因此不满足要求。

方案二：采用 0.96 英寸 OLED 液晶显示屏 （1 英寸 = 2.54 厘米）。与 LCD1602 液晶屏用作显示模块相比，该液晶显示屏具有小巧方便、占用 I/O 资源少；而且在无背光的情况下也能显示清晰，且功耗只有 5 mW。

本设计中，为了能够很好地完成题目的基本要求以及发挥部分要求，经综合考虑显示部分采用方案二。

3. 驱动电机方案的选择

方案一：采用两相步进电机，以通过控制脉冲个数来控制角位移量，从而达到准确定位的目的；同时可以通过控制脉冲频率来控制电机转动的速度和加速度，从而达到调速的目的。

方案二：采用减速直流电机，转速平稳，可靠性好，虽然摆动比较平稳，但是电机启动电流大，电机磁钢易退磁，降低了电机使用寿命。

方案三：采用舵机与减速直流电机相结合方式，舵机具有转舵效率高、速度快、灵敏度高、反应速度快，而且可以 180° 自由转向，配合减速直流电机使用，既满足小车的速度，又可以横向运动。该方案属于半全向麦克拉姆轮，具备麦克拉姆轮子的优点。

综上所述，选择方案三。

4. 小车方案的选择

方案一：采用左右两路减速直流电机分别并联，两路 PWM 控制，同时配合其他传感器方法。该方法易于控制，实现起来相对简单。对于基本功能实现还是可以的，但对于发挥功能的实现相当复杂。

方案二：采用四路减速直流电机四路 PWM 控制，同时配合其他传感方法。该方法可以四轮同时控制转速、转向。但是需要四路 PWM 控制，控制相对复杂。

方案三：采用四路减速直流电机四路 PWM 控制和四路舵机相结合方式，同时配合其他传感器的方法。该方法可以很轻松地利用舵机与减速直流电机的半全向麦克拉姆轮的特点很轻松地实现发挥部分的功能。

综上所述，为了更好地完成基本要求和发挥部分功能的实现，采用方案三。

5. 自动泊车入库方案的选择

方案一：采用激光寻光的方法。激光具有亮度高、方向性好、功耗低的特点。其中亮度高、方向性好是入库中非常重要的一点。选用可调激光探头，激光头可以从一个点调节到几厘米大的光斑，小车能够很好地利用光敏电阻根据几厘米大小的激光光斑快速地寻找车库。

方案二：采用红外线发射接收对管。红外线发射接收对管范围宽、发射距离较远，但由于车库隔板比较多，容易造成反射干扰，不容易判断是哪一个车库。

综上所述，选择方案一来引导小车入库。

6. 计时计费方案的选择

方案一：采用红外对管循迹黑线。红外对管循线的方式比较成熟，但是由于小车在行进过程中对姿态要求非常高，而黑线过窄，红外对管不容易循到，所以计费方式不选用红外对管循黑线的方式。

方案二：采用红外漫反射式光电开关传感器。该传感器反应速度快、频率高、十分精准稳定。将该传感器安装在挡板上，能够很好地准确计时、计费。

综上所述，为了使小车的计时计费更加准确，采用方案二。

二、理论分析与计算

1. 自动泊车原理分析

小车主控芯片为 STM32F103ZET6 单片机，该款运行速度快，外部接口丰富。自动泊车系统主要是利用超声波、红外线检测距离，根据距离的不同，利用陀螺仪模块进行姿态的调整。选定好车库后对应车库内的小灯会被点亮，小车在行驶过程中利用超声波检测避开障碍物，同时通过光电传感器检测到要停入车库的激光，最后根据超声测量的小车与车库各个墙壁之间的距离实现准确泊车。

2. 电动小车的设计

采用超声波测距的避障原理进行小车入库动作的完成，采用限位开关完成小车碰撞的检测。控制系统由单片机最小系统、超声波、电机驱动、碰撞检测、光敏检测及其他相应模块组成。

3. 计时、计费功能的实现

当智能电动小车进入时，光电漫反射开关开始动作，定时器开始计时动作，出场后再次触发光电开关，停止计时的动作。

计费主要分为两种情况。当时间在 30 s 以内时，计费是 5 元；当时间超过 30 s 后，每隔 30 s 计费 5 元，这样就很容易计算出泊车费。

4. 碰撞检测功能

在智能电动小车的 4 个角共有 8 个限位开关，一旦小车任何位置发生碰撞，限位开关就会发生动作，小车就会根据碰撞的具体位置调整姿态，并记录和处理本次碰撞。

三、电路与程序设计

根据题目要求，经仔细分析与计算，充分考虑各种因素，制定了整体制作方案。整体方案以 STM32 F103ZET6 单片机为控制核心。系统框图如图 1 所示。

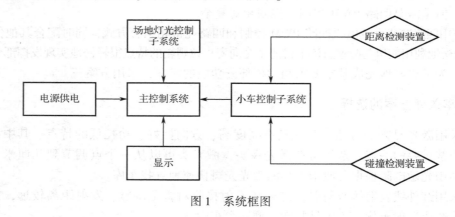

图 1　系统框图

1. 电路设计（略）

2. 程序设计

STM32F103ZET6 系列微控制器采用 C 语言进行程序设计，开发调试环境为 Keil5，软件总体设计流程如图 2 所示。

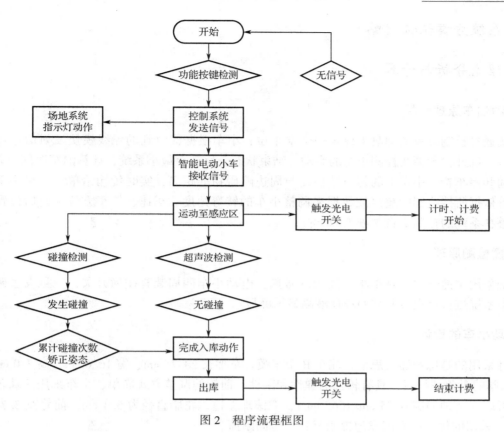

图 2　程序流程框图

四、系统测试（略）

作品 4　广东河源职业技术学院（节选）

作者：梁泳能　杨晓平　易倩兰

摘　要

自动泊车系统主要由控制装置、电动小车等部分组成，其中控制装置主要包括无线发射、红外检测、语音播报等模块，电动小车主要包括车体、电机、超声波等模块；两者都以 IAP15W4K58S4 单片机作为最小控制系统。控制装置采用无线通信技术，控制电动小车驶入指定空车位，并具有自动显示、语音播报、计时计费功能；电动小车采用 PID 控制经典算法，根据控制装置设定的某一空车位，进行精确进出停车场地，达到设定空车位停车时，控制系统具有声光提示功能，并能实时检测和显示在泊车过程中碰撞隔板的次数。通过调试与测试，本系统性能稳定、数据精确，实现了基本和发挥两部分的要求。

一、系统方案论证（略）

二、理论分析与计算

1. 自动泊车原理分析

本系统通过控制装置的键盘来设定一个空车位，小车根据接收到的无线模块发射信号自动驶入指定的空车位。红外检测模块检测小车的启动与结束状态，反馈至最小系统，计算泊车时间。语音模块报读停车时间和停车费。小车上的超声波检测与周边障碍物的距离，实时传输给单片机最小系统，单片机最小系统依据所接收到的超声波数据来调整小车的转弯角度、车速、停车方位和前后位置移动，使得小车能够在系统的控制下自主驶入泊车位。

2. 碰撞检测原理

本系统采用碰撞开关检测小车与隔板的碰撞，电动小车四周装有碰撞开关，一旦发生碰撞，即刻反馈至小车系统进行计数，并在 OLED 液晶显示屏显示。

3. 电动小车的设计

本设计采用的是恩智浦飞思卡智能车 B 型车模。车架长 28.75 cm、宽 16.6 cm、高 7.0 cm，底盘采用 2.5 mm 厚的黑色玻纤板，具有较强的弹性和刚性。前轮的调整方式简单，全车采用滚珠轴承。前后轮轴高度可调（离地间隙 0.75 cm/1.65 cm），双滚珠差速。轮胎直径为 6.4 cm，前轮宽 2.7 cm，后轮宽 3.7 cm，采用的优质高性能发泡橡胶材料，坚固耐撞。

4. PID 算法电机调速分析

由于硬件上加了超声波测距模块，可以得到车的实时位置，然后采用闭环 PID 控制，可以及时、快速、平稳地调节前轮的角度达到预定值。本设计采用了位置型 PID 控制算法，具体算法为

$$e(k) = Set - x(k)$$

$$S(k) = \sum_{i=1}^{k} e(i)$$

$$d(k) = e(k) - e(k-1)$$

$$Out(k) = K_p \times e(k) + K_i \times S(k) + K_d \times d(k)$$

上述公式中，Set 为设定值；$Out(k)$ 为输出的控制信号；$S(k)$ 为误差积累；$d(k)$ 为误差变化趋势；K_p 为比例常数；K_i 为积分常数；K_d 为微分常数。

5. 计时、计费功能

本系统采用单片机内部定时器来计小车的停车时间，计费按 5 元/30 s 计算（未满 30 s 按 5 元收费），则

$$charge1 = \frac{(\min \times 60 + sec)}{30}$$

有余数时，$charge = 5 \times charge1 + 5$。

无余数时，$charge = 5 \times charge1$。

$charge$ 为停车费。

三、电路与程序设计

1. 电路设计

1) 控制系统设计

控制系统由控制装置和小车系统组成，其中控制系统以控制装置 MCU 为控制中心，控制显示模块、语音播报模块、红外检测模块、无线发射模块等模块；小车系统以小车 MCU 为控制中心，控制超声波模块、电机模块、碰撞模块等模块，控制系统总体框架如图 1 所示。

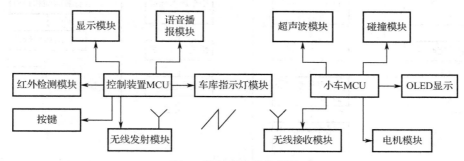

图 1　控制系统总体框架

2) 单片机最小系统

采用 STC 公司的 IAP15W4K58S4 单片机，该芯片具有专门的高精度 PWM、5 个 16 位定时器/计数器等丰富的片内资源，而且采用了基于 Flash 的在线系统编程（ISP）技术，不需要外部晶振。

3) 电机驱动电路

本设计采用的是 RS-540 电动机，转速为 20 000 r/min，带防伪易碎贴，是车模完成竞赛任务的有力保障。单片机输出 PWM 脉冲和方向控制信号，发送至 TB6612 驱动模块驱动该电机。

4) 超声波测距模块

采用超声波模块 HC-SR04 来进行测距。本设计共使用 6 个超声波模块，实现小车前后左右障碍物距离的检测，并实时传输至单片机最小系统，单片机最小系统依据所接收到的超声波数据决定小车的动作。

5) 语音播报模块

SYN7318 中文语音交互模块集成了语音识别、语音合成和语音唤醒功能。模块内集成了 77 首声音提示音，可用于不同行业不同场合的信息提醒、报警等功能，还能自行增加提示音。本自动泊车系统利用此功能实现提示停车位选择、报读停车时间和停车费功能。

6) 电源管理电路

电源由变压部分、滤波部分、稳压部分组成。为整个系统提供 5 V、3.3 V 或者 12 V 电压，确保电路正常稳定工作。采取单电源供电，把 12 V 直流电供给电机，用降压芯片把电压稳定到 5 V 提供给单片机工作，另外把稳定到的 3.3 V 提供给 OLED 显示屏，并实现了互不干扰。同时单片机可以间接控制电机的调速。

2. 程序设计

主程序流程框图如图 2 所示。

四、测试方案与测试结果（略）

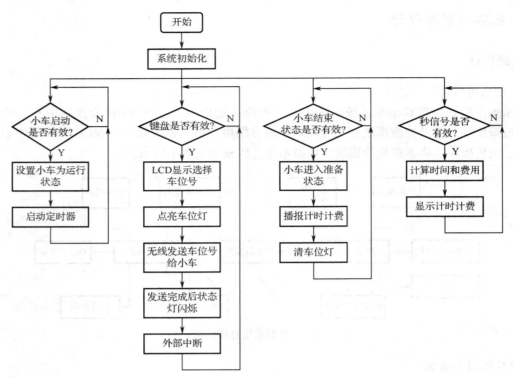

图2 主程序流程框图

M 题　管道内钢珠运动测量装置

一、任务

设计并制作一个管道内钢珠运动测量装置，钢珠运动部分的结构如图 1 所示。装置使用两个非接触传感器检测钢珠运动，配合信号处理和显示电路获得钢珠的运动参数。

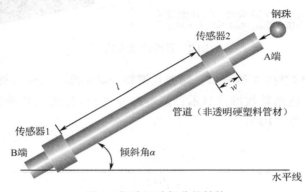

图 1　钢珠运动部分的结构

二、要求

1. 基本要求

规定传感器宽度 $w \leqslant 20$ mm，传感器 1 和 2 之间的距离 l 任意选择。

（1）按照图 1 所示放置管道，由 A 端放入 2~10 粒钢珠，每粒钢珠放入的时间间隔不大于 2 s，要求装置能够显示放入钢珠的个数。

（2）分别将管道放置为 A 端高于 B 端或 B 端高于 A 端，从高端放入一粒钢珠，要求能够显示钢珠的运动方向。

（3）按照图 1 所示放置管道，倾斜角 α 为 10°~80° 范围的某一角度，由 A 端放入一粒钢珠，要求装置能够显示倾斜角 α 的角度值，测量误差的绝对值不大于 3°。

2. 发挥部分

设定传感器 1 和 2 之间的距离 l 为 20 mm，传感器 1 和 2 在管道外表面上安放的位置不限。

（1）将一粒钢珠放入管道内，堵住两端的管口，摆动管道，摆动周期不大于 1 s，摆动方式如图 2 所示，要求能够显示管道摆动的周期个数。

（2）按照图 1 所示放置管道，由 A 端一次连续倒入 2~10 粒钢珠，要求装置能够显示倒入钢珠的个数。

（3）按照图 1 所示放置管道，倾斜角 α 为 10°~80° 范围的某一角度，由 A 端放入一粒钢珠，要求装置能够显示倾斜角 α 的角度值，测量误差的绝对值不大于 3°。

（4）其他。

三、说明

（1）管道采用市售非透明 4 分（外径约 20 mm）硬塑料管材，要求内壁光滑，没有加工痕迹，长度为 500 mm。钢珠直径小于管道内径，具体尺寸不限。

（2）发挥部分（2），采用"A 端一次连续倒入 2~10 粒钢珠"的推荐方法：将硬纸卷成长槽形状，

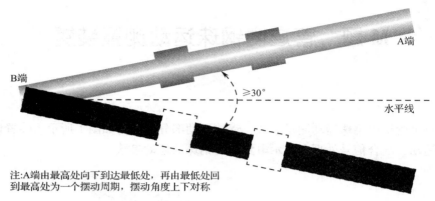

注:A端由最高处向下到达最低处，再由最低处回
到最高处为一个摆动周期，摆动角度上下对称

图2　管道摆动方式

槽内放入2~10粒钢珠，长槽对接A端管口，倾斜长槽将全部钢珠一次倒入管道内。

（3）所有参数以2位十进制整数形式显示；基本部分（2）A端向B端的运动方向显示为"01"，B端向A端的运动方向显示为"10"。

四、评分标准

项　目		主要内容	满分
设计报告	装置方案	总体方案设计	2
	理论分析与计算	测量方法的选择与工作原理分析 检测电路的原理分析计算 显示电路的原理与分析	9
	电路与程序设计	总体电路图 程序流程图	4
	测试方案与测试结果	调试方法与仪器 测试数据完整性 测试结果分析	3
	设计报告结构及规范性	摘要，设计报告正文的结构 图表的规范性	2
	合　计		20
基本要求	完成（1）		10
	完成（2）		10
	完成（3）		30
	合　计		50
发挥部分	完成（1）		5
	完成（2）		10
	完成（3）		30
	其他		5
	合　计		50
总　分			120

作品1 广西机电职业技术学院

作者：张 钊 农兴华 梁清松

摘 要

本系统采用 STM32（STM32F103ZET6）作为控制核心，硬件电路由单片机最小系统、电源变换模块、矩阵键盘、HX1230 显示器、金属传感器组成，管道采用普通市售 4 分塑料管，钢珠采用直径 6 mm 的滚珠。软件采用测量钢珠通过传感器每个段位的时间，运用物理公式求解管道的倾角。最终实现了钢珠下落方向的判定，钢珠下落的计数，钢珠在管道内运动的周期以及管道的倾斜角度的测量，将结果显示到屏幕上。测试表明，各项指标均符合要求。

关键词：管道内钢珠运动测量；STM32；电涡流传感器；钢珠；重力加速度

一、方案论证与选择

1. 控制模块设计

方案一：采用 STC89C51 单片机。该单片机具有成本低、功耗低的特点，拥有 4 KB ROM，512 B RAM，可以满足部分设计需求，但是内存小，运行速度慢，抗干扰能力较弱。

方案二：采用 Arduino 开发板。Arduino 是初学者、非专业硬件开发人员、业余爱好者的选择之一，是广泛的开源硬件体系，支持以 1280/2560 为代表的高性能 Arduino 极大地提升了 Arduino 体系的实用性，但是 Arduino 缺乏一个高效的 IDE 和方便高效的调试手段。

方案三：STM32 嵌入式单片机。STM32 系列专为要求高性能、低成本、低功耗和高抗干扰能力的嵌入式应用而设计，其增强型系列时钟频率可达 72 MHz，具有完善调试跟踪组件、多类型外设和丰富的 I/O 口以及存储空间等资源。但其资源使用相对复杂，开发难度大。

基于题目要求考虑，选择方案三。

2. 传感器模块设计

方案一：采用红外发射管和接收管作为钢珠检测传感器。当发出的红外线照射到钢珠后会反射，若红外接收管能接收到反射回的光线，则会检测到钢珠。但是容易受外界光线的影响，且题目要求的管不透光，所以不能采用。

方案二：采用自制电涡流传感器。通过电涡流效应的原理，准确测量钢珠与探头端面的相对位置，但是经过测试发现，其响应时间慢，抗干扰能力差，所以不采用此方案。

方案三：利用电感式传感器检测钢珠。该装置结构简单，传感器无电触点，工作可靠。灵敏度和分辨力高，能测出 $0.01\ \mu m$ 的位移变化。由于传感器的输出信号强，线性度和重复性都比较好，在一定位移范围（几十微米至数毫米）内，传感器非线性误差可达 $0.05\% \sim 0.1\%$。但不足的是，频率响应较低，不宜快速动态测控。

基于题目要求和检测方便考虑，选择方案三。

3. 角度计算方法

方案一：查表法。优点：开发时间短，不需要精确建模分析。缺点：当传感器位置发生变化时表的参数也需要更改，适用性不强。

方案二：对钢珠进行受力分析、运动分析，根据已知量通过物理公式求解。优点是传感器出现偏差也不会造成太大影响。缺点是参数整定工作量大。

经比较，考虑到整机的稳定性及通用性，选择方案二。

4. 机械机构的设计

整机装置测量时需要比较平整和稳定的平面，因此选择了较大的一块底板。传感器平面应与管道紧密接触。管道与水平的滚珠轴承相连，轴承带阻尼，使管道灵活而不失稳定，在测量过程中角度不会晃动。

5. 系统总体框图

本设计的系统总体框图如图 1 所示，包括单片机、传感器模块、键盘控制模块和显示模块等几个功能单元。

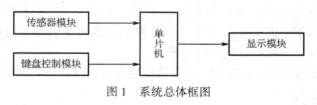

图 1　系统总体框图

二、理论分析与计算

1. 受力分析

钢珠在管道中的受力分析如图 2 所示，钢珠在管道中受到垂直向下的重力 mg，垂直于管壁的支撑力 F_n，摩擦力 f，合外力为 F。

2. 运动分析

运动分析如图 3 所示，该系统只允许使用两个传感器，钢珠在经过第一个传感器时已经具有一个初速度，使用常规公式很难消除这个误差。在图 3 中，针对该系统的特殊性，通过变换原有公式以达到消除误差的目的。t_1 为钢珠通过传感器 A 的时间，x_1 为 t_1 对应的位移，可以根据传感器动作的范围选取，t_2 为钢珠通过 A、B 传感器间的时间。t_3 为通过传感器 B 的时间，x_2 为 t_3 对应的位移。设钢珠下落时使传感器 A 动作的速度为 v_1，离开传感器 A 的速度为 v_2，钢珠滚落至传感器 B 时的速度为 v_3，离开传感器 B 时刻的速度为 v_4。由于管壁粗糙，不能忽略摩擦力。摩擦力可通过多次理论计算结合实际的测量结果得到。通过分析，可得

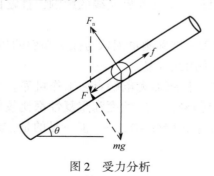

图 2　受力分析

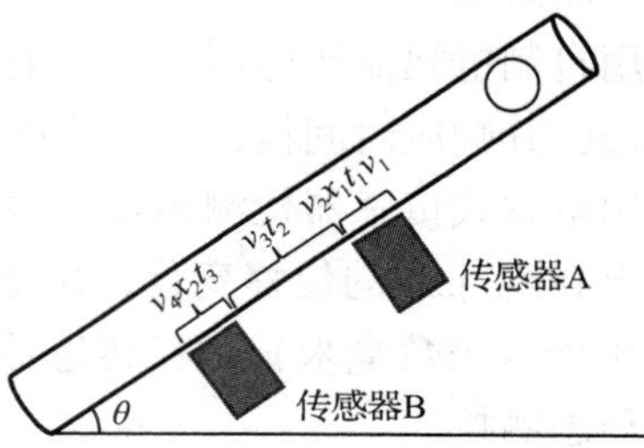

图 3　运动分析

$$\begin{cases} x_1 = v_1 t_1 + \dfrac{1}{2}at_1^2 \\[2mm] v_3 = v_1 + a(t_1 + t_2) \\[2mm] x_2 = v_3 t_3 + \dfrac{1}{2}at_3^2 \\[2mm] ma - f = mg\sin\theta \end{cases}$$

经过推导，最终可得

$$\sin\theta = \frac{\dfrac{x_1 t_1 - x_2 t_3}{t_3\left(t_1 t_2 + \dfrac{1}{2}t_1 t_3 + t_1^2\right)} - f}{mg}$$

三、电路与程序设计

本系统采用串行通用接口和键盘来获取参数和进行功能切换。具有角度测量、方向和计数、滚动周期的功能，通过按键切换功能清空显示结果。软件程序流程框图如图 4 所示。

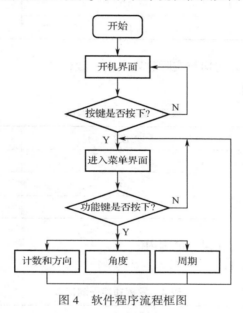

图 4　软件程序流程框图

四、测试方案与测试结果

1. 调试方法与仪器

（1）测试仪器：水平仪、量角器、万用表。

（2）测试方法。

① 基本功能。启动装置，依次测试基本功能；测试过程中记录放入钢珠的个数以及方向和角度，然后将实测结果与之对比来完成测试。

② 发挥功能。将两个传感器之间的距离设置为 20 mm，启动装置，依次测试发挥功能；测试过程中记录放入钢珠的个数以及方向和角度，然后将实测结果与之对比来完成测试。

2. 测试数据

（1）测试基本功能一，见表 1。

表 1　基本功能一测试

测试次数	放入个数	测得个数
1	1	1
2	5	5
3	10	10

测试 3 次，测试结果均能与放入数量相同。

（2）测试基本功能二，见表 2。

（A 端向 B 端的运动方向显示为"01"，B 端向 A 端的运动方向显示为"10"）（分别将管道放置为 A 端高于 B 端或 B 端高于 A 端）

表 2　基本功能二测试

测试次数	实际方向	测得方向
1	10	10
2	10	10
3	01	01

测试 3 次，测试得到的小球方向均与实际放入方向一致。

（3）测试基本功能三，见表 3。

表 3　基本功能三测试

测试次数	实际角度/（°）	测得角度/（°）
1	45	46
2	10	8
3	80	81

测试 3 次，测得的管道角度均在误差范围内。

（4）测试发挥功能一，见表 4。

表 4　发挥功能一测试

测试次数	实际周期个数	测得周期个数
1	0.5	0.5
2	2	2
3	5	5

测试 3 次，测得管道摆动周期个数与实际周期个数一致。

（5）测试发挥功能二，见表 5。

表 5　发挥功能二测试

测试次数	倒入个数	测得个数
1	2	2
2	10	10
3	20	20

测试 3 次，测得钢珠数量与实际倒入数量一致。

（6）测试发挥功能三，见表6。

表6　发挥功能三测试

测试次数	实际角度/（°）	测得角度/（°）
1	10	12
2	45	45
3	80	83

测试3次，测得结果的误差绝对值不大于3°。

根据上述测试数据，系统完全符合题目要求，误差在允许范围内，并且实现了全部基本功能和发挥功能，有些指标精度还很高。由此可以得出以下结论：本设计各项参数指标基本达到设计任务要求。

专 家 点 评

方案论证全面，装置结构合理。

作品2　南京信息职业技术学院

作者：常　胜　田　旺　秦　雷

一、设计方案工作原理

1. 预期实现目标定位

根据赛题M基本部分的要求，所设计和制作的管道内钢珠运动测量装置，能够在钢珠以不大于2 s的时间间隔放入管道时显示放入钢珠的个数；从管道高端放入钢珠时能显示钢珠的运动方向；并能通过放入一粒钢珠测定倾斜管道的倾斜角度值，且角度误差不超过3°。在赛题发挥部分，需要设定两传感器距离为20 mm，使钢珠以不超过1 s的摆动周期在被堵住端口的管道内来回摆动，能够显示管道摆动的周期个数；并能在一次连续倒入2~10粒钢珠时显示钢珠个数；同时在将管道以10°~80°范围内的某一角度倾斜时，放入一粒钢珠后显示管道倾斜角。

2. 技术方案分析

在本设计中，利用钢珠经过电涡流传感器时，引发脉冲信号由低电平变为高电平的原理，完成对钢珠个数、运动方向、摆动周期及角度的测量。电涡流传感器检测钢珠位置原理如图1所示。

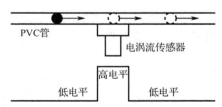

图1　电涡流传感器检测钢珠位置原理

（1）钢珠个数的测量。只要传感器输出的脉冲信号变为高电平，则说明有钢珠经过，钢珠个数计数加1，因此本方案选择传感器1进行钢珠个数的测量，如图2所示。

（2）钢珠方向的测量。只要两个传感器输出的脉冲信号先后出现高电平，则说明有钢珠先后经过Ⅰ、Ⅱ两点。如Ⅱ点先出现高电平，则钢珠的运动方向为B→A，以"10"表示；如Ⅰ点先出现高电平，则钢珠的运动方向是A→B，以"01"表示。钢珠运动方向测量如图3所示。

（3）钢珠摆动周期的测量。钢珠运动方向的两个数据"10"与"01"轮流出现，即表示钢珠的一个摆动周期，钢珠摆动的周期个数测量如图4所示。

（4）管道倾斜角α的测量。通过测量钢珠经过两传感器的时间间隔t，可计算得出管道倾斜角α的值。倾斜角α测量如图5所示。

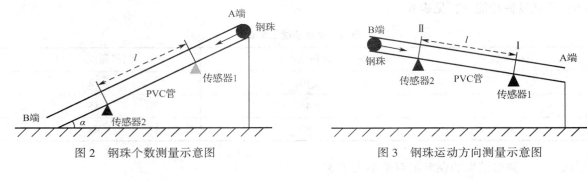

图2　钢珠个数测量示意图　　　　　图3　钢珠运动方向测量示意图

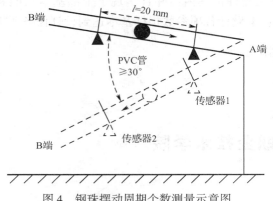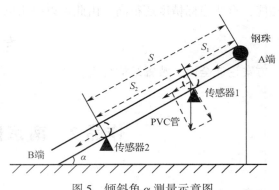

图4　钢珠摆动周期个数测量示意图　　　图5　倾斜角 α 测量示意图

由 $S_1 = \dfrac{1}{2}at_1^2$，$S_2 = \dfrac{1}{2}at_2^2$ 可得

$$t = t_2 - t_1 = \sqrt{\frac{2S_2}{a}} - \sqrt{\frac{2S_1}{a}}$$

又由 $a = g \cdot \sin\alpha$ 可得

$$\alpha = \arcsin\frac{a}{g}$$

t 可由两传感器测量得出，g 为重力常数，因此通过以上两式可计算得出倾斜角 α 的值。

3. 系统结构工作原理

本装置方案的系统硬件电路如图6所示。两个电涡流传感器分别将钢珠引起的信号变化经调理电路转换为高、低电平脉冲信号，送入STM32单片机，最终呈现到液晶屏上。

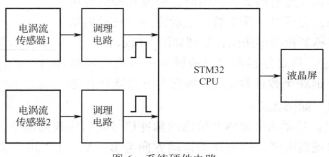

图6　系统硬件电路

4. 功能指标实现方法

该装置属于典型的运动跟踪检测系统，由单片机作为检测核心，利用电涡流传感器结合调理电路检测钢珠运动过程，从而完成对钢珠个数、运动方向的统计分析；通过测量钢珠通过两个传感器的时

间，结合传感器间的距离数据，完成管道倾斜角度的计算。

钢珠运动检测硬件装置由电涡流传感器、PVC 管道、铝合金支架、管道与支架连接部件、传感器固定部件及量角器面板组成，如图 7 所示。其中，管道与支架连接部件与传感器固定部件均由团队自主设计模型并由 3D 打印成型。设计模型如图 8 所示。

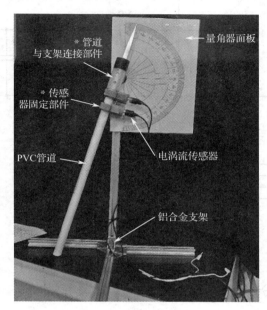

图 7　钢珠运动检测硬件装置

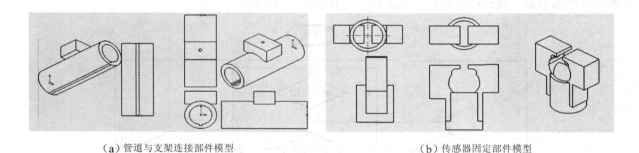

（a）管道与支架连接部件模型　　　　　　　（b）传感器固定部件模型

图 8　设计模型

二、核心部件电路设计

本装置方案的系统硬件电路如图 9 所示。两个电涡流传感器分别将钢珠引起的信号变化经调理电路转换为高、低电平的脉冲信号，送入以 STM32 单片机为核心的 CPU 模块，最终将检测结果呈现到液晶屏上。在电涡流传感器接收到信号后，经调理电路处理。电涡流传感器调理电路如图 10 所示。

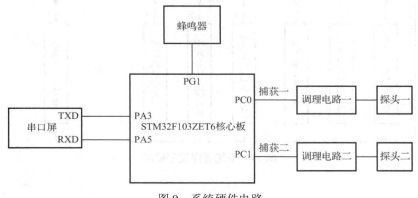

图 9　系统硬件电路

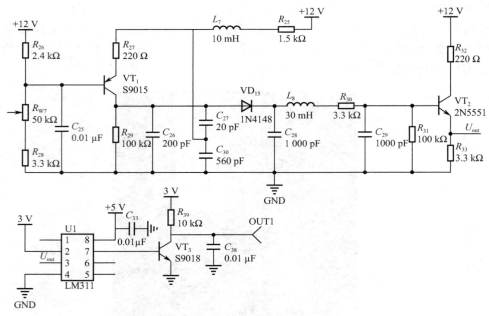

图 10　电涡流传感器调理电路

三、系统软件设计分析

电涡流传感器 A、B 分别将钢珠引起的信号变化经调理电路转换为高低电平的脉冲信号，触发相应的单片机外部中断，执行相应操作。系统程序流程如图 11 所示。

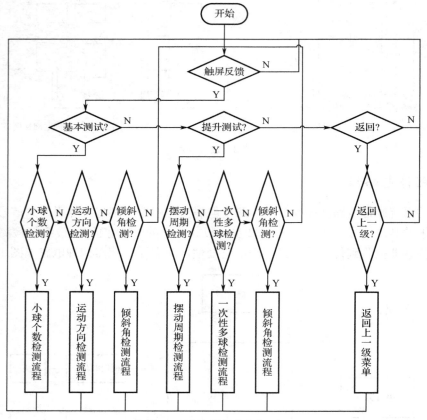

图 11　系统程序流程框图

四、竞赛工作环境条件

（1）设计分析软件环境：使用 Keil5 进行程序编写及仿真；使用 Multisim 进行电路仿真与调试。

（2）仪器设备硬件平台：直流稳压电源、函数信号发生器、示波器、万用表等。

（3）配套加工安装条件：所需准备的材料有 STM32F103ZET6 单片机、串口触摸屏、涡流传感器、万用板、电子元器件、PVC 管、12 V 开关电源、铝合金方管、亚克力板等；所需工具有 3D 打印机、电钻、螺丝刀等。

（4）前期设计使用模块：STM32F103ZET6 单片机、串口触摸屏、涡流传感器等。

五、作品成效总结分析

基本要求部分，两传感器间距离 l 任意：①钢珠放入时间间隔不大于 2 s，测量钢珠个数，跟踪误差，重复测量；②管道倾斜，测量钢珠运动方向；③倾斜角 α 在 10°~80°范围时，放入一粒钢珠，测量 α 值，记录选定角度与测量误差，重复测量。

发挥部分，两传感器间距离固定为 $l = 20$ mm：①摆动管道，摆动周期不大于 1s，测量摆动周期个数，记录人工摆动次数与测量次数，跟踪误差，重复测量；②钢珠个数与管道倾斜角 α 重复基本要求部分测量方式。

专 家 点 评

技术方案详细，易于制作实现。

作品 3　浙江机电职业技术学院

作者：张威涛　徐俊亮　包思远

摘　　要

管道内钢珠运动测量装置系统由支架、环形传感器、刻度尺、LCD 显示、键盘输入、驱动模块及电源模块等部分组成。控制系统选用高性能的 32 位 ARM Cortex™-M3 内核的 STM32F103ZET6 作为主控制芯片。利用环形传感器检测钢珠经过的状态，经 OLED 显示出来，并通过独立式按键进行模式选择。系统使用开关电源供电。系统软件设计采用有效的数据处理算法，能够精准地测出钢珠的运动状态，达到了设计指标要求。

关键词：运动状态测量；ARM 控制器；电感式接近传感器；OLED 显示

一、系统方案

本系统主要由钢珠检测模块、OLED 模块、按键矩阵模块、电源模块及立体支架等组成。

1. CPU 的选择

方案一：运用 IAP15F2K61S2 最新 51 系列单片机。IAP15F2K61S2 可以直接作为仿真器使用，内部时钟为 5~35 HMz 可选。

方案二：运用 STM32F103ZET6。STM32F103ZET6 是一款功能比较强大的单片机，内部有 A/D、D/A 转换功能，72 MHz 的时钟频率。

虽然 IAP15F2K61S2 的功能在 51 系列中性能比较好，但是 STM32F103ZET6 的功能更加完善。所以选择方案二。

2. 传感器模块的选择

方案一：在管道上自己绕制线圈制作电感传感器，但由于工艺有限，绕制效果不佳，传感器检测的效果并不理想。

方案二：通过查阅资料对比各种传感器，最终选择环形电感式接近开关，该传感器与方案一相比检测精度高、可靠性好。

基于以上因素，最终选择了环形电感式接近开关作为传感器。

3. 显示模块的选择

方案一：采用普通液晶屏。由于其亮度不够，功耗较大，没有选用。

方案二：采用 OLED 显示技术。由于 OLED 具有自发光的特性，屏幕可视角度大，并且能够节省电能。

基于以上因素，选用 OLED 模块。

4. 按键模块的选择

方案一：采用独立按键，一个按键占用一个 I/O 口，设计简单方便。

方案二：为了节省 I/O 口，将按键排列成矩阵形式，每条水平线和垂直线在交叉处不直接连通，而是通过一个按键加以连接。

由于本系统输入的数据不多，相比较而言选择方案一较好。

5. 电源模块的选择

采用开关电源输出 12 V 的直流电，再通过降压模块将直流 12 V 转化为直流 3.3 V，直接为单片机系统供电。

6. 系统整体设计

系统由控制电路、传感器检测电路、显示电路、按键电路、电源电路等部分组成，系统总体框图如图 1 所示。

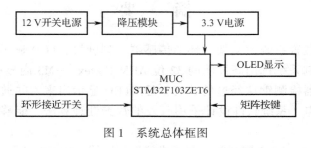

图 1　系统总体框图

二、系统理论分析与计算

1. 测量钢珠理论分析

根据电磁理论，当金属物体被置于变化的磁场中时，金属导体内就会产生自行闭合的感应电流，这就是金属的涡流效应。涡流要产生附加的磁场，与外磁场方向相反，削弱外磁场的变化。通过以上分析可知，当有金属物靠近通电线圈平面附近时，无论是介质磁导率的变化，还是金属的涡流效应均能引起磁感应强度 B 的变化。据此，将一交流正弦信号接入绕在骨架上的空心线圈上，流过线圈的电流会在周围产生交变磁场，当将金属靠近线圈时，金属产生的涡流磁场的去磁作用会削弱线圈磁场的变化。金属的电导率越大，交变电流的频率越大，则涡流电流强度越大，对原磁场的抑制作用越强。可见，钢珠的电导率和大小会对传感器的检测造成影响，电导率越高，直径越大的钢珠，感抗就越大。选用合适小钢珠，即可精准测量。

2. 测量管道倾斜角度理论分析

方案一：通过对钢珠进行受力分析，知道钢珠的速度时可计算出角度（见图 2）。但是在实际的测试过程中，因为各种外界环境的影响，如摩擦力，大气压的不同导致算出来的角度误差很大。

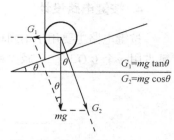

$$G_1 = mg \tan\theta$$
$$G_2 = mg \cos\theta$$

图 2　钢珠受力分析示意图

方案二：在一定的距离下，计算钢珠通过两个传感器的时间来得到钢珠的速度，采用经验设计法得到数据，利用查表法得到钢珠的角度，编制符合要求的控制程序。

选择方案二，通过测试，其精度符合题目要求。

3. 钢珠运动测量装置的控制过程

解开固定绳，转动管道，使其到达要求角度，竖直放入钢珠，尽量防止手对钢珠产生一个初速度。在钢珠滚入装置后，测量钢珠的运动参数。

三、系统硬件设计与实现

硬件系统由主控板电路、传感器、按键电路、降压模块等电路组成。

1. CPU 最小系统板设计

该系统最小系统板，搭载 STM32F103ZET6 芯片，该芯片价格便宜，功能强大、性价比高，低功耗，有大量的 I/O 口，有多达 11 个定时器和 13 个通信接口。而且对 STM32 来说编程快捷方便。

2. 电感式接近开关电路设计

电感式接近开关由三大部分组成，即振荡器、开关电路及放大输出电路。振荡器产生一个交变磁场。当金属目标接近这一磁场并达到感应距离时，在金属目标内产生涡流，从而导致振荡衰减，以至停振。振荡器振荡及停振的变化被后级放大电路处理并转换成开关信号，触发驱动控制器件，从而达到非接触式检测的目的。

3. 降压电源模块电路设计

降压模块将开关电源输出的电压进行降压，用以给主控芯片供电。其运用 LM2596 对电压进行控制，降压电源模块电路原理如图 3 所示。LM2596 是德州仪器（TI）生产的 3 A 电流输出降压开关型集成稳压芯片，它内含固定频率振荡器（150 kHz）和基准稳压器（1.23 V），并具有完善的保护电路、电流限制功能、热关断电路等，只需要极少的外围器件便可构成高效稳压电路。此外，该芯片还提供了工作状态的外部控制引脚。

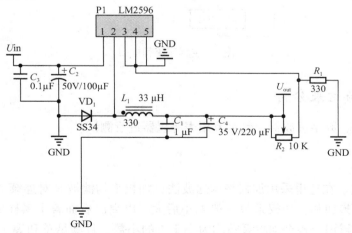

图 3　降压电源模块电路原理

4. 按键电路设计

按键电路主要用于不同功能的选择，可以控制显示屏上的显示输出。按键电路采用独立按键，一个按键占用一个 I/O 口。可减少程序不必要的运行时间，使程序更加稳定。按键电路原理图如图 4 所示。

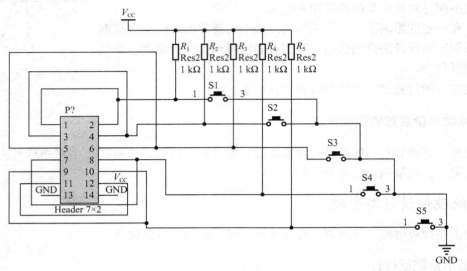

图 4　按键电路原理图

四、系统软件设计

系统上电后进行初始化，然后等待按键模式选择。分别进行角度测量、周期测量、方向测量和计数测量等。主程序流程框图如图 5 所示。

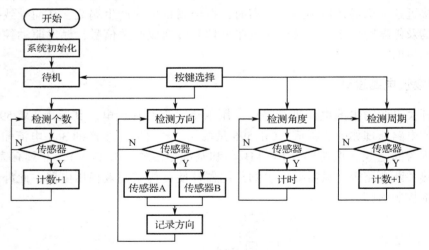

图 5　主程序流程框图

五、测试方案与结果分析

采用线性稳压电源、数字示波器、数字万用表等仪器进行测试。

1. 测试方法

（1）计数测试方法。在这里采用加权平均滤波法，加权平均滤波是对连续 N 次采样值分别乘上不同的加权系数之后再求累加和，加权系数一般先小后大，以突出后面若干采样的效果。利用加权系数有利于参数变化趋势的辨识。各个加权系数均为小于 1 的小数，且满足总和等于 1 的约束条件。这样，加权运算之后的累加和即为有效采样值。

（2）方向测试方法。对传感器触发信号的判断，用中断滤波定时延时来进行方向的判断。

（3）角度测试方法。将管道转到相应的角度，送入小球，观察其测量角度和实际角度的偏差。为了防止干扰，在程序中加入了均值滤波，连续采集 5 次数据，并剔除其中最高及最低两个数，然后再对其余的 3 个数做平均，并以其值作为采集数。这 5 个数通过 5 个周期进行采集测试结果。

（4）周期测试方法。采用单片机的自动重装定时器 2，开始时选用中断捕获进行判断，但是中断捕获反应速度慢，程序复杂。所以选用外部中断，其反应速度快，程序简单。

2. 测试结果

对不同模式进行测试，基本要求部分角度测试数据见表 1，数据分析如图 6 所示，发挥部分角度测量数据分析如图 7 所示。

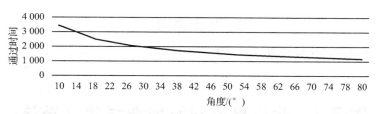

图 6　基本要求部分角度测试数据分析

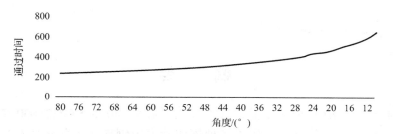

图 7　发挥部分角度测试数据分析

表 1　基本要求部分角度测试数据表

角度/（°）	1	2	3	4	5	6	7	8	均值
80	243	244	244	244	246	245	245	245	244.500
78	249	245	246	245	247	246	247	246	246.375
76	249	248	250	249	250	247	247	249	248.625
74	251	251	250	249	250	254	251	252	251.000
72	253	254	252	253	253	254	251	253	252.875
70	257	257	256	253	255	257	257	256	256.000
68	260	261	260	262	262	263	263	260	261.375
60	273	272	275	273	277	277	274	275	274.500
50	296	298	300	301	301	299	303	300	299.750
40	339	337	340	344	338	339	339	341	339.625
30	394	394	392	398	393	393	395	391	393.750
20	465	475	478	479	472	478	477	473	474.625
10	667	650	641	652	647	643	640	656	649.500

3. 测试结果分析

以上是某次系统数据图，通过对图像线性曲线的分析改进了角度算法，使单片机计算的角度更加精确，大大减小了误差。

调整角度后，对于其他数据的计算提供了便利条件。运用数据处理软件对记录的数据进行非线性拟合，输出它的静态特性，以利于分析数据，然后对数据进行有效处理，结果输出误差小。

六、总结

在本次竞赛中，对一个系统的要求进行分析后，然后进行系统设计和器件选择，设计了一个完整项目。学习了环形接近开关的特性，更加深入地理解了电磁感应原理。学会了对实验数据的分析和处理方法。

专 家 点 评

测试结果完整，数据分析比较精准。

作品4 北京电子科技职业学院（节选）

作者：赵　珂　高修轩　李鹏飞

摘　　要

本设计以意法半导体（ST）公司出品，其内核是 Cortex-M0 的 STM32F030 微控制器为核心，以 PR12-4DP 电感式 PNP 接近开关设计制作了一种探测管道内钢珠运动状态的装置。该装置主要使用 Keil5 软件对单片机交叉编译探测程序，进而驱动电感探测器进行分析，最终得出小球的运动状态，通过 MIX7219 显示出小球各种状态。此装置的单片机供电为 3.3 V，传感器供电为 15 V。程序部分主要分为方向测量、小球计数、角度测量和方向感应。

关键词：STM32F030；小球运动探测；PR12-4DP；MAX7219

一、方案论证与比较（略）

二、管道内钢珠运动测量装置的系统设计

系统设计框图、总体程序框架分别如图1和图2所示。

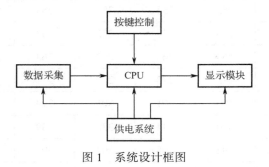

图1　系统设计框图

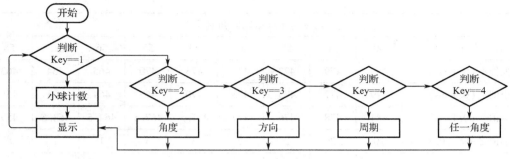

图 2　系统总体程序框架

三、软件设计（略）

四、系统测试数据

系统测试数据见表 1，系统允许误差如图 3 所示。

表 1　系统测试数据

角度与小球滚动时间对照										
角度/（°）	10	11	12	13	14	15	16	17	18	19
时间最大值/（0.1 ms）	1 989	1 091	1 034	993	969	944	907	889	855	837
时间最小值/（0.1 ms）	1 091	1 035	994	969	944	907	889	855	837	819
时间平均值/（0.1 ms）	1 540	1 063	1 014	981	956.5	925.5	898	872	846	828
最大值与最小值之差/（0.1 ms）	898	56	40	24	25	37	18	34	18	18
允许误差范围	29.16%	2.63%	1.97%	1.22%	1.31%	2.00%	1.00%	1.95%	1.06%	1.09%
角度/（°）	20	21	22	23	24	25	26	27	28	29
时间最大值/（0.1 ms）	819	787	778	748	740	732	703	699	671	660
时间最小值/（0.1 ms）	787	778	748	740	732	703	699	671	660	652
时间平均值/（0.1 ms）	803.0	782.5	763.0	744.0	736.0	717.5	701.0	685.0	665.5	656.0
最大值与最小值之差/（0.1 ms）	32	9	30	8	8	29	4	28	11	8
允许误差范围	1.99%	0.58%	1.97%	0.54%	0.54%	2.02%	0.29%	2.04%	0.83%	0.61%
角度/（°）	30	31	32	33	34	35	36	37	38	39
时间最大值/（0.1 ms）	652	626	624	600	596	593	579	569	556	555
时间最小值/（0.1 ms）	626	624	600	596	593	579	569	556	555	554
时间平均值/（0.1 ms）	639.0	625.0	612.0	598.0	594.5	586.0	574.0	562.5	555.5	554.5
最大值与最小值之差/（0.1 ms）	26	2	24	4	3	14	10	13	1	1
允许误差范围/（0.1 ms）	2.03%	0.16%	1.96%	0.33%	0.25%	1.19%	0.87%	1.16%	0.09%	0.09%
角度/（°）	40	41	42	43	44	45	46	47	48	49
时间最大值/（0.1 ms）	554	544	534	528	525	522	515	511	498	493
时间最小值/（0.1 ms）	544	534	528	525	522	515	511	498	493	489
时间平均值/（0.1 ms）	549	539	531	526.5	523.5	518.5	513	504.5	495.5	491
最大值与最小值之差/（0.1 ms）	10	10	6	3	3	7	4	13	5	4
允许误差范围	0.91%	0.93%	0.56%	0.28%	0.29%	0.68%	0.39%	1.29%	0.50%	0.41%

续表

角度与小球滚动时间对照										
角度/（°）	50	51	52	53	54	55	56	57	58	59
时间最大值/（0.1 ms）	489	479	477	475	473	470	465	464	463	455
时间最小值/（0.1 ms）	479	477	475	473	470	465	464	463	455	449
时间平均值/（0.1 ms）	484	478	476	474	471.5	467.5	464.5	463.5	459	452
最大值与最小值之差/（0.1 ms）	10	2	2	2	3	5	1	1	8	6
允许误差范围	1.03%	0.21%	0.21%	0.21%	0.32%	0.53%	0.11%	0.11%	0.87%	0.66%
角度/（°）	60	61	62	63	64	65	66	67	68	69
时间最大值/（0.1 ms）	449	449	446	439	435	432	424	422	419	417
时间最小值/（0.1 ms）	449	446	439	435	432	424	422	419	417	414
时间平均值/（0.1 ms）	449	447.5	442.5	437	433.5	428	423	420.5	418	415.5
最大值与最小值之差/（0.1 ms）	0	3	7	4	3	8	2	3	2	3
允许误差范围	0.00%	0.34%	0.79%	0.00%	0.00%	0.00%	0.00%	0.00%	0.24%	0.36%
角度/（°）	70	71	72	73	74	75	76	77	78	79
时间最大值/（0.1 ms）	414	413	411	410	409	408	407	406	405	403
时间最小值/（0.1 ms）	413	411	410	409	408	407	406	405	403	400
时间平均值/（0.1 ms）	413.5	412	410.5	409.5	408.5	407.5	406.5	405.5	404	401.5
最大值与最小值之差/（0.1 ms）	1	2	1	1	1	1	1	1	2	3
允许误差范围	0.12%	0.24%	0.12%	0.12%	0.12%	0.12%	0.12%	0.12%	0.25%	0.37%
角度/（°）	80									
时间最大值/（0.1 ms）	400									
时间最小值/（0.1 ms）	380									
时间平均值/（0.1 ms）	390									
最大值与最小值之差/（0.1 ms）	20									
允许误差范围	2.56%									

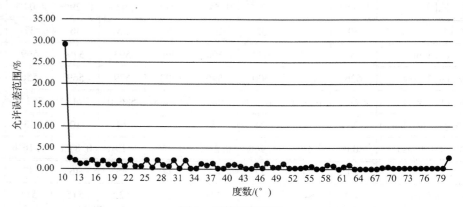

图 3　系统误差范围

图 3 所示为程序设定的测量度数允许误差范围，由图可知，程序对钢珠初速要求很严格，在 ms 级别。

（1）钢珠计数分析结果见表 2，计数准确度分析如图 4 所示。

表2　钢珠计数结果

实际小球个数	1	2	3	4	7	7	10	10	8	8
装置测量个数	1	10	3	4	7	7	10	10	8	8

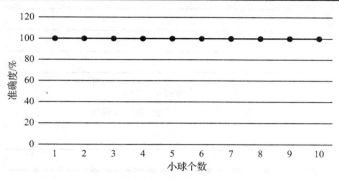

图4　钢球计数准确度分析

（2）管道倾斜角度测量数据见表3，测量角度准确度分析如图5所示。

表3　管道倾斜角度测量数据

真实角度/（°）	10	15	20	25	30	35	40	45	50	55	60	65	70	75	80
测量角度/（°）	10	14~15	19~21	24~25	29~30	34~36	39~40	45~45	50~51	55~56	59~61	64~65	70~71	74~75	79~81
准确度/%	100.00	99.80	99.31	98.78	98.65	98.78	98.35	98.54	98.31	97.98	97.91	97.81	97.78	97.58	97.34

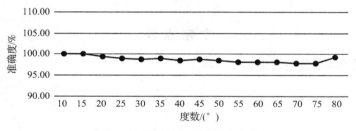

图5　管道倾斜角度测量准确度

（3）钢珠运动方向测量数据见表4，运动方向测量准确度分析如图6所示。

表4　钢球运动方向测量数据

次数	50	50
小球运动方向	A→B	B→A
测量运动方向	A→B	B→A
准确度/%	100	100

（4）钢珠摆动周期测量数据见表5，测量准确度如图7所示。

表5　钢球摆动周期测量数据

次数	20	20	20	20	20
小球运动周期/个	5	10	15	20	25
测量运动周期/个	5	10	15	20	25
准确度/%	100	100	100	100	100

由于系统架构设计合理，实物模型稳定性强，测试结果达到了题目要求的各项指标。

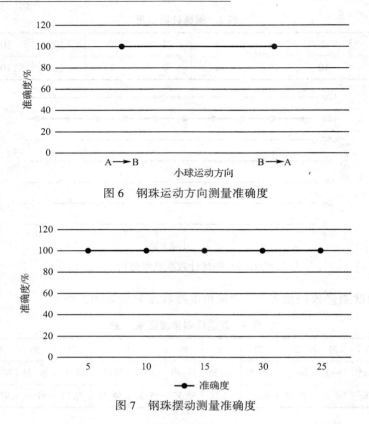

图 6 钢珠运动方向测量准确度

图 7 钢珠摆动测量准确度

专 家 点 评

测试数据完整，测量结果分析详细。

O 题　直流电动机测速装置

一、任务

在不检测电动机转轴旋转运动的前提下，按照下列要求设计并制作相应的直流电动机测速装置。

二、要求

1. 基本要求

以电动机电枢供电回路串接采样电阻的方式实现对小型直流有刷电动机的转速测量。

（1）测量范围：600~5 000 r/min。

（2）显示格式：4 位十进制。

（3）测量误差：不大于 0.5%。

（4）测量周期：2 s。

（5）采样电阻对转速的影响：不大于 0.5%。

2. 发挥部分

以自制传感器检测电动机壳外电磁信号的方式实现对小型直流有刷电动机的转速测量。

（1）测量范围：600~5 000 r/min。

（2）显示格式：4 位十进制。

（3）测量误差：不大于 0.2%。

（4）测量周期：1 s。

（5）其他。

三、说明

（1）建议被测电动机采用工作电压为 3.0~9.0 V、空载转速高于 5 000 r/min 的直流有刷电动机。

（2）测评时采用调压方式改变被测电动机的空载转速。

（3）考核制作装置的测速性能时，采用精度为 0.05%±1 个字的市售光学非接触式测速计作参照仪，以检测电动机转轴旋转速度的方式进行比对。

（4）基本要求中，采样电阻两端应设有明显可见的短接开关。

（5）基本要求中，允许测量电路与被测电动机分别供电。

（6）发挥部分中，自制的电磁信号传感器形状大小不限，但测量转速时不得与被测电动机有任何电气连接。

四、评分标准

项目	主要内容	满分
设计报告	系统方案/比较与选择、方案描述	3
	理论分析与计算/测速方式与误差	3
	电路与程序设计/电路设计、程序设计	8
	测试方案与测试结果/测试条件、测试结果分析	3
	设计报告结构及规范性/摘要、设计报告正文的结构、图表的规范性	3
	合　计	20

续表

项目	主要内容		满分
基本要求	完成（1）		15
	完成（2）		5
	完成（3）		15
	完成（4）		10
	完成（5）		5
	合　计		50
发挥部分	完成（1）		7
	完成（2）		7
	完成（3）		15
	完成（4）		15
	其他		6
	合　计		50
总　分			120

作品　武汉交通职业学院

作者：陈 强　杨 政　刘 林

摘　要

直流电动机测速装置主要以 IAP15W4K58S4 单片机为核心，电路主要由电流采集电路、滤波放大比较电路、单片机、键盘控制、液晶屏显示等 5 个模块组成。该测速装置是采集有刷直流电动机换向时产生脉冲电流并向空中辐射电磁波，根据直流电动机转速与脉动电流和电磁波频率关联的原理来实现对电动机转速的测量。该装置通过对电枢供电回路串接采样电阻或自制电磁传感器，得到与电动机转速关联的脉冲电压信号，并对该信号进行比例放大、低通滤波、电压比较后送单片机进行处理，通过液晶屏显示电动机转速，并能测量和显示电枢电流且具有过流报警功能。本文阐述了电动机测速装置的总体方案，并详细描述了测速装置所涉及的硬件电路、程序设计以及系统测试分析。通过测试该系统可以满足设计要求。

关键词：直流电动机；测速电路；滤波放大比较电路；自制电磁传感器

一、系统方案

1. 采样电路的比较与选择

1）基本部分

基本部分要求以电动机电枢供电回路串接电阻的方式实现测速，有高端采样和低端采样两种方式。

方案一：采用高端采样电路。高端采样电路中，电阻跟电源电压正极相接；电动机接地，在 0.2 Ω 电阻两端并联一只高精度、宽共模 INA282 芯片。信号从电源高端采集可避免电动机悬浮不接地，引入干扰信号。

方案二：采用低端采样电路。低端采样电路中电阻接地；电动机与电源电压正极相接，电动机内部会产生电磁干扰。输入电压经过电动机会产生回路，电路中有干扰信号产生。

通过比较，选择方案一。

2）发挥部分

以自制传感器检测电动机壳外电磁信号的方式实现测速，且传感器不与被测电动机有任何电气连接。本方案利用铁芯线圈感应与电动机转速关联的脉冲电磁波。

2. 单片机模块的比较与选择

方案一：采用 IAP15W4K58S4 主控芯片。该芯片具有 4 KB SRAM；晶振频率可自主选择；超高速 4 串口；6 路 15 位 PWM；不需外部晶振和外部复位的单片机。

方案二：采用 STC12C5A60S2 主控芯片。该芯片具有 1 280 B SRAM，2～3 个串口，两路 CCP/PCA/PWM。

通过比较，选择方案一。

3. 电动机测速方式的比较与选择

方案一：依据电枢电流的变化幅度来测量电动机转速。采用电流放大器构成采样电路、比例放大和仪表放大电路。将电流信号转换为电压信号，拟合输出电压幅度变化与电动机转速之间的线性关系，经拟合后发现电压幅度变化与电动机转速之间的误差较大。

方案二：测量电枢脉冲电流频率。采用运放构成同相比例放大电路和电压比较器。获得电压信号频率与转速周期性变化规律，经过后续处理产生单片机便于处理的脉冲信号。

通过比较，选择方案二。

二、系统理论分析与计算

1. 电枢回路串联电阻测速

以电动机电枢供电回路串接采样电阻获取脉冲电流的频率，实现对小型直流有刷电动机转速的测量。根据 $U = C_e \Phi n = I(r_0 + r)$（$n$ 为电动机转速数；C_e 为电磁常数；Φ 为磁通量；r_0 为电枢内阻；r 为采样电阻），采样电阻越小，对电动机的转速影响越小，故选用 0.2 Ω 康铜丝电阻。

2. 传感器电磁信号测速

自制电感传感器，利用电磁感应原理，将电动机的转速转变为电压信号，经调理电路滤波、放大、比较后，输出和电动机转速对应的矩形脉冲电压，送入单片机进行频率采样。传感器线圈的数量、摆放距离位置的远近会影响检测波形的质量，造成误差。经反复测量，最终确定了传感器位置。测速误差影响因素包括电磁场噪声、周围环境风对电动机的影响以及电路内部锡丝连线等诸多影响。

三、硬件电路与程序设计

1. 总体系统框图

1）串电阻测速系统框图

本系统主要由高端采样电路、信号处理电路、单片机、电动机转速显示等部分组成。输入电流流过高端采样电阻并转变为脉冲电压输出，再进行放大和比较，将其转变为与电动机转速相对应的脉冲信号，送入单片机进行处理，电动机转速可实时显示在液晶屏上。串电阻测速系统框图如图 1 所示。

2）电磁探测测速系统框图

本系统主要由采样电路、信号处理电路、单片机、转速显示等部分组成。电动机外部的电磁探头探测到变化的磁场，将变化的磁场转化为周期性的电压信号，经过后级放大、比较的信号处理电路，

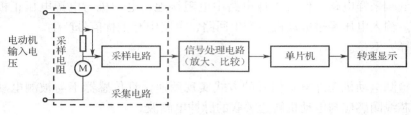

图 1　串电阻测速系统框图

得到直流脉冲信号，送入单片机进行数据处理，将计算的电动机转速实时送入液晶屏显示。整个电磁探测的电动机测速装置电路框图如图 2 所示。

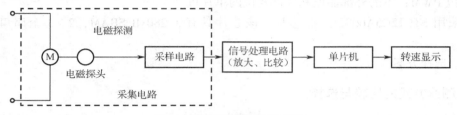

图 2　电磁探测测速系统框图

2. 硬件电路的设计

1) 串电阻测速

电路结构如图 3 所示，通过 INA282 将采样电阻的脉冲电流信号转换为幅度为 100 mV 左右的脉冲电压信号，该信号频率与电动机转速呈线性关系，如图 4 所示。经滤波、放大，可得到峰峰值最低为 2.5 V 的电压信号，再经电压比较器将该电压信号整形为随电动机转速变化的脉动直流信号，送入单片机进行处理。

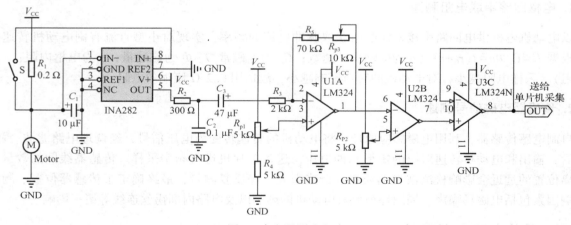

图 3　串电阻测速电路

2) 电磁探测测速

其电路结构如图 5 所示，以自制传感器检测电动机外部电磁信号，用电动机外部的电磁探头探测到变化的磁场信号，先经低通滤波器滤掉高频信号，再经放大电路得到 2.5 V 左右的电压。后经低通滤波器滤掉干扰信号，送入电压比较器得到脉动直流信号，然后送入单片机进行处理。

3) 过流报警电路

电动机在超负荷运行下会引起电枢电流超过额定电流，长期运行会造成电动机寿命减短甚至造成电动机损坏，故设计过流保护报警电路是很有意义的。当电路中电流超过预设范围时，电路保护装置就会报警。本设计报警电路如图 6 所示。通过 INA282 将采样电阻转化为电压信号，通过低通滤波转化为直流电压信号，经 OPA2348 放大后送入单片机进行处理，并实时显示电枢电流。当电流超过设定值

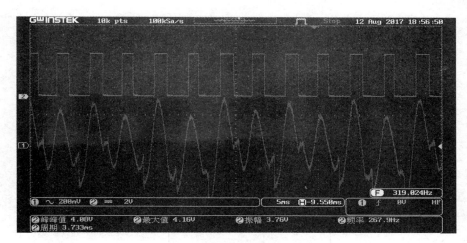

图 4　采样波形周期性变化

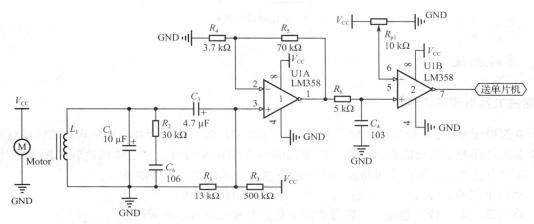

图 5　电磁探测测速电路

时进行蜂鸣报警。

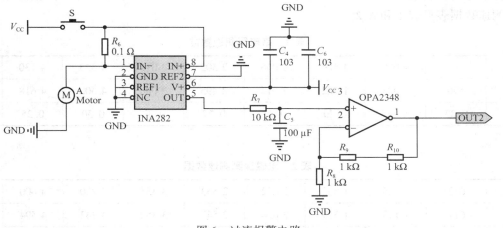

图 6　过流报警电路

3. 程序设计

上电后 STC15W4K58S 单片机开始工作，LCD12864 初始化，当按下 K_1 键时，单片机进入串接采样电阻工作方式；当按下 K_2 键时，单片机进入传感器电磁信号工作方式。当按下 K_0 键时，对单片机进行复位，单片机从开头开始执行程序。主程序设计流程图如图 7 所示。

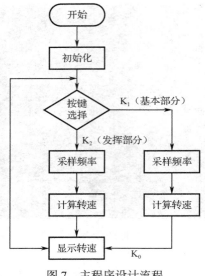

图 7   主程序设计流程

四、系统测试

1. 测试工具与测试条件

利用直流稳压电源、6 位半数字台式万用表、100M 双踪数字示波器和非接触式测速计进行测试。

由于本次设计的是电动机测速装置，电动机的转速受外界的风力、电动机负载、振动等外界因素影响大，所以电路测试必须在无风防振动的环境下进行。具体测试条件如下：

（1）对照电路检查焊接质量，确保无虚焊、漏焊、短路等故障。

（2）将各模块电路依次连接，然后将程序下载到单片机进行系统联调。

2. 测试数据及结果分析

测量标准电动机转速与实际单片机测量得到的转速，得出两者之间的误差。串电阻测速数据表和电磁探测测速数据表见表 1 和表 2。

表 1   串电阻测速数据   r/min

标准值	594	1 000	1 506	2 006	2 502	3 012	4 523	4 730	4 998
实测值	596	1 003	1 502	2 015	2 495	3 000	4 500	4 618	4 980
误差/%	0.33	0.30	0.20	0.43	0.27	0.39	0.50	0.25	0.36

表 2   电磁探测测速数据   r/min

标准值	612	1 125	1 532	2 032	2 553	3 355	4 250	4 600	4 976
实测值	611	1 123	1 529	2 028	2 547	3 350	4 242	4 594	4 970
误差/%	0.16	0.17	0.19	0.19	0.20	0.14	0.18	0.13	0.12

对测试数据的分析如下：

（1）由表 1 可知，当测量范围在 600~5 000 r/min 内时，测量误差在 0.2%~0.5% 范围内变化，测量周期为 2 s，液晶屏可显示 4 位十进制转速和测量周期，满足基本要求（1）~（4）。因采用 0.1 Ω 采样电阻，接通短路开关后，对转速的影响不大，满足基本要求（5）。

（2）由表 2 可知，当测量范围在 600~5 000 r/min 时，测量周期为 1 s，测量误差在 0.1%~0.2% 范围内，液晶屏可显示 4 位十进制转速和测量周期，满足发挥部分要求（1）～（4）。

（3）当电枢电流过大时，启动过流报警电路，满足发挥部分要求（5）。

专 家 点 评

该报告在分析、设计、测试等环节都做了较为清晰、完整的阐述，此外还具有过载报警功能的特色。

P 题　简易水情检测系统

一、任务

设计并制作一套图 1 所示的简易水情检测系统。在图 1 中，a 为容积不小于 1 L、高度不小于 200 mm 的透明塑料容器，b 为 pH 值传感器，c 为水位传感器。整个系统仅由电压不大于 6 V 的电池组供电，不允许再另接电源。检测结果用显示屏显示。

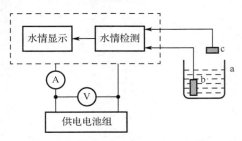

图 1　简易水情检测系统示意图

二、要求

1. 基本要求

（1）分 4 行显示"水情检测系统"和水情测量结果。

（2）向塑料容器中注入若干毫升的水和白醋，在 1 min 内完成水位测量并显示，测量偏差不大于 5 mm。

（3）保持基本要求（2）塑料容器中的液体不变，在 2 min 内完成 pH 值测量并显示，测量偏差不大于 0.5。

（4）完成供电电池的输出电压测量并显示，测量偏差不大于 0.01 V。

2. 发挥部分

（1）将塑料容器清空，多次向塑料容器注入若干纯净水，测量每次的水位值。要求在 1 min 内稳定显示，每次测量偏差不大于 2 mm。

（2）保持发挥部分（1）的水位不变，多次向塑料容器注入若干白醋，测量每次的 pH 值。要求在 2 min 内稳定显示，测量偏差不大于 0.1。

（3）系统工作电流尽可能小，最小电流不大于 50 μA。

（4）其他。

三、说明

（1）不允许使用市售检测仪器。

（2）为方便测量，要预留供电电池组输出电压和电流的测量端子。

（3）显示格式：第一行显示"水情检测系统"；第二行显示水位测量高度值及单位"mm"；第三行显示 pH 测量值，保留 1 位小数；第四行显示电池输出电压值及单位"V"，保留 2 位小数。

（4）水位高度以钢直尺的测量结果作为标准值。

（5）pH 值以现场提供的 pH 计（分辨率为 0.01）测量结果作为标准值。

（6）系统工作电流用万用表测量，数值显示不稳定时取 10 s 内的最小值。

四、评分标准

项目		主要内容	满分
设计报告	系统方案	方案比较，方案描述	3
	设计与论证	水情信号处理方法，电压检测方法	6
	电路与程序设计	系统组成，原理框图与各部分电路图，系统软件与流程图	6
	测试结果	测试数据完整性 测试结果分析	3
	设计报告结构及规范性	摘要，设计报告正文的结构 图表规范性	2
	合　计		20
基本要求	完成（1）		20
	完成（2）		10
	完成（3）		10
	完成（4）		10
	合　计		50
发挥部分	完成（1）		18
	完成（2）		18
	完成（3）		10
	其他		4
	合　计		50
总　分			120

作品 1　广西交通职业技术学院

作者：王尉谕　韦明睿　何　伟

摘　要

　　本系统由 IAP15W4K58S4 单片机主控电路、pH 值传感检测电路、超声波传感检测电路、供电电源电路、JLX12864-MINI 液晶显示电路、MAX187AD 采集电路组成。在系统中主要采用两种传感器，pH 值传感器采集待测液的 pH 值，超声波传感器测量水位高度。IAP15W4K58S4 单片机将采集到的信号分析处理后，通过 JLX12864-MINI 液晶显示水情信息。该系统具有误差范围小的特性，水位测量误差小于 5 mm，pH 测量值误差小于 0.5，输出电压误差小于 0.01 V，同时还具有按键控制显示屏背光的亮灭功能。

一、系统方案论证与比较

1. 主控电路选择

方案一：由 FPGA 构成主控电路。系统板体积小，运算速度快，稳定性强，而且功能强大，能提供丰富的逻辑单元和 I/O 口资源，但是成本较高，电路设计复杂。

方案二：采用 IAP15W4K58S4 单片机构成的主控电路。支持 ISP 下载技术，控制操作简单，价格低廉，通用性强。

经比较分析，方案二比较实用，而且价格低廉，性价比高，因此选择方案二。

2. 显示电路选择

方案一：用数码管作为显示器件。将数码管直接连接到单片机的 I/O 口进行控制，电路简单，成本较低；但是显示内容较为单一，只能显示数字，而且消耗功耗大，驱动电流不符合题目要求。

方案二：用 JLX12864-MINI 液晶显示作为显示器件。功耗较低，而且显示的内容比较丰富，可显示数字、字母、字符等，显示信息量也较大，显示效果好。

经比较分析，考虑到题目要求显示中文，故选取方案二。

3. pH 传感器选择

方案一：采用 HAOSHI H-101 塑壳电极作为 pH 测量传感器。其采集数据准确，测量精度高；但是数据稳定性不高，响应频率低，且价格较昂贵。

方案二：上海雷磁 E-201F 型可充式复合电极 pH 传感器。其测量精度高，具有使用方便、简单的特点，比方案一成本低，电路结构简单，工作稳定持久。

经比较分析，选取方案二来实现 pH 参数测量功能。

4. 水位传感器选择

方案一：采用星仪 CYW11 投入式液位变送器液位传感器。其量程大，适用于条件恶劣的场合，采用 4~20 mA 变送器进行信号传输；但是测量误差大，频率响应低，需要的工作电流较大。

方案二：采用超声波传感器。其体积小，电路简捷，探测距离为 0~450 cm，探测的精度高，稳定性较强。

方案三：采用电容式探针作为传感器测量液位，但是由于待测溶液的 pH 值发生变化，水位也发生相应变化，故不适合作为水位传感器。

经比较分析，方案二完全能满足对水位测试的要求，故选取方案二。

二、电路模块的设计与论证

1. 系统总体设计分析

系统主要由主控电路、pH 传感检测电路、超声波传感检测电路、供电电池组电路、JLX12864-MINI 显示器电路及 MAX187A/D 采集电路 6 个电路模块组成。由 3 节 18650 锂电池组成的锂电池组进行供电，IAP15W4K58S4 单片机读取 pH 传感器采集的 pH 值数据和超声波传感器检测电路采集到的数据，以及利用

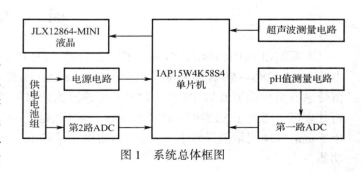

图 1　系统总体框图

ADC 采集电池的电压，并根据读取数据进行处理后将数据传输到 JLX12864-MINI 显示屏中显示。系统总体框图如图 1 所示。

2. 单片机主控电路设计

IAP15W4K58S4 单片机是 STC 公司新推出的产品，具有电路简单、无须晶振电路和复位电路、只要供电电压正常即可工作的特点。系统采用 IAP15W4K58S4 单片机为主控电路，省略复位电路且增加按键扫描和液晶显示控制电路，主控电路原理如图 2 所示。单片机 P1 口对 4 个按键进行扫描，以判断按键输入信息是否正确。JLX12864－MINI 液晶显示屏采用 P3 口作为数据接口。同时系统采用两片 MAX187 芯片，第一路用于 pH 值传感器 ADC 采集，第二路用于电池电压 ADC 采集。

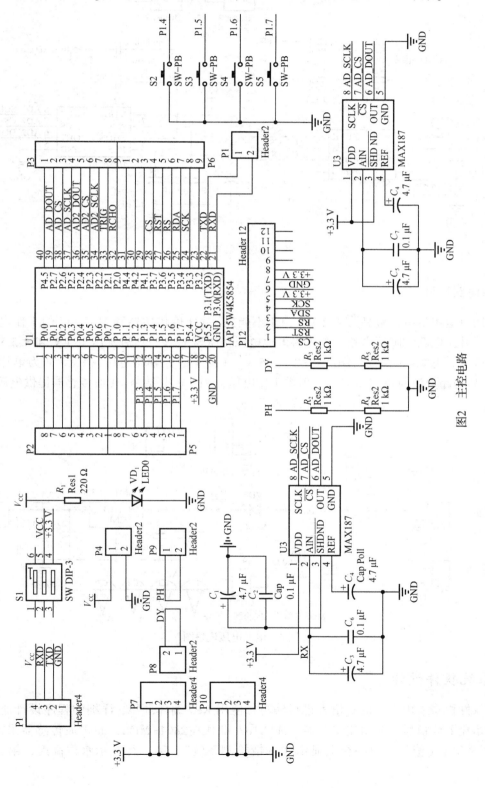

图2 主控电路

3. A/D 采样电路设计

两个 A/D 转换芯片 MAX187 进行 A/D 采样工作，分别引出两个采样接口，即 RX 和 RB，分别用于采集 pH 传感器的模拟电压和电源的模拟电压，MAX187 的 SPI 通信接口连接到单片机的 P2 口。A/D 采样电路原理如图 3 所示。

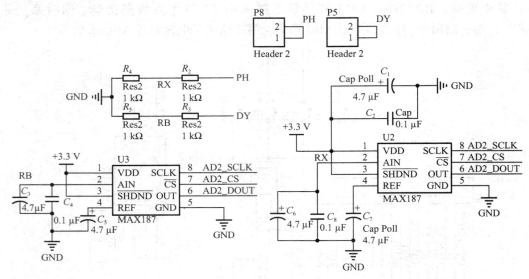

图 3　A/D 采样电路

4. 电源电路设计

系统采用电池组供电，最高为 4.2 V，由于不能提供 pH 值传感器和 MAX187 的工作电压需求，因此电路增加了升压电路和降压电路。首先将电池电压升压至 12 V，然后降压至 5 V 和 3.3 V，电源电路原理如图 4 所示。电源电路分别引出 +3.3 V、+5 V、+12 V 三路输出电压，+3.3 V 为单片机和液晶提供电源，+5 V 为超声波模块和 MAX187 提供工作电压，+12 V 主要为 pH 值传感器提供电源。

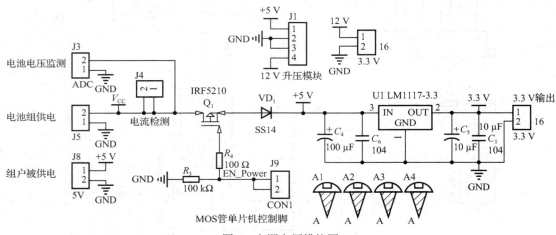

图 4　电源电压模块图

三、系统软件设计

系统的软件程序采用单片机 C 语言进行编写，使用 Keil 编译环境，详细的程序设计流程如图 5 所示。系统初始化 I/O 口后，初始化定时器、MAX187 和 JLX12864-MINI，超声波传感器采集水位高度，pH 值传感器采集 pH 值。在第一行上显示"水情检测系统"，第二行显示水位高度，第三行显示 pH

值，第四行显示系统供电电压，接着开始利用超声波检测水位高度，再采集电源电压，接着再采集 pH 值，显示在液晶上。

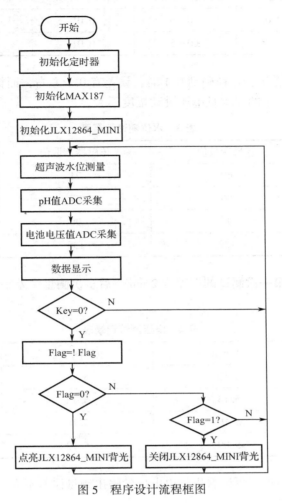

图 5　程序设计流程框图

四、系统测试与分析

系统采用的测量仪器见表 1。

表 1　测量仪器

仪器名称	数量	测量精度
衡欣 pH 测试仪	1 台	0.02pH
UNIT 5 位半万用表	1 台	±（0.015%＋3）
固纬数字示波器	1 台	
钢尺	1 个	0.1 mm

pH 值传感器测试结果见表 2，使用超声波传感器作为水位传感器测试结果见表 3，系统供电电压测量结果见表 4。

表 2　pH 值测试记录表

测试次序	pH 取值范围	pH 值的准确性	pH 分辨率	温度范围/℃	温度准确性/℃
1	4.00~4.10	±0.1	0.1	25~27	±2
2	6.86~6.96	±0.1	0.1	25~27	±1

续表

测试次序	pH 取值范围	pH 值的准确性	pH 分辨率	温度范围/℃	温度准确性/℃
3	9.18~9.08	±0.06	0.01	25~27	±1.3
4	2.50~2.56	±0.05	0.01	25~27	±1.5

从表 2 所列数值中可以看出，在精确到 0.1 时，误差有 0.1 左右，而精确到 0.01 时，pH 数值误差不到 0.1，满足题目不大于 0.1 的要求且电压跳动幅度不大。

表 3　水位测试记录表　　　　　　　　　　　　　　　　　　　mm

测试次序	卷尺测量值	传感器读取值	误差
1	69	71	2
2	86	87	1
3	96	96	0
4	129	130	1

通过表 3 中的数据得出第一次测试的误差为 2 mm，后多次测量误差小于 1 mm，符合系统误差不能大于 2 mm 的要求。

表 4　电压测试记录表　　　　　　　　　　　　　　　　　　　V

测试次序	电压值	电压测量值	误差
1	5.12	5.11	0.01
2	5.14	5.13	0.01
3	5.10	5.10	0.00
4	5.09	5.10	0.01

通过表 4 中的电压测试数据，可以看出供电电压的输出测量误差不大于 0.01 V，满足题目要求。

五、设计制作总结

系统通过单片机利用 pH 值传感器、ADC 采集和超声波传感器实现对水位高低、水的温度测量，并显示在 JLX12864-MINI 液晶屏上，电压的测量误差不大于 0.01 V，水位测量在 1 min 内稳定显示，误差不大于 2 mm。该系统完成了题目的全部要求，还具有通过按键控制显示屏背光亮灭的功能，且性价比高、节能环保。

专 家 点 评

该文给出的总体方案合理，系统电路构成正确，给出的测试结果符合要求。

作品 2　石家庄职业技术学院

作者：李昊成　陈　瑞　张含成

摘　　要

本系统采用 STC15F2K60S2 单片机作为控制芯片，外围配有 pH 值检测电路、液位检测电路、液晶显示电路、按键电路、Wi-Fi 模块电路，组成完整的水情检测系统。该系统首先通过超声波测距传感器采集信号，通过单片机内置 8 路高速 10 位 A/D 转换采集数据，根据采集的数据判断水所处的位置及 pH 值，通过液晶屏及手机终端进行显示。该系统还具有按键校准 pH 值功能。此外，由 3D 打印机制成手持式外壳，具有外形美观、携带方便的优点。本系统实现了液面高度、水体 pH 值及电源电压实时显示的功能，具有测量准确、检测快速稳定、操作简单等优点。

关键词：单片机；超声波测距；液位；A/D 转换；pH 值；手机终端

一、系统方案论证

1. 液位检测方案选择

方案一：采用超声波传感器测距。超声波液位计是非接触式液位计中发展最快的一种。由于结构简单、体积小、费用低、信息处理简单可靠、易于小型化与集成化，并且可实时控制，所以超声波测量法得到广泛的应用，且由于它不是光学装置，所以不受颜色变化的影响。它沿直线传播，频率越高绕射能力越弱，但反射能力越强；它还具有强度大、方向性好等特点。从测量范围来说，有的液位计只能测量几十厘米，有的却可达几十米。从测量条件和环境来说，有的非常简单，有的却十分复杂。但通过选择合适范围、精度、使用环境和条件的超声波传感器也能达到良好测试要求。

方案二：利用传统光电传感器，采用比较器对采集的信号进行比较处理，将信号传给单片机 STC15F2K60S2 系统处理。此方法测量精度高，电路简单，设备造价低。但水面透明无法反射信号。

经综合比较，选择方案一。

2. 控制系统方案论证

方案一：AT89C52 单片机是一种带 8 KB 闪烁可编程可擦除只读存储器的低电压、高性能 CMOS8 位微处理器。AT89C52 是一种高效微控制器，AT89C52 单片机为很多嵌入式控制系统提供了一种灵活性高且价廉的方案。

方案二：STC15F2K60S2 单片机是高速、低功耗、超强抗干扰的新一代 8051 单片机，指令代码完全兼容传统 8051，但速度快 8~12 倍。内部集成专用复位电路，3 路 PWM，8 路高速 10 位 A/D 转换，高精度 RC 时钟，常温工作时可省去外部晶振电路，3 个 16 位可自动重转载的定时/计数器（T0/T1/T2）。运行速度更快，存储器容量更大，可以实现更多的功能。

经综合比较，选择方案二。

二、系统设计方案

本系统由单片机最小系统、pH 值检测电路、液位检测电路、液晶显示、按键电路、Wi-Fi 模块电路等部分组成。单片机采集位置传感器信号，通过 A/D 转换并由单片机处理，最后通过液晶屏和手机终端显示实时数据。系统的结构框图如图 1 所示。

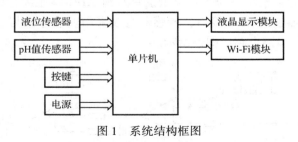

图 1　系统结构框图

三、电路组成及原理分析

1. 单片机最小系统

控制部分是系统整机协调工作和智能化管理的核心部分，采用 STC15F2K60S2 单片机实现控制功能，采用单片机不但方便监控，并且大大减少硬件设计。单片机内部已经集成晶振电路、复位电路，外围只需供电电路就可进行工作。

2. 超声波传感器测液面电路

信号检测、放大电路组成框图如图 2 所示。

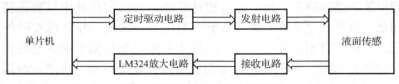

图 2 信号检测、放大电路框图

该电路具有以下特点。

（1）宽电压工作范围为 3~5.5 V。

（2）采用 I/O 触发测距，发出至少 10 μs 的高电平信号，实际为 40~50 μs，效果好，信号返回时通过 I/O 输出一高电平，高电平持续时间就是超声波从发射到返回的时间。

$$测试距离 = （高电平时间 \times 声速）/2$$

信号放大电路如图 3 所示，为使微弱信号能被检测到，需将信号进行放大。超声波模块接口如图 4 所示，IN5 为接收端，IN6 为控制端。

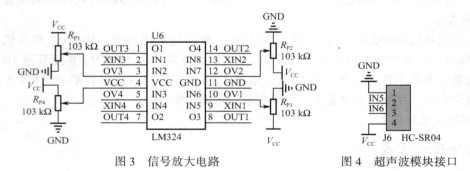

图 3 信号放大电路　　　　　　图 4 超声波模块接口

3. pH 值检测电路

本系统使用的 pH 值传感器模块可与多种类型的单片机 ADC 口连接。具有连线简单、方便实用等特点。使用时将 pH 值传感器连接 BNC 接口，传感器电极采用玻璃电极与参比电极组合在一起的塑壳不可填充式复合电极。pH 值检测电路如图 5 所示。

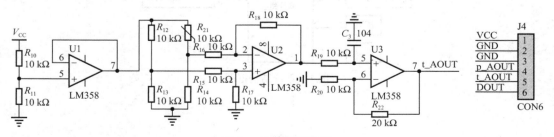

图 5 pH 值检测电路

4. AD 转换电路

STC15F2K60S2 内部集成了 8 路高速 10 位 A/D 转换电路，本系统的电源电压及 pH 采集值转换均用单片机内部集成 A/D 转换，节省了外围电路。AD1、AD2 为 ADC 两通道输入。A/D 转换电路如图 6 所示。

5. 液晶显示电路

单片机和液晶显示器之间采用串行通信，节约了单片机 I/O 口资源。液晶显示电路如图 7 所示。

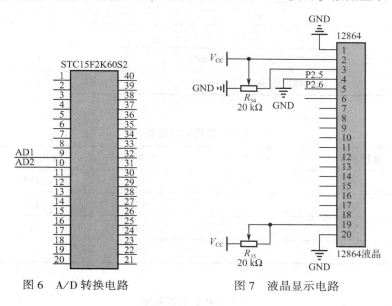

图 6　A/D 转换电路　　　　图 7　液晶显示电路

四、程序设计

水情检测系统程序包括主程序、pH 值检测程序和超声波测距程序等，其程序流程框图分别如图 8 至图 10 所示。系统上电后，进行相关硬件初始化、显示开机界面、主菜单显示等，根据按键的选择进入相应的菜单控制系统。

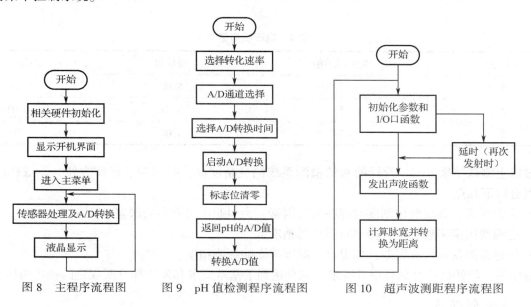

图 8　主程序流程图　　图 9　pH 值检测程序流程图　　图 10　超声波测距程序流程图

五、系统测试及结果分析

测试使用的仪器设备见表1，液位测试数据见表2，pH值测试数据见表3，电源电压测量值见表4。

表1 测试使用的仪器设备

序号	名称、型号、规格	数量	备注
1	数字万用表 VC890CD	1	VICTOR
2	示波器 MOS-620	1	数英仪器
3	pH 计	1	无
4	量尺	1	无
5	单片机仿真器 E6000L	1	无
6	数控电源 SS1791F	1	无

表2 液面测试数据   mm

实际值	液位显示值	液位误差	实际值	液位显示值	液位误差
5	6	+1	105	105	0
30	29	−1	130	129	−1
55	55	0	140	141	+1
80	79	−1	150	151	+1

表3 pH 值测试数据

实际值	pH 显示值	测量误差	实际值	pH 显示值	测量误差
6.90	6.9	0	3.40	3.5	+0.10
3.98	4.0	+0.02	2.92	3.0	+0.08
3.81	3.8	−0.01	2.89	3.0	+0.11

表4 电压测量值   V

实际值	电压显示值	测量值	测量误差
5	5	5.00	0
5	5	5.01	0.01
5	5	5.00	0

通过以上测试结果可知，设计的水情检测系统测量精度高、时间短、操作方便。造成探测误差的主要原因有以下几点。

（1）人为因素：观察液位刻度时存在人为因素，会引起不可避免的误差。

（2）电缆线固定不够平整，探测时间长且精度低。

（3）传感器测量环境有误差，如温度、湿度等影响探测精度。

分析结果：经调试符合题目设计要求，完全达到了基本要求和发挥部分所规定的技术指标。

六、系统创新点

（1）输入接口。采用单片机自带10位A/D转换，有效节省了硬件资源，使电路进一步简化。

（2）硬件设计。综合采用无源滤波技术，解决了位置传感器噪声容限低、易受外界干扰的弊端，提高了系统工作的稳定性；外壳使用 3D 打印，设计为手持式测量仪器，使用方便；显示部分增加了手机通过连接 Wi-Fi 在 APP 上实时监测数据。

（3）程序算法。在程序内部采集数据信号后使用算术平均滤波法以及中位值平均滤波法使数据在准确的前提下稳定显示。

作品 3　长沙民政职业技术学院

作者：李　雨　周永旺　彭梦玲

摘　要

本系统以 STC15W4K56S4 单片机为核心处理芯片进行设计，整个系统由电压不大于 5 V 的电池组供电，通过稳压模块进行稳压，通过 A/D 转换将电池电压与基准电压进行比较计算出电池输出电压；同时，系统利用 pH 值传感器、压力传感器以及高精度超声波测距模块对容器内液体 pH 值和水位高度进行实时检测及校准，采用 OLED 串口屏显示水位高度、pH 值与电池电压，采用 Wi-Fi 模块将采集的水位高度、pH 值与电池电压数据实时传输到阿里云服务器，手机终端可通过访问阿里云服务器能自动实时地显示设备检测到的水位高度、pH 值与电池电压数据。本系统实现了基本要求与发挥部分的所有功能，并且加入了"互联网+"，具有精度高、性能好、方便调节等特点。

关键词：STC15W4K56S4；pH 检测；偏差补偿；水位检测；互联网+

一、系统方案论证

根据题目要求，对简易水情检测系统的控制方案及核心器件的选择进行分析与论证，具体如下。

1. 核心控制器件的论证与选择

方案一：采用传统的 AVR 单片机作为控制核心。具有抗干扰能力强、工作速度快、内部接口电路种类多等优点；但程序调试需要下载后才能进行，A/D、PWM 等精度较低。

方案二：采用 FPGA 作为控制核心。具有采集信号及处理速度快的优点；但设计周期长，控制不容易，且成本较高。

方案三：采用 STC15W4K56S4 单片机作为控制核心。具有功耗低，运行速度快，接口资源丰富，A/D、D/A、PWM、定时器等接口精度高的优点，且控制非常方便，TI 公司提供了完善的设计资料。能够进行较为复杂的数据计算，适合进行数据采集处理及实现算法功能。

通过分析比较，方案三能够有效地利用单片机优势实现高效的控制功能，因此本设计采用方案三，以 STC15W4K56S4 作为控制核心。

2. 电源模块的论证与选择

方案一：采用 XL6009 升压模块加 AMS1117-5 V 降压模块，将干电池的电压稳定在 5 V，以便完成供电电池的输出电压测量并显示。但是该芯片输出电压不够稳定，在低电压状态电路工作存在较大隐患。且造成系统的功耗较高。

方案二：采用 DM13-05 升压型 DC-DC 升压模块，该模块的优点是输出固定 5 V 电压，精度可以达到 0.1 V，且转换效率较高，空载电流只需要 0.2 mA，驱动电流高达 2 A。

综合以上两种方案，选择方案二。

3. 显示模块的设计与选择

方案一：采用 LCD12864 液晶模块。LCD12864 液晶模块显示内容丰富，可以显示简单的字符、文字和数字；但是 LCD12864 界面不够美观，功耗较高。

方案二：采用 USAITGPU18A 串口屏。USAITGPU18A 串口屏不仅显示内容丰富，还可以自己制作显示界面，可以有更多的操作和变化，易于满足各种显示的要求，这样产生的效果会更加直观，而且功耗较低，非常适合本系统。

综合考虑，采用方案二。

二、系统理论分析与计算

1. pH 的分析

1）复合电极 pH 计算原理

根据参考相关资料可知，pH 与电压（U）成线性相关，于是可采用采点描线的方式绘制出 pH 值与电压的二元一次方程的线性函数，将计算 pH 值的问题转化为电压问题，通过 MCU 采集模拟电压值进行 pH 的计算。

2）pH 值数据采集

考虑到在测量过程中 pH 模块电压模拟量的输出会存在数据不稳定的情况，可采用 10 次取值，去掉最大和最小的部分值，取中间值的平均值。采用 pH 值分别为 4.00、7.00、9.18 的标准测试液进行测试，测试到 pH 值与电压（U）对应的数据见表 1。

表 1 pH 值与电压（U）测试数据

pH 值	4.00	7.00	9.18
电压/V	3.052 4	2.544 4	2.015 2

3）计算 pH（U）函数

根据表 1 的数据，可以计算出 pH 在 [4.00，7.00] 上与电压关系的斜率为 -5.866 14，在 [7.00，9.18] 上与电压关系的斜率为 -5.631 14。两者斜率相同，可近似看作一条直线，在这里为了更加精确地取值，将 pH 值与电压（U）的函数关系作分段式函数，以 y 作 pH 值，x 作电压（U），由表 1 的数据可以计算出

$$y = -5.866\ 14x + 21.915\ 81 + £ \ , \quad pH\ 值在\ [4.00，7.00]，£\ 为补偿偏差$$
$$y = -5.631\ 14x + 21.317\ 88 + £ \ , \quad pH\ 值在\ [7.00，9.18]，£\ 为补偿偏差$$

2. 水位的计算

1）压力模块

（1）水位计算原理。由圆柱的体积公式 $V = R^2 \times 3.141\ 59H$，水的密度为 1 g/cm³，可得高度 $H = V/(R^2 \times 3.141\ 59) = M/(R^2 \times 3.141\ 59)$，其中 M 为质量（g）。

（2）公式计算与偏差调整。容器半径为 8.5 cm，实测偏差倍数经过实际测量计算为 1.189 2，故 $H = (M/5.674\ 5) \times 1.189\ 2 + £$（£ 为补偿偏差，$H$ 为高度（mm），M 为质量（g））。

2）超声波模块

（1）水位计算原理。声波在空气中传递的速度 $v = 340$ m/s，一旦遇到水面就会反射，故 $H = vT/2$。

（2）公式计算与偏差调整。每秒钟最多发送 200 个脉冲，最少收到 18 个有效回波脉冲信号。对接收到的 18 个有效数据进行处理，这里采用的是中位值滤波法。

提前算出超声波模块到盛水装置底面的距离 H_1，测量盛水后的距离 H_2，$H = H_1 - H_2$。通过两次测量的值加权取值计算得到实际的水位值。

3. 电池电压的计算

在单片机测量小电压的领域中，A/D 转换是目前最常用的一种测量方法，也是一种精度特别高的电压测量方法，但是在实际应用中，单片机的供电电压会发生不同的变化，而 A/D 转换是直接以单片机的供电电压作为参考电压的，单片机的供电电压发生波动会直接影响到测量点的电压测量精度，所以不宜直接使用 A/D 转换方法测量电压。

在这里引用了一路精准的基准电压作为参考，基准电压为 2.5 V，于是可得电压计算公式 $U=$ （AD1/AD2）×2.5，其中 AD1 是测试点的 AD 值，AD2 是 2.5 V 基准电压的 AD 值，由于单片机测试点与外部电压表测试点有一定的导线相连，而任务要求的精度比较高，故在实际测试中，需要测试出测量电压与真实电压的倍率，这里测试得到的倍率为 1.017，故电池电压计算公式为

$$U=（AD1/AD2）×2.5×1.017$$

三、系统硬件电路设计

1. 系统的总体结构与功能介绍

本系统围绕水情检测方面进行了数据的采集与处理，首先配置了实现水情检测系统所需要的芯片内部资源，然后对水位、pH 值以及电池输出电压进行了精确的读取与处理，经过大量的测试对部分误差数据进行了修正与补偿，最后将读取的数据显示到了显示屏上面，本系统还融入了"互联网+"的思维，系统可以连接到阿里云服务器，并将数据转发到手机终端。系统总体框图如图 1 所示。

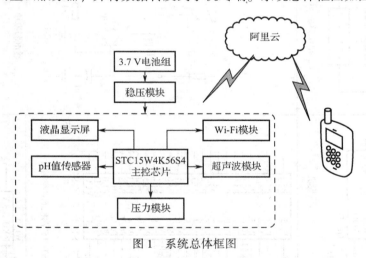

图 1　系统总体框图

2. 电源模块子系统框图与电路原理图

电源模块子系统框图和电路分别如图 2 和图 3 所示，系统硬件电路图如图 4 所示。

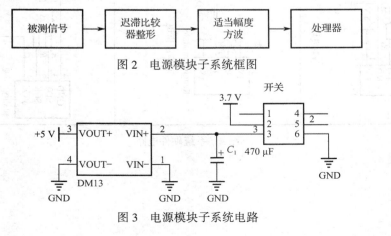

图 2　电源模块子系统框图

图 3　电源模块子系统电路

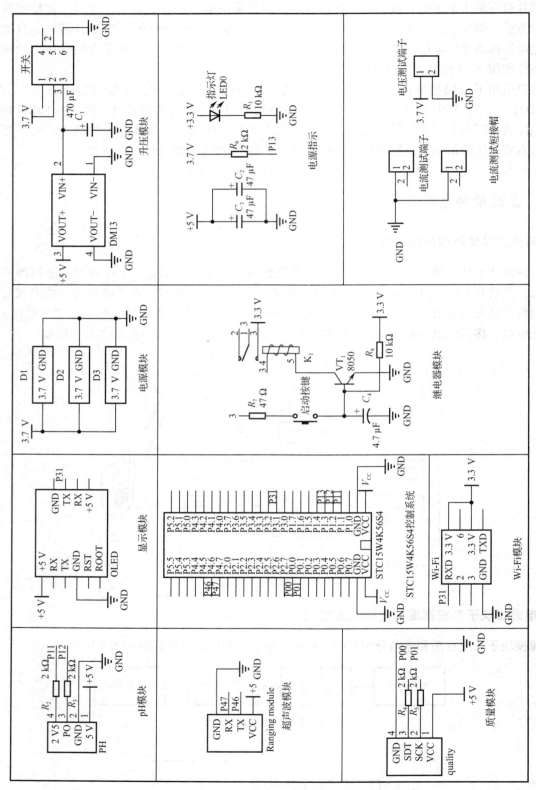

图 4　系统硬件电路

四、系统软件设计与分析

根据题目要求，软件部分主要实现数据的读取和显示以及远程推送。

（1）数据读取功能：精确读取 pH 值、水位值以及电池输出电压值。

（2）显示部分：显示 pH 值、水位值以及电池输出电压值。

（3）推送部分：利用云端技术远程推送 pH 值、水位值以及电池输出电压值到手机终端。

以需要完成的功能为出发点，先分析及配置出实现要求功能所需要使用的寄存器及系统功能初始化，然后进入循环读取，读取数据采用多次取值，去掉最大、最小的部分值，留下中间值取平均数，尽量保持数据读取的稳定性以及精度，循环部分遵循先读取然后显示最后推送的设计思路，高度模块化，结构严谨，算法高效。

系统程序流程图如图 5 所示。

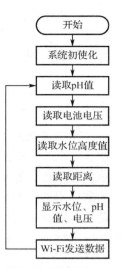

图 5　系统程序流程框图

五、测试方案与测试结果

使用高精度的 pH 值电子计、数字万用表、指针式万用表和钢尺进行多次测量，测试数据分布均匀，乱而有序，覆盖到量程的分布范围。多次检查，保证仿真电路和硬件电路必须与系统原理图完全相同，并且检查无误，硬件电路保证无虚焊。

测试结果见表 2 至表 4。

表 2　水位测量高度　　　　　　　　　　　　　　　　　　　　　　　mm

实际值	8.5	27.5	40.0	60.5	105.0	133.0	168.0	187.5
测量值	9.0	27.0	40.0	60.0	104.0	132.0	169.0	187.0
误差	0.5	0.5	0	0.5	1.0	1.0	1.0	0.5

表 3　pH 测量值

实际值	3.10	3.25	3.58	4.05	4.78	5.18	7.10	9.15
测量值	3.20	3.20	3.60	4.10	4.70	5.20	7.00	9.20
误差	0.10	0.05	0.02	0.05	0.08	0.02	0.10	0.05

表 4　电池输出电压测量值　　　　　　　　　　　　　　　　　　　　　V

实际值	3.34	3.46	3.65	3.71	3.79	3.82	3.89	4.10
测量值	3.33	3.47	3.65	3.70	3.79	3.81	3.89	4.11
误差	0.01	0.01	0	0.01	0	0.01	0	0.01

根据上述测试数据，通过分析计算，发现测试数据的误差均未超过允许误差，可以得出以下结论：

（1）水位高度值测量精确度高，满足题目要求。

（2）pH 值测量精确度高，满足题目要求。

（3）电池输出电压测量精确度高，满足题目要求。

作品4 南通职业大学（节选）

作者：阚 宇 张海峰 钱清清

摘 要

本装置是基于STC15F2K60S2单片机的简易水情检测系统，主要由单片机核心板、传感器检测模块、TLC2543转换模块、液晶模块、电源转换模块、CD4541定时器模块组成。通过液位传感器和pH值传感器进行测量，经过数据处理后，实时显示水情检测结果，采用定时器电路控制MOS管的开断来唤醒休眠的各电路模块，达到了电路低功耗的要求。该系统实现了题目的设计要求，不仅精度高、功耗低，而且稳定性好，并且硬件简单、高度智能化。

关键词：TLC2543；pH值传感器；液晶显示；低功耗

一、简易水情系统的设计方案

1. 简易水情系统装置要求

本装置主要由液位传感器电路、pH值传感器电路、液晶显示电路等部分构成，如图1所示，使用不能小于1 L、高度不小于200 mm的透明塑料容器，整个系统由电压不大于6 V的电池组供电，不允许再另接电源。检测结果用显示屏显示，系统工作电流最小不大于50 μA。

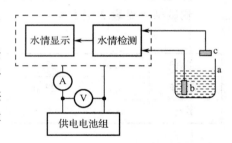

图1 简易水情系统装置示意图

2. 设计方案

方案一：系统设计方案如图2所示，单片机选用STC89C52R芯片，不具有SPI和I²C通信方式，进行A/D转换时使用不方便。采用LCD1602模块，只能实现两行共32字符的显示，能表达的信息过少，不符合题目要求。选用ADC0809转换模块，转换精度不高。

图2 方案一结构设计框图

方案二：系统设计方案如图3所示，单片机选用STC15F2K60S2芯片，具有SPI和I²C通信方式，可以与多种芯片进行A/D转换，转换速度快。显示屏采用Mini12864OLED，通过建立字模，可以显示4行汉字，满足题目要求。采用TLC2543芯片进行A/D转换，转换精度高，采用CD4541定时器电路能准确实现电路的工作与休眠状态转换，可以达到工作电流在10 μA以下。

通过对方案一和方案二的综合对比论证，采用方案二，单片机选用STC15F2K60S2芯片，外部ADC模块是12位的转换精度，满足pH值检测和液位检测的需要，检测结果无误差。采用Mini12864OLED，显示信息，更加完整、美观。

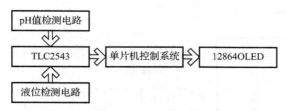

图 3　方案二结构设计框图

二、理论分析与计算

1. 电源供电电路

本装置采用 6 V 电池组供电，装置中的单片机需要 5 V 电源供电，液位传感器需要 12 V 电源供电，电源供电电路需要分别设计为 12 V 的升压电路，给液位传感器供电；12 V 降压为 5 V 的降压电路，给单片机、TLC2543、pH 值检测传感器供电，设计的电路实现了对整个系统的供电。

2. MC34063 升压电路

升压电路计算公式为

$$U_{out} = 1.25\left(1 + \frac{R_{14}}{R_{13}}\right)$$

根据 MC34063 的软件计算公式得到电路所示的元件参数。最终实现了 6 V 电池电压转换为 12.1 V 的电源，供液位传感器工作使用，如图 4 所示。

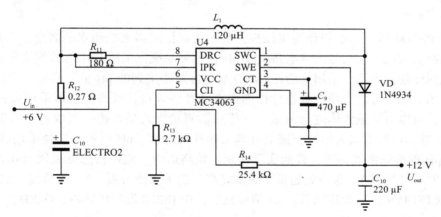

图 4　电池升压电路原理图

3. LM2596 降压电路

采用 6 V 电池组经过 7805 降压，不稳定，故选用 LM2596 芯片的降压电路得到 +5 V 电源，如图 5 所示。

三、电路设计（略）

四、调试方案与测试结果（略）

五、作品成效总结分析（略）

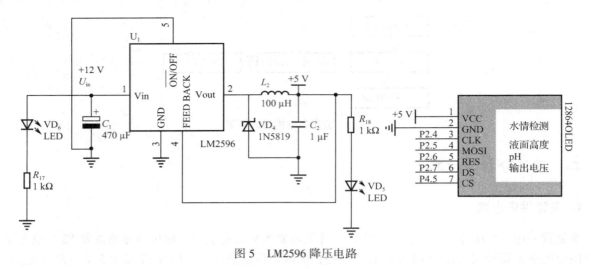

图 5　LM2596 降压电路

作品 5　重庆电子工程职业学院（节选）

作者：李潇界　黄梓豪　汪　宇；指导教师：陈学昌　刘睿强

摘　要

本系统采用 PIC18F4550 核心板作为主控板，采用液面传感器来检测水的高度，采用 pH 值传感器和高精度信号前级放大电路、信号滤波电路组成 pH 值检测系统，采用 DS18B20 温度传感器和高精度信号放大电路组成温度检测系统，采用低功耗 OLED 显示屏对采集到的 pH 值、温度、水位高度、电池电压等数据进行显示。综合考虑电路参数设计性能要求和经济效益，液面传感器采用高精度超声波传感器，其稳定性好，可以不接触液体进行测量。本传感器测量方式是将传感器放置于容器的底部，精度可以达到 1 mm。数据返回方式为串口，能更好地与单片机通信。pH 电极的选择采用普通的 pH 电极，可以测量 0~24 pH 的酸碱溶液，适合普通实验使用，价格适中。温度传感器采用 DS18B20，其测量温度范围广（-55 ℃ ~ +125 ℃）、温度延迟低、灵敏度高、抗干扰能力强、"一线总线"的数据传输方式。

关键词：PIC18F4550；液面传感器；pH 值传感器；DS18B20 温度传感器；OLED 显示屏

一、系统方案

1. 系统基本方案

为实现题目要求采用 Microchip 公司的 PIC18F4550 单片机作为主控芯片，采用 pH 值传感器来检测水中的酸碱浓度，pH 值传感器的输出值经过 TLC4502 高精度运放的放大之后送到 CA3140AMZ96 线性缓冲放大器，最后数据被送到主控的 ADC 端口。液面传感器输出串口数据给单片机处理，进行处理后显示在 OLED 显示屏上。

2. 各部分方案的选择

1）主控板的选择

方案一：采用 PIC18F4550，其供电电压为 2.6~6.2 V，自带 ADC、SPI、CCP、PWM、USB，适用于大电流、大电压及不稳定场合下的精密控制。

方案二：采用 STC15F2K60S2，其供电电压为 3.8~5.5 V，自带 ADC、自带 SPI、看门狗、掉电唤醒，适用于被测信号稳定、电源电压明确、A/D 转换要求精度不高的场合。

方案三：采用 STM32F103RBT6，其供电电压为 3~3.3 V，自带 ADC、MSSP 控制器、USB2.0 全速控制器、以太网控制器。

综合以上考虑，选择方案一。

2）液面传感器的选择

方案一：采用普通超声波传感器，把传感器立在水面之上向下测量，可以粗略检测到水面的高度，但是达不到本设计的要求。

方案二：采用液面高度传感器，单块模块的高度为 4 cm，题目要求容器高度至少在 20 cm 以上，只能将 5 块模块拼接在一起使用，软件和硬件的难度都有一定程度的增加，这样设计还需占用单片机 5 个 I/O 口资源。

方案三：采用高精度超声波传感器，其稳定性好，可以不接触液体进行测量。本传感器测量方式是将传感器放置于容器的底部，精度可以达到 1 mm。数据返回方式为串口，能更好地与单片机通信。

综合以上考虑，选择方案三。

3）pH 电极的选择

方案一：采用四氟电极，适用于强酸强碱环境，但价格昂贵，不适合本次设计。

方案二：采用普通的 pH 电极，可以测量 0~24pH 的酸碱溶液，适合普通实验使用，价格适中。

综合以上考虑，选择方案二。

4）温度传感器的选择

方案一：采用 DS18B20，其测量温度范围广（-55 ℃~+125 ℃），温度延迟低，灵敏度高，抗干扰能力强，"一线总线"的数据传输方式。

方案二：采用 LM35，其温度测量范围为 0 ℃~100 ℃，工作电压为 4~30 V，精度较低。

方案三：采用 PT100，其耐温高，测量温度范围为 -50 ℃~300 ℃，精度低，适用于大型设备温度测试。

综合以上考虑，选择方案一。

二、系统理论分析与计算

pH 值传感器输出电压与温度的关系如图 1 所示。

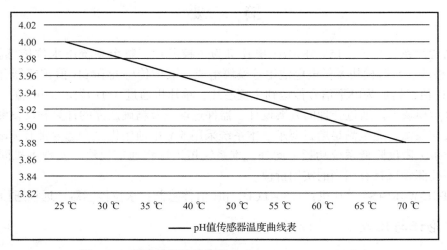

图 1　pH 值传感器温度曲线表（pH = 4.0，T = 25 ℃）

由图 1 得知，同等 pH 值液体中，温度越高，pH 值相对于 25 ℃下的值越小。

pH 值传感器在各个标准 pH 缓冲溶剂中的模拟电压输出见表 1。

表 1　pH 值传感器在各个标准 pH 缓冲溶剂中的模拟电压输出

pH	4.00	6.86	9.18
电压/mV	3 532.50	3 152.22	2 678.13

经过计算，pH 值的增加与减少并不是线性增量的关系。例如，在 0~1pH 时，每增加 0.1 pH 值，电压下降 17 mV；在 1~2 pH 时，每增加 0.1pH 值，电压下降 18 mV。再经过测试，其关系为分段函数。

例如，当前 pH 值传感器返回 3 121 mV，则当前测量 pH 值 =（3 177.5 - 3 121）/ [（3177.5-3000）/10] = 56.5/17.75 = 3.2，得到的为小数部分，又因为它在 6~7 pH 之间，所以现在测得的 pH 值为 6.32 pH。

利用 PLC 单片机的内部 ADC，基准电压通过 TL431 设置的 2.5 V，这样可以降低误差值。

pH 值传感器的输出电压通过 5/5 的电阻电压平分，得到一半的电压，再通过 LM324 运放搭建的滤波器滤掉共模信号和干扰信号，最后通过 2.5 kΩ 阻抗匹配输入 A/D 转换通道 0，再经过上面的算法得到当前的 pH 值。

三、电路与程序设计（略）

四、测试方案与测试结果（略）

五、结论与心得（略）

作品 6　重庆工商职业学院（节选）

作者：张　澳　李典泞　胡　杰

摘　要

本简易水情检测系统以 STC15W4K61S4 单片机为主控芯片，整个系统由水位传感器、pH 值传感器、12864 显示模块、按键模块及供电电池组等模块组成。液位传感器和 pH 值传感器分别检测容器内液体的水位和 pH 值，转换为电平信号传送到主控芯片，单片机通过 A/D 转换和相应的计算把两种数据显示在 12864 显示模块上。通过合理的方案设计、器件选取以及精确严谨的计算和反复测试，本系统测试数据准确，反应灵敏，完全满足题目要求。本系统采用 5 V 电池组供电，选取带有休眠功能的单片机作为主控芯片，最大限度降低系统功耗。此外，本系统植入远程通信模块，实现手机同步监测水情数据，在远程水情监测领域具有相当的实用价值。

关键词：STC15W4K61S4 单片机；12864LCD；pH 值传感器；水位传感器；远程通信模块

一、方案论证与比较

1. 系统设计方案

方案一：STC15W4K61S4。STC15W4K61S4 系列单片机是 STC 增强型 8051 单片机最新技术的结晶，具有宽电源电压（2.4~5.5 V），无须转换芯片便可直接与 PC 机 USB 接口进行通信；增强型 8051 单片机集成了上电复位电路与高精准 RC 振荡器，给单片机芯片加上电源就可执行程序；可在线编程与在线仿真，一颗芯片既是目标芯片，又是仿真芯片；集成了大容量的程序存储器、数据存储器以及 E^2

PROM，增加了定时器、串行口等基本功能部件，集成了 A/D、PCA、比较器、专用 PWM 模块、SPI 等高功能接口部件，可大大简化单片机应用系统的外围电路，使单片机应用系统的设计更加简捷，系统性能更加高效、可靠。

方案二：STC89C52。该芯片的主要性能是：与 MCS-51 单片机产品兼容、8 KB 在系统可编程、Flash 存储器、1 000 次擦写周期、全静态操作（0~33 Hz）、三级加密程序存储器、32 个可编程 I/O 口线、3 个 16 位定时器/计数器、8 个中断源、全双工 UART 串行通道、低功耗空闲和掉电模式、掉电后中断可唤醒、看门狗定时器、双数据指针、掉电标识符。算术功能强，软件编程简捷灵活、自由度大，可用软件编程实现各种逻辑控制功能，且其功耗低、技术成熟、成本低廉。

本系统主要是进行信号的处理以及电机的控制。经综合考虑，由于 STC15W4K61S4 单片机中集成了 A/D 功能，可以把采集到的电平转换成电压，从而可以检测电压，符合题意。故采用方案一。

2. 水位传感器的选择

方案一：液位传感器。液位传感器采用静压投入式液位变送器（液位计），它是基于所测液体静压与该液体的高度成比例的原理，采用国外先进的隔离型扩散硅敏感元件或陶瓷电容压力敏感传感器，将静压转换为电信号，再经过温度补偿和线性修正，转化成标准电信号（一般为 4~20 mA/1~5 VDC）。缺点是零位无法调节，零位时漂会叠加到总精度中。

方案二：超声波传感器。超声波传感器采用 I/O 触发测距，给出至少 10 μs 的高电平信号，模块自动发送 8 个 40 kHz 的方波，自动检测是否有信号返回；信号返回后，通过 I/O 输出一高电平，高电平持续的时间就是超声波从发射到返回的时间。测试距离 =（高电平时间×声速（340 m/s））/2。具有频率高、波长短、绕射现象小，特别是方向性好、能够成为射线而定向传播等特点。

综上所述，方案一由于液位传感器的精度不够，零位无法调节的原因，故选择方案二。

3. pH 值传感器的选择

pH 值传感器使用的是 E-201-CPH 复合电极传感器，复合电极的优点是测量 pH 值时使用方便、准确度高。一个精密的信号放大电路，输入阻抗应尽可能高（手册要求在 10^{12} Ω 以上），经过多级放大及相应的抗噪声处理后，通过 A/D 采集输入单片机。

二、方案描述

在该系统中，STC15W4K61S4 单片机就是心脏，它控制着作为显示模块的 LCD12864 的显示，LCD12864 是带有中文字库的 128×64 的一种具有 4 位/8 位并行、2 线或 3 线串行多种接口方式，内部含有国标一级、二级简体中文字库的点阵图形液晶显示模块；其显示分辨率为 128×64，内置 8 192 个 16×16 点汉字和 128 个 16×8 点 ASCII 字符集，可以显示 8×4 行 16×16 点阵的汉字，也可完成图形显示。

它还控制着 pH 值传感器，在检测水情时 pH 值传感器的工作原理是用氢离子玻璃电极与参比电极组成原电池，在玻璃膜与被测溶液中氢离子进行离子交换过程中，通过测量电极之间的电位差来检测溶液中的氢离子浓度，从而测得被测液体的 pH 值。再经由单片机中的 A/D 转换功能转换成相应的电压值，并显示在 LCD12864 屏幕上。

此外，它控制着超声波传感器，在检测水情时，超声波通过发出的声波到接收到信号的时间间隔，从而确定水面距离。在它接收到信号时，会产生一个电平并输送到单片机上，经过 A/D 转换并输送到 LCD12864 上显示出相应的高度值。

最后，它还能检测相应的电压值，利用 A/D 模块检测电源输入的电压，检测后输送到 LCD12864 显示模块上进行显示。

三、技术分析与计算

1. pH 值传感器的计算公式

由 pH 值传感器经过反复测量，通过单片机再把电平经 A/D 转换成相应的电压值传送到与单片机连接的 LCD 显示屏上，显示相应的数值。经过相应的数值比较、推导，类似于线性函数。从而得出一个关系式为

$$Y = KX + B$$

式中，K 约为 -0.015；B 约为 3.15。

2. 超声波传感器的计算公式

由于超声波传感器的距离与容器底端的距离是已知的，通过信号的发出与信号的接收时间间隔，可以推出液位的高度。其算法为

$$距离 = \frac{电平·时间 \times 声速（340\ m/s）}{2}$$

四、系统设计

经过以上各个电路模块的选择、系统理论分析与参数计算，最终确定了系统的总体框图。该电路的总体框图可分为几个基本的模块，如图 1 所示。

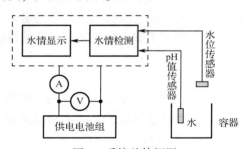

图 1　系统总体框图

1. 主控模块设计

主控模块采用 STC15W4K61S4 芯片，因里面集成了 A/D 功能，能够把得到的电平转换成相应的电压值。主控模块电路如图 2 所示。

2. 显示模块设计

显示模块电路如图 3 所示，带中文字库的 128×64 是一种具有 4 位/8 位并行、2 线或 3 线串行多种接口方式，内部含有国标一级、二级简体中文字库的点阵图形液晶显示模块；其显示分辨率为 128×64，内置 8 192 个 16×16 点汉字和 128 个 16×8 点 ASCII 字符集。利用该模块灵活的接口方式和简单、方便的操作指令，可构成全中文人机交互图形界面。

3. 按键模块设计

按键模块电路如图 4 所示，根据图可知，有 4 个按键，这 4 个按键分别控制着液位和 pH 值的校准。

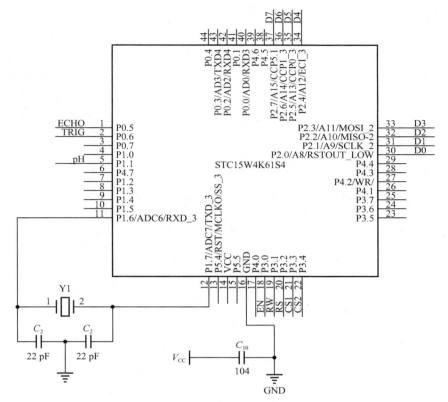

图 2　主控模块电路

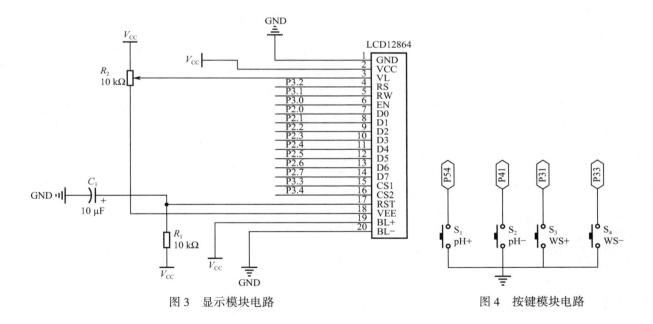

图 3　显示模块电路　　　　　　　　图 4　按键模块电路

五、系统调试（略）

六、测试结果与分析（略）